U0959927

产业数字化转型与技术赋能丛书

智能制造

主　编:薛光辉　李三喜
副主编:乔力江汉　左朝宇　高希宁

天津大学出版社
TIANJIN UNIVERSITY PRESS

图书在版编目（CIP）数据

智能制造 / 薛光辉，李三喜主编 ；乔力江汉，左朝宇，高希宁副主编. -- 天津 ：天津大学出版社，2024.7
（产业数字化转型与技术赋能丛书）
ISBN 978-7-5618-7730-2

Ⅰ. ①智… Ⅱ. ①薛… ②李… ③乔… ④左… ⑤高… Ⅲ. ①智能制造系统 Ⅳ. ①TH166

中国国家版本馆CIP数据核字(2024)第107536号

出版发行　天津大学出版社
地　　址　天津市卫津路92号天津大学内（邮编：300072）
电　　话　发行部：022-27403647
网　　址　www.tjupress.com.cn
印　　刷　北京虎彩文化传播有限公司
经　　销　全国各地新华书店
开　　本　787mm×1092mm　1/16
印　　张　15.75
字　　数　400千
版　　次　2024年7月第1版
印　　次　2024年7月第1次
定　　价　52.00元

前　言

制造业直接体现了一个国家的生产力水平，是立国之本、强国之基，是国家经济命脉所系，是打造国家竞争力和竞争优势的主要支撑，为经济社会稳定运行和健康发展提供了不可或缺的物质保障。

习近平总书记在党的二十大报告中指出："建设现代化产业体系。坚持把发展经济的着力点放在实体经济上，推进新型工业化，加快建设制造强国、质量强国、航天强国、交通强国、网络强国、数字中国。"

新一轮科技革命正在孕育兴起，以互联网为代表的信息技术与制造技术的融合以及新业态的接连出现为我国新型工业化发展提供了巨大机遇。智能制造作为制造强国建设的主攻方向，受到了学术界、工业界和政府的广泛关注，越来越多的相关从业人员想要学习智能制造的相关知识与技能。智能制造是传统制造与信息技术等交叉融合的结果，所涉及的不仅仅是传统制造行业，而是整个工科专业领域。这使得想要详细了解智能制造的人往往无从下手。

无论是教师、学生，还是研究人员，想要全面掌握智能制造的所有知识几乎是不可能的，但是想了解具体某一领域（如人工智能、虚拟现实、大数据、工业互联网、物联网等等）的知识是相对简单的，相关书籍资料非常丰富。因此，想要了解具体相关单元还是比较简单的。但是，想要编写一本关于智能制造的书籍难度相当之大。首先要让读者认识到智能制造的大概面貌，又不能以偏概全，一叶障目；其次要让读者初步了解智能制造的相关知识和技能，又不能让浩如烟海的专业知识影响读者对智能制造的本质和内涵的认识；再次要让读者对智能制造在企业各个生产流程中涉及的子系统有所了解，又不能只注重于子系统而忽略了整体联系；最后要让读者对书中所涉及的某些行业的智能制造特点略有所知，又不能让读者对书中未见之智能制造毫无认知。对于智能制造的初学者而言，一本引领他走进相关领域大门的书籍是非常重要的。笔者希望本书能让刚刚接触智能制造的读者了解智能制造相关的技术，对智能制造系统的发展状况、现有技术、相关进展和未来发展有所认识。

鉴于此，本书不仅介绍了智能制造系统的特点与发展趋势，更着重于智能制造系统在各个相关领域的运用前景与存在的问题。本书在各重点章节均设置了小结与问题：通过小结，读者能更容易地了解相关章节的具体内容；根据问题，读者能更深刻地领悟相关知识，并能进一步进行思考。书中收集了大量的资料和相关案例，有助于读者对问题的理解，并为相关企业智能制造实践提供参考。第 1 章主要阐述了智能制造产生的背景及相关概念性知识，也介绍了一些工业强国的相关政策方略，对我国的发展提出了一些建议。第2、3、4章对了解智能制造所需要的关键知识做了详细介绍。第5章则列举了非常多的实际案例，以供参考。第6章介绍了智能制造在工业生产中的应用。第7章介绍了智能工厂和智能管理系统。第8章也十分值得一读，一些代表着未来制造水平的前沿技术正是智能制造未来发展的方向。

本书由薛光辉、李三喜共同担任主编，乔力江汉、左朝宇以及高希宁担任副主编。多位具有丰富教学经验和来自智能制造领域的专家分别承担了各章节内容的撰写工作，具体分工如下：薛光辉不仅承担了全书的目录设定、案例设计、内容构成等工作，还编写了第二章、第四章、第五章，并对全书进行了统稿；李三喜编写了第一章和第三章；乔力江汉编写了第八章；左朝宇编写了第七章；高希宁编写了第六章。本书因其内容的全面性和实用性，非常适合作为本科及高职教育的教材使用。本书在编写过程中参阅了许多专家的研究成果和著作，在此表示感谢！

由于编者水平有限，加之智能制造涉及几乎整个工科领域且发展十分迅速，书中一些内容不免滞后于形势的发展，不当与疏漏之处在所难免，恳请读者不吝赐教，对本书提出宝贵意见和建议，以便后续加以补正。

目　　录

第1章　智能制造概述及发展现状

1.1　智能制造产生的背景

制造业对于每个国家来说，都是国民经济发展的重要基础和产业主体，是经济持续增长的动力源和重要保证，也是国民经济和综合国力的重要体现。特别是对于人口相对众多的我国而言，吸纳劳动力最多的制造业更是立国之本、兴国之器、强国之基。自改革开放以来，我国所取得的辉煌成就，便充分体现了制造业对于促进经济发展、推动社会进步以及保障人民富裕所起到的关键作用。

制造业直接体现了一个国家的生产力水平，是国家经济命脉所系，是打造国家竞争力和竞争优势的主要支撑，是区别发展中国家和发达国家的重要因素，制造业在发达国家的国民经济中占有重要份额。它是产业链、供应链体系的重要构成，外部与农业、服务业等产业领域关联互动，内部涵盖了从原材料、中间产品到最终产品的生产与流通的一系列环节，为产业链、供应链循环提供了源源不断的产品和要素，为经济社会稳定运行和健康发展提供了不可或缺的物质保障。

18世纪前，制造业一直处于手工生产的阶段，这一阶段，产品设计、加工、装配以及检验都是由手工来完成的。这种生产模式下的生产力水平较低，但是生产成本却不低，大批量产品的生产也难以完成。此时，人们对于生活产品的追求也比较低。18世纪中叶，随着第一次工业革命的号角率先在英国响起，人类首次将以水力和蒸汽驱动的机械生产设备带入制造行业。19世纪中叶到20世纪中叶，随着第二次工业革命的爆发，电能的使用以及流水线分工逐渐成为生产模式的主要特征，产品制造的专业化分工和互换性技术的发展，使得刚性流水生产线成为产品制造的基本组织方式，大批量产品生产模式成为制造业生产过程中的主导模式，这不仅使劳动生产率有所提高，产品的生产成本有所降低，而且有力地推动了制造业的发展和社会的进步。20世纪中叶以来，伴随着电子信息技术的不断发展，单一产品的大批量生产已经不再适合市场的多边性和客户需求的多样性，这便迫使产品生产朝着品种齐全、批次多样、生产周期缩短的方向演变。传统的刚性生产方式逐渐被先进的柔性生产方式所取代，与此相适应的先进制造系统出现，诸如柔性制造、敏捷制造、计算机集成制造、精益生产、虚拟制造、可重构制造、绿色制造和网络化制造等。这些先进的制造系统促使现代企业在面对情况多变、以消费者需求为导向的市场竞争时，能够大幅缩短产品的上市时间、优化产品的质量、降低产品的成本、提升服务品质和营造良好的环境，以赢得更多的顾客和更大的市场份额。

不断变化的客户需求、激烈竞争的市场以及社会可持续发展的需求等因素，促使制造环境发生了根本性的变化。同时，制造系统的追求目标也随着制造环境的改变而改变。不同的生产环境、生产规模、生产成本、产品质量、市场响应速度以及服务等均可能是制造系统的追求目标。图 1-1 清晰地反映了制造系统的追求目标从 20 世纪 60 年代的大规模生产到如今的产品智能化的变化历程。

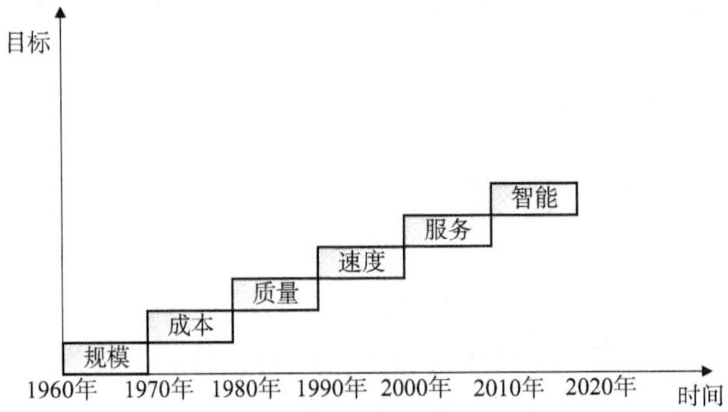

图 1-1 各阶段制造系统的追求目标

制造业是国家创新的主要载体和国家安全的保障部门，推动制造业高质量发展是建设现代化经济体系的内在要求，历来受到各国政府的高度重视。近年来，新一代人工智能技术与现代制造技术深度融合而形成的智能制造技术，成为新一轮工业革命的核心动力。为了争夺新时代的话语权，取得全球市场的主导地位，在全球产业链中分得更大的蛋糕，世界制造业强国将智能制造技术的发展提高到了国家主要战略地位，制定了国家发展战略，譬如德国的“工业 4.0”，美国的“工业互联网”，日本的“智能制造系统”。作为世界制造业大国，我国也先后印发了相关引领性文件。2021 年 12 月 21 日，我国工业和信息化部、国家发展和改革委员会、教育部、科技部、财政部、人力资源和社会保障部、国家市场监督管理总局、国务院国有资产监督管理委员会等八部委联合印发了《“十四五”智能制造发展规划》，明确提出了我国智能制造“两步走”战略：到 2025 年，实现转型升级成效显著，70%的规模以上制造业企业基本实现数字化网络化，建成 500 个以上引领行业发展的智能制造示范工厂；到 2035 年，规模以上制造业企业全面普及数字化网络化，重点行业骨干企业基本实现智能化。随后，各个省份也陆续发布了相应支撑细则，智能制造示范工厂已经在全国各地如火如荼地展开建设。

新一轮科技革命正在孕育兴起，以互联网为代表的信息技术与制造技术的融合以及新业态的接连出现为我国新型工业化发展提供了巨大机遇。伴随着信息技术、网络技术、管理技术以及其他相关的技术的不断成熟与突破，制造系统追求目标逐步实现，生产过程模式也逐渐从手工化制造、机械化制造、刚性化制造向智能化制造、服务化制造和柔性化制造过渡。特别是 AI（Artificial Intelligence，人工智能）、大数据、云计算、数字孪生、5G、区块链、物联网等新一代信息技术与装备制造互动融合，将带来生产制造模式、组织管理方式和产业形态的整体变革，虚拟技术、3D 打印、大数据等将引起装备制造领域的巨大变革，高端化、智能化、绿色化和服务化成为装备制造业发展新趋势。以智能制造为主导的第四次工业革命旨在通过信息通信技术和信息物理系统相结合的手段，推动制造业向智能化转型。智能制造在制造过程中利用实时数据分析、人工智能和机器学习，不仅要采用新型制造技术和装备，还要将快速发展的信息通信技术渗透到工厂，在制造领域构建信息物理系统，改变制造业的生产组织方式和人际关系，带来研发制造方式和商业模式的创新转变。

当今世界，各国的制造业活动均趋向于全球化发展，研究开发、生产制造、各种产品经营活动等也都在朝着多元化方向发展。为了能够让各国间的信息及时有效地进行传输和互换，以及让各国间的先进制造技术进行交流共享，全球各地的企业都希望建立统一的信息和数据的交换方式，以方便交流。因此，研究开发并建立一个快速有效的信息交换方式或渠道，是急需解决的问题之一，并以此来推动创建一个各国均愿意遵守且维护的全球化公共标准。

当下，先进的网络通信技术与制造技术的发展，在产品的个性化需求、制造工艺、运营系统设计和管理人员等方面都提出了新的挑战，而且现代制造系统中出现的部分问题，以传统的设计思维和管理方式不能有效解决。这就促使我们通过集成传统制造技术、先进计算机网络技术与人工智能等技术，发展新型的制造技术与系统，这便是智能制造技术与智能制造系统。智能制造正是在这一背景下产生的。

1.2　智能制造的定义及特征

智能制造（Intelligent Manufacturing, IM）最早由美国科学家提出。1988 年，纽约大学的教授 Wright 和 Bourne 出版了《智能制造》一书，其中首次对智能制造的概念进行定义，认为它是一种智能化系统，并强调了该系统由智能机器和人类专家共同组成。两位教授还认为智能制造可以通过一定方式将知识工程、制造系统软件、机器人等技术进行系统化集成，模拟真实的生产环境并进行建模，从而实现智能机器在无人干预的状态下自行完成产品小批量生产的目的。随着科学技术的发展，智能制造的相关技术也不断有所突破，智能制造的概念也得到升华，其涉及范围从起初的生产环节逐渐演变为整个制造过程。它以智能技术为基础，以智能系统为载体，在制造过程中可以实现自感知与自适应等目的。2016 年，我国工业和信息化部、财政部发布了《智能制造发展规划（2016—2020 年）》，其中对智能制造的概念也给出了一个新的表述，并指出智能制造是新一代信息通信技术与先进制造技术的深度融合。

广义上讲，智能制造是一个范围较大的概念，是新一代信息网络通信技术与先进制造技术的深度融合，贯穿于制造系统的全过程及产品生命周期的各个环节，可以帮助企业实现制造过程的数字化、网络化和智能化，并利用先进的技术保障企业不断提升产品质量、提高经济效益、优化服务水平，推动制造业不断创新并朝着协调、绿色、开放、共享的方向发展。

追根溯源，智能制造的研究发展源于对人工智能的研究。智能是知识和智力的总和，知识是智能的基础，智力是指获取和运用知识求解的能力。智能制造是由适应性较强的智能机器和人类专家共同组成的一种人机一体化智能制造系统。该系统在产品生产制造过程中可以进行一系列智能行为活动，如分析、推理、判断、构思和决策等。同时，在人类专家与智能机器合作的情况下，可以不断延伸扩大人类在制造过程中的脑力与体力劳动，甚至智能机器可以完全取代人类在制造过程中所发挥的作用。相较于自动化制造，智能制造在其基础上进行更新，使制造过程向柔性化、智能化和高度集成化方向不断转变。智能制造包括智能制造技术（Intelligent Manufacturing Technology, IMT）与智能制造系统（Intelligent

Manufacturing System，IMS）。

（1）智能制造技术。智能制造技术利用计算机及网络信息通信技术模拟生产制造环境，进行分析、推理、判断和决策等智能行为活动，这些智能行为活动将会与智能生产机器进行有机融合，并贯穿于产品制造的每个环节。该技术能够让生产企业整个产品的制造、经营等过程向着柔性化和集成化方向发展，使工人在制造过程中的部分脑力或体力劳动被减少甚至是取代。同时，信息收集与存储单元会实时收集并存储制造过程中的各类信息，并借助智能系统对这些信息进行处理，以方便进行设备或企业之间的相互传输与共享。

（2）智能制造系统。制造系统从微观到宏观有不同的层次，如制造装备、制造单元、生产线、制造车间、制造工厂和制造生态系统等，其构成包括产品、制造资源、各种过程活动以及运行与管理模式，智能工厂是实现智能制造的载体。智能制造系统的组成单元是一系列具有自主性和合作性的智能制造单元，实际的制造过程中，部分或全部单元的行为活动会表现出一定的智能性。智能制造系统最主要的特征是其在工作过程中所表现出的对信息的获取、表达和使用的优秀能力。根据信息来源的不同，智能制造系统可分为两类：分别是非自主式智能制造系统和自主式智能制造系统。非自主式智能制造系统不具备自主学习的能力，它的知识信息主要依靠人类的归纳总结。相较于非自主式智能制造系统，自主式智能制造系统具备自主学习的能力，并可以实现自我进化与自我组织，在工作过程中，这类系统可以通过自主学习来完善丰富自有的知识，因此，自主式智能制造系统具有较强的自适应性和优越的创新能力。伴随着神经网络算法、遗传算法与遗传编程等具有代表性的计算机智能技术的快速发展，智能制造系统正逐步从非自主式智能制造系统向具有持续发展潜力的自主式智能制造系统转变发展。

智能制造正由数字化生产制造过程向智能化生产制造过程转变，将会是制造业未来发展的必然方向和产业变革的核心。作为人类专家和智能机器共同组成的人机一体化智能系统，其最主要的特征就是将机器的智能行为活动带入产品生产制造的过程中，并通过人与智能机器之间的协同合作，逐渐取代人类在产品制造过程中的部分或全部的脑力与体力劳动。在不断突破发展的历程中，在不断应对各种问题与挑战的过程中，生产制造模式已从起初的数字化制造过渡到自动化生产制造，现已经发展为高度智能化和柔性化的智能制造。智能制造不但将新型制造技术和设备应用到实际的生产中，而且还把新一代的物联网和服务互联网贯穿于产品的整个生产过程之中。制造领域所构建的信息物理系统，将彻底改变传统制造业的生产经营组织方式。它不是简单地利用信息网络通信技术对传统制造产业进行改造，而是将信息网络通信技术与制造技术进行融合，并集成创新出的新型模式。智能制造要求实现不同设备之间、人与设备之间、不同企业之间、企业与客户之间的无缝网络链接，实现实时动态调整，从而实现资源的自动优化配置。智能制造以制造技术和系统技术为支撑，以新型智能工厂为载体，以智能产品和良好服务为落脚点，大幅度提高产品生产效率和生产能力。

近五六十年以来，随着客户对产品质量和性能的要求逐步提高，各类产品的性能逐步得到完善，产品结构向着复杂化与精细化方向发展，产品功能也逐渐实现多样化。同时，产品所包含的设计信息量和工艺信息量迅速增加，产品生产线和制造设备内部的各种信息流量随之增加，制造过程及后续管理工作中的信息量也必然剧增，因而提高制造系统对爆炸性增长的制造信息进行处理的能力、效率及规模成为制造技术发展的热点与前沿。目前,先进的制造设备没有信息输入便无法运行,柔性制造系统一旦没有信息来源就会立刻停止工作。大部分专家分析认为,制造系统正在由传统的能量驱动型向信息驱动型转变,这就要求制造系统不仅要具备柔性特征,还要拥有智能的表现,否则将难以处理规模如此庞大且复杂的信息工作。变化多样的市场需求和日益激烈的竞争关系等,也要求制造系统具备较高的灵活性、敏捷性和智能性。

如今,智能制造一般被理解为一个大的概念,通常是指综合集成信息网络通信技术、先进制造技术和智能自动化等技术,贯穿于制造企业的各个环节,如产品设计、生产计划、原材料采购、生产制造、市场销售等,能够实现从产品研发、生产制造、售后服务到管理各方面的感知与控制、分析与决策的一种具备高度感知化、互联化和智能化等特征的新型制造模式。这种模式能够实时响应客户不断变化的需求、反馈供应链网络是否联通等。换言之,智能制造技术和智能制造系统能够实时响应制造领域内复杂多变的情况。因此,智能制造的特征主要体现在以下五个方面。

(1)全面互联。智能活动取决于数据,而数据主要来源于互联感知。所以,互联感知是智能制造的基础,互联感知可以消除制造过程中信息流、物质流和能量流中的壁垒,进而可以较为全面地获取产品生命期内所有活动所产生的各种信息数据。

(2)数据驱动。产品生命期内的各种活动都需要基础数据的支持,活动也会产生其他类型的数据信息。通过科学决策技术,对数据进行分析处理,有利于产品的创新研发与优化以及对产品生产过程的实时动态监测和运维服务等。

(3)信息物理融合。通常情况下,制造物理信息的空间融合是指,在制造过程中将采集到的各类信息同步到信息空间中,然后进行分析模拟仿真制造过程,并做出相应的智能决策,最终将决策结果再反馈给物理空间,从而根据反馈信息对制造系统进行一定的优化控制。

(4)智能自主。智能自主是指通过将制造过程与专家知识进行有机集成,使得制造资源和制造服务具备智能化表现,进而促使制造系统拥有良好的分析判断能力和自主决策能力,能够快速适应生产状况的变化,从而提高产品质量和生产效率。

(5)开放共享。集中经营的传统制造方式正逐步被分散经营的社会化制造方式所取代,制造服务突破性地打破了企业的边界,实现了制造的资源社会化开放共享。企业能够以按需使用的方式充分利用外部优质资源进行协同生产,以满足顾客多样化的个性需求。

1.3 国内外发展现状和形势

1.3.1 制造业强国发展状况

早在 20 世纪 80 年代,工业化水平相对高的西方国家,便已开始对智能制造进行研究,并逐步提出智能制造系统和相关的智能制造技术。进入 21 世纪后,伴随着信息网络技术及通信技术的迅速发展,实现智能制造的条件也逐渐趋于成熟。在全球金融危机爆发以后,虚拟经济出现泡沫,在进行分析与总结后,部分国家意识到实体制造业对于经济复苏的重要性，于是开始将重心转回到实体制造上来，同时从国家层面颁布了一系列有关智能制造发展的战略，希望通过发展制造业来刺激国内经济增长，以达到巩固大国地位的目的。

1. 美国

智能制造的概念最早由美国的科研人员提出，因此美国政府在研究和发展智能制造设备与技术等方面的工作上投入了大量的精力，并认为发展这项事业可以有力推动其在科技制造领域获取一席之地。

智能制造技术属于 21 世纪的重点发展技术，自 2008 年全球金融危机以来，美国为重振本国在国际的制造业强国地位，陆续出台了多项政策性文件，并重新规划了本国制造业的未来发展。近年来，美国政府在智能制造设备领域中的投入也不断增加，与智能制造技术及设备密切相关的各种研究项目也在有序进行。其中，具有典型代表性的项目有智能设计项目与智能物流传输项目等。2011 年，美国提出“先进制造业伙伴计划”，加强在先进制造业中的布局，以提升其在国家安全相关行业的制造业水平，保障其在全球竞争中的优势地位。同年，美国还成立了智能制造领导联盟，该联盟发表了《实现 21 世纪智能制造》的报告，对全球智能制造装备行业的发展趋势以及美国的研究目标等都有较为清晰的阐述，针对智能制造企业给出了生产框架，在政策的大力支持下企业可融合各方面资源，形成一个柔性的、敏捷的制造生产环境，最终得到较高的生产效率。这对智能制造装备的研究效率以及生产效率方面都产生了积极的影响。在这样的环境条件下，美国的科研人员研究提出“智能处理系统”研究计划，该计划共涉及了四项研究内容，即对生产设备系统进行动态优化，相关生产设备知识与设备生产的过程紧密结合，明确各设备生产模型，对全部的生产系统进行优化；产品生产环节运用表征设备，对关键信息实施针对性的测量，准确掌握通信机床的性能；研发新型数控系统，进一步增强生产设备和生产环节的控制功能；重点做好产品生产至运营全流程监视，保障改进后的系统达到使用可靠度需求，并充分掌握零件测量精度。除此之外，美国重新制定了本国的制造业未来发展战略，在先进工业生产材料领域、创新制造工艺研究和基于移动互联网技术的第三代工业机器人开发等方面投入超过 20 亿美元，希望通过发展先进制造业，实现制造业的智能化升级和转型，以保持美国在制造业价值链上的高端位置和制造技术的全球领先地位。

为保持和巩固美国工业领域先进制造在全球的领导地位，确保国家安全、推动经济繁荣，2018 年 10 月 5 日美国发布了《先进制造业美国领导力战略》报告，提出了三大目标，即开发和转化新的制造技术、教育培训和集聚制造业劳动力以及扩展国内制造供应链能力，将智能和数字制造、先进的工业机器人、人工智能基础设施、高性能材料、增材制造、半导体、新材料、器件和结构、连续制药、粮食和生物基产品等列入优先发展事项，同时关注制造业的网络安全、工程教育、劳动力和供应链等生态系统，明确了未来智能制造系统、先进材料和加工技术、美国制造的医疗产品、领先集成电路设计与制造以及粮食与农业制造业等五大着力点。2022 年美国国家安全局在广泛的公众宣传后制定了《先进制造业国家战略》，阐述了美国希望在先进制造业发挥领导地位的愿景。该愿景将促进经济增长，创造高质量的就业机会，增强环境可持续性，应对气候变化，完善供应链，确保国家安全，并改善医疗健康。这一愿景的实现方式是开发和实施先进的制造技术，壮大先进制造业的劳动力队伍，以及提升供应链的弹性。为达成此愿景，确定了实现清洁与可持续制造以支持脱碳、加快微电子和半导体制造创新、实施先进制造以支持生物经济、开发创新材料和加工技术、引领智能制造的未来、扩大和丰富先进制造业人才库、扩大和促进先进制造业教育和培训、加强雇主和教育组织间的联系、加强供应链互联互通、减少供应链漏洞和加强与振兴先进制造业生态系统等 11 项重点工程，制定了 37 项实施路径。

2. 德国

随着智能制造在全球的兴起，欧洲的各个国家也都提出了符合本国自身发展的战略和计划。在各国战略的支持下，欧盟提出了欧洲工业数字化计划，以便推进欧洲工业的数字化进程。该计划主要通过大数据技术、物联网技术和人工智能技术这三大技术来提高欧洲工业的智能化程度。除此之外，欧盟将云计算、5G 技术、物联网和网络安全等方面的标准化建设作为发展的重心之一，以提升各国战略计划之间的协同性。同时，欧盟成员国投资上亿欧元打造数字化区域网络，发展区域性数字化创新中心，开展大型物联网项目和开设先进制造试点，希望通过大数据技术和云计算技术将量子计算和高性能计算有效结合起来，以提升在全球的竞争力。

下面主要介绍德国的制造业发展状况。2010 年，德国经济在全球金融危机之后得以回升，且回升速度远超西方其他发达国家。其中制造业出口占据了国家经济增长的 2/3，是德国经济得以恢复的主要来源。德国始终重视本国的制造业发展，在工业科技产品的创新和复杂工业过程的管理方面投入大量研发费用和人力资源，并取得了令世界瞩目的成就。

早在 2010 年，德国便发布了《德国 2020 高技术战略》，对本国的制造业做出长远规划，并将"工业 4.0"战略作为国家未来主要项目之一。德国所提出的"工业 4.0"，在全球也具有广泛而深远的影响。2013 年 4 月，德国正式发布《保障德国制造业的未来：关于实施"工业 4.0"战略的建议》，正式推出了"工业 4.0"战略，同时将"工业 4.0"升级为国家级发展战略，希望做全球第四次工业革命的领头羊，并得到德国社会各界的支持。报告指出，德国在创新制造技术、管理复杂工业过程以及发展信息网络技术方面都表现出较高的水平和能力，在嵌入式系统开发和自动化工程研究方面也颇有成就，这些因素共同奠定了德国在制造行业的领军地位。德国"工业 4.0"战略的核心是，通过信息物理系统实现人、设备与产品等生产要素的实时联通、相互识别和有效交流，构建出一个高度灵活的个性化与数字化相结合的智能制造模式。该计划具有较强的生命力，其模式是通过工业互联网、传感器信息采集技术以及信息处理技术，将分布式、组合式的工业制造单元模块组建成功能齐全、智能化程度高的柔性制造系统，在生产设备、原材料、零部件上装载交互式的终端智能设备，借助工业物联网实现信息实时交互，使机器拥有自主决策的能力，并对生产过程进行精准控制。同时，在智能物流管理系统和社交网络的支撑下，新型智能工厂可整合物流资源信息，改变传统生产制造过程中人、机和生产原材料之间的被动关系，实现物料信息的快速匹配，从而提高产品生产效率。在这种模式下，规模效应不再是工业生产的主导因素，未来产品都将完全按照个人意愿进行生产，用户甚至可以实时、广泛参与生产和价值创造的全部过程。

2019 年 2 月，德国联邦经济与能源部发布了《国家工业战略 2030》，旨在有针对性地扶持重点工业领域，提高工业产值，保证德国工业在欧洲乃至全球的竞争力，总体目标是稳固并重振德国经济和科技，保持德国工业在欧洲和全球竞争中的领先地位。该战略文件列出了五大目标：一是在国家、欧洲以及全球层面在所有重要的领域确保或重新赢回经济与技术方面的能力、竞争力优势与工业领先地位；二是长期保障和提高德国国民经济整体的绩效能力，并由此保障德国公民的工作岗位与财富；三是提高工业在国内生产总值中的比例，具体目标是到 2030 年德国国内工业产值在国内生产总值中的占比从现在的 23%提高到 25%，在欧盟的占比则提高到 20%；四是明确在所有其他市场经济选项对于实现前述目标不充分的情况下，国家干预作为例外、临时手段以及在特别重要情形下是可以考虑的；五是德国与欧盟坚决抵制其他国家对市场经济过程的肆意干预，并坚定维护自身的经济利益，由此为全球市场经济的发展做出贡献。该战略文件还指出了德国基于领先地位的九大关键工业领域，包括钢铁铜铝工业、化工工业、机械与装备制造业、汽车及零部件制造、光学与医学仪器制造、绿色环保科技、国防工业、航空航天工业以及增材制造（3D 打印）。

3. 英国

遭受全球金融危机的沉重打击，曾一度倡导去工业化战略的英国不得不重新注重本国的制造业。为增强制造业的吸引力，英国政府积极开展制造基地建设，面向国内外企业招商引资。2011 年 12 月，英国提出“先进制造业产业链倡议”，不仅支持传统产业，还支持可再生能源和低碳技术等全球领先的技术领域。英国政府计划投资超 1 亿英镑来打造先进制造业产业链，从而促进制造业的发展及国际竞争力的恢复。传统制造模式和全球产业格局在新科学技术和新产业形态的冲击下都发生了巨大的变化。2012 年初，英国对未来制造业启动了预测战略项目研究，该项目将持续至 21 世纪中叶，是一项针对制造业发展的长期战略研究，通过分析当前所面临的问题和挑战，提出有利于制造业复苏与发展的政策。2013 年 10 月，英国政府科技办公室发布《未来制造业：一个新时代给英国带来的机遇与挑战》报告。报告否定了“制造之后进行销售”的传统制造业，而对“服务+再制造”的制造业给予充分肯定，并在通信、物联网、传感器、新材料、生物技术、大数据、机器人、增材制造等多个技术领域开展布局，从而构建智能制造的新格局。英国商业、创新和技能部于 2014 年发布《工业战略：政府与工业之间的伙伴关系》报告，以增强英国制造业的竞争力，促使其可持续发展为目的。报告分析了英国当前的产业现状，明确了未来重点扶持领域及前沿技术，降低未来发展的不确定性；提出建立创新平台，完善技能培训体系，加强研发与实际上产的衔接，支持微小企业技术研发与创新，鼓励商业合作与创新，建立公平公正、透明可查询的采购体系，对大数据、智能机器人、航空航天商业化、先进制造业等多个重大前沿产业领域给予政策支持。

4. 日本

日本 1989 年就提出了智能制造系统。1990 年中，日本通产省就提出了智能制造未来十年研究计划，并联合美国与欧盟共同协商成立智能制造系统国际委员会。1994 年启动了先进制造国际合作研究项目，包括了公司集成和全球制造、制造知识体系、分布智能系统控制、快速产品实现的分布智能系统技术等。2004 年，日本制定了《新产业创造战略》，将智能机器人与信息家电新兴产业等作为发展的重点。日本 2013 年版的《制造业白皮书》将机器人、新能源汽车及 3D 打印等视为未来制造业发展的重点领域。2014 年至 2015 年，日本陆续发布了《机器人白皮书》和《机器人新战略》，并在《机器人新战略》中制定了机器人发展的三个目标：一是建设世界机器人创新基地；二是成为世界第一的机器人应用国家；三是带领世界迈向领先的机器人新时代。日本在 2014 年发布的《制造业白皮书》中指出，日本制造业在积极发挥信息技术（Information Technology，IT）作用方面落后于欧美，并建议转型为利用大数据的"下一代"制造业。

日本提出创新工业计划，以信息网络技术为纽带推动制造业的发展。通过协同发展智能机器人、多功能电子设备、嵌入式系统、智能机床和物联网等技术，打造先进的无人化智能工厂，从而提升国际竞争力。将传统制造业与工业机器人、网络通信技术与智能终端深度融合发展，实现信息在设备之间的高效交互，形成新型智能控制系统，大大提高了产品生产效率和稳定性。2016年，日本发布"工业价值链计划"，并提出"互联工厂"的概念，联合上百家企业共同建设日本智能制造联合体。同时，以中小微企业为突破口，探索企业间合作的新方式，并让物联网走进实验室，扩大工业与其他领域的深度融合创新。同年，日本还提出了新型社会形态"社会5.0"，依靠物联网、人工智能等科技手段，融合网络空间与现实的物理空间，使所有人，不分年龄、性别、地域、语言，均能在需要的时候享受高质量的产品与服务，实现经济发展的同时解决人口老龄化、劳动力短缺等社会问题，最终构建一个以人为中心的新型社会。

1.3.2　国内发展状况

我国对智能制造的研究起始于20世纪80年代，虽然发展至今已经取得了一定的成果，但始终维持着较小的研究规模，至今尚未形成完整的体系。全球金融危机爆发之后，世界各国经济均呈现衰退的趋势，由此引发了各国政府及企业对制造业的重新关注，我国政府及企业也逐渐加大了对智能制造的关注和投入。为适应工业化后期阶段的特征，应对产业变革和新科技革命的挑战，近年来，我国政府和企业都分别制定了一系列促进智能制造发展和与智能制造相配套的产业发展战略、政策及具体措施，以便推动智能制造的发展和普及。

2010年10月，国务院发布的《关于加快培育和发展战略性新兴产业的决定》中明确提出要加快培育和发展高端装备制造产业等七个具有战略性意义的新兴产业，并将智能制造装备视为高端装备制造产业的重点研究方向之一。2012年5月，工业和信息化部发布《高端装备制造业"十二五"发展规划》，指出智能制造装备领域要以发展智能仪器仪表与控制系统、关键基础零部件、高档数控机床与基础制造装备、重大智能制造成套装备等四大类产品为重点。

2012年初，科技部发布《智能制造科技发展"十二五"专项规划》，布局了智能制造的基础理论与技术研究，智能制造基础技术与部件攻关，智能化高端装备的研究与开发，制造过程智能化技术、装备的研究与开发，系统集成与重大示范应用等五项重点任务。从2011年到2014年，国家发展改革委、财政部、工业和信息化部连续四年共同实施了"智能制造装备发展专项"，重点突破工业机器人、自动控制系统、伺服和执行部件等具有代表性的智能装备，加大对智能制造的财政支持力度。2015年3月，工业和信息化部启动了智能制造试点示范专项行动，并且部署了智能制造综合标准化体系建设。同年5月，我国发布了智能制造相关报告，指出当前各国都在加大科技创新的力度，推动云计算、3D打印、生物工程、移动互联网、新能源、新材料等领域的突破和创新。

目前，我国智能制造产业发展的相关政策正逐步完善。这些政策的核心目标都是发展先进制造业，旨在提升制造业的关键核心技术，进而逐步实现我国制造业的强国梦。快速发展的信息网络技术和先进制造技术为促进我国智能制造的平稳发展创造了有利条件，使我国制造业的智能化水平得到提高。由我国自主研发的多功能新型传感器及智能控制系统已逐步达到世界先进水平。工业智能机器人、智能化水平较高的数控机床和自动化生产线等智能装备制造技术均稳步发展并取得了一定进步。智能制造装备和先进制造工艺技术的不断普及和广泛使用,互联感知型控制系统的逐步发展以及制造执行系统的平稳运行,使企业的生产效率得到大幅提高。通过在具有代表性的企业运用智能制造技术和设备并开设示范试点,我国逐渐形成了一系列可复制推广的智能制造生产模式,为今后深入推进智能制造奠定了一定的基础。

2015 年,我国拥有近 40 个工业大类,中小工业类型的总和近 200 余个,也因此成为全世界唯一拥有联合国产业分类中全部工业门类的国家。随着国家越来越重视高端装备制造业,在国家相关政策的大力扶持下,智能制造装备行业得到快速发展。总体来看,我国在装备制造业上的投入呈现出逐年增长的趋势,这在很大程度上得益于政府为招商引资所付出的努力和所提供的有利政策环境。2010 年至 2016 年,这六年里,我国智能制造装备产业值由当初不到 4 000 亿元增至超过 1.2 万亿元,足足增长了两倍之多,体现出我国智能制造装备产业发展的巨大潜力。与此同时,国内基础设施的建设及市场规模的不断扩大,也充分展现出装备制造业企业即将迎来广阔的发展前景,为推动我国的传统行业向智能化转型升级提供了良好的条件基础和巨大的环境优势。工业和信息化部公布数据, 2017 年我国工业企业利润增长 21%,增加值同比上升 12.5%,高技术制造业增加值同比上升 13.4%,装备制造业增加值同比上升 11.3%,集成电路产量增加 23.8%,工业机器人产量增加 68.1%。

我国的装备制造业在中华人民共和国成立后才逐渐得到发展,在改革开放四十年来的帮扶与政策支持下,从之前的低端制造业慢慢向中高端拓展,逐渐完善相关产业链和工业体系,在规模和智能化水平上均有了长足的进步,也取得了一定的优异成绩。目前,我国的装备制造业已发展成为具有完整的结构体系、水平较高、国际竞争力较强的国民支柱性产业,为我国工业、经济和国防建设等做出了十分重要的贡献。

“十二五”期间,我国对智能装备研发的财政支持力度继续增大,智能装备产业发展重点明确,即突破新型传感器与仪器仪表等核心关键技术,推进国民经济重点领域的发展和升级。

2021 年,工业和信息化部、国家发展改革委等八部门印发了《“十四五”智能制造发展规划》。该规划指出,到 2025 年,规模以上制造业企业大部分实现数字化网络化,重点行业骨干企业初步应用智能化;到 2035 年,规模以上制造业企业全面普及数字化网络化,重点行业骨干企业基本实现智能化。

总体看来,我国装备制造业起步晚,但发展速度快,拥有重大技术装备自主研发能力,形成了良好的独立工业体系,国际竞争力进一步提升。虽然取得了丰硕研究成果,但是结合国内智能制造装备的实际应用情况来看,智能化仅仅解决了制造过程中效率低和精度低的问题,并没有达到完全智能自主的设计水平。与美国、德国、英国、日本等装备制造业强国相比,我国制造业的竞争力依旧较弱,核心技术自主创新能力相对较弱、软件与信息技术发展协同不够、标准体系化建设不够完善、优秀的行业领导者偏少和相关先进制造服务落后。因此,我国的装备制造业智能化发展应结合我国国情,从实际出发,借鉴国外的优秀经验,抓住全球制造业发展的机遇,规划长期发展目标,总结出适合我国的发展道路。

1.4　我国智能制造重点发展领域

近些年来，我国制造业不断向智能化转型，各行各业都在加快利用新一代网络通信技术，将工业软件与制造设备等进行深入融合，希望在制造过程和商业模式上有所创新，探索智能制造的新模式。在不断推进的过程中，工业机器人、高端数控机床、工业互联网、半导体、航空航天装备及船舶工业等领域仍是我国重点发展的领域。

1.4.1　工业机器人

工业机器人是先进制造业的核心装备，其复杂程度与智能化水平是一个国家制造业水平和竞争力的重要标志，一些发达国家已经把发展机器人产业作为发展制造业、提升竞争力的主要途径。目前，工业机器人正在向智能化、互联化方向发展。智能化主要指工业机器人能够根据周围环境及时做出应对，实现自主执行任务，并自主判断、分析选择最优方案。互联化是指借助工业互联网可实现多个机器人之间的相互联通，高效协同完成工作流程与工艺环节。

政策方面，我国对工业机器人的支持具有长期性和持续性。1959 年，美国研制出世界上第一台工业机器人，标志着机器人进入制造业的时代来临。1982 年，中国科学院沈阳自动化研究所研制出我国第一台工业机器人。20 世纪 80 年代，我国工业机器人的发展主要涉及喷涂、焊接等工业流水线上机械手的研发。国家“863”计划（即国家高技术研究发展计划）启动后，我国开始大力支持工业机器人技术发展。“十五”期间，我国开始研究危险工作环境中使用的机器人及作为军械使用的机器人等。“十一五”期间，我国注重对智能控制系统和人机交互技术的研究。“十二五”期间，智能制造成为制造强国建设的主攻方向。2016 年，《机器人产业发展规划（2016—2020 年）》发布，机器人产业体系进一步完善，产业规模不断扩大，技术创新能力持续增强，综合能力明显得到提升。“十三五”以来，通过持续创新、深化应用，我国机器人产业呈现良好发展势头。2021 年，工业和信息化部、国家发展改革委等 15 个部门联合发布了《“十四五”机器人产业发展规划》，规划了我国机器人产业的宏伟发展蓝图，提出：“2025 年，我国成为全球机器人技术创新策源地、高端制造集聚地和集成应用新高地。一批机器人核心技术和高端产品取得突破，整机综合指标达到国际先进水平，关键零部件性能和可靠性达到国际同类产品水平。机器人产业营业收入年均增速超过 20%。形成一批具有国际竞争力的领军企业及一大批创新能力强、成长性好的专精特新“小巨人”企业，建成 3~5 个有国际影响力的产业集群。制造业机器人密度实现翻番。”该规划还提出到 2035 年，我国机器人产业综合实力达到国际领先水平，机器人成为经济发展、人民生活、社会治理的重要组成。

技术方面，我国机器人技术发展迅速，但工业机器人关键零部件国产化率依然有很大的上升空间。2011 年至 2020 年，国内机器人技术相关的专利数量快速增加，年均申请量为 17 009.2 件，年均增长率为 39.53%，最高年增长率为 79.67%（2016 年），2018 年的年度申请量最高，申请数量为 37 853 件。我国机器人专利数量的快速增长，说明了 2011 年以来我国机器人技术的快速发展。但生产工业机器人所用的关键零部件仍然依靠国外，成为制约我国工业机器人产业发展的主要因素。根据头豹研究院的数据，我国工业机器人零部件的国产占比中，机身占比为30%、减速器占比为10%、控制器占比为13%、伺服系统占比为15%；而在我国工业机器人生产成本构成中，减速器、控制器与伺服系统等三大核心部件占据了总成本的70%之多。核心零部件的生产技术没有掌握，国内生产占比较低，不得不从国外进口，因而生产成本较高。“十三五”期间，我国机器人技术水平持续提升，运动控制、高性能伺服驱动、高精密减速器等关键技术和部件加快突破，整机功能和性能显著增强。

需求方面，国家针对智能制造领域及其相关产业给予优厚的政策支持，促使工业机器人市场规模与需求持续增长。根据中国电子学会发布的《中国机器人产业发展报告(2019)》，我国制造业智能化升级转型的需求日益凸显，工业机器人需求也日益旺盛，其市场保持向好发展。近年来，我国工业机器人市场份额约占全球的1/3，成为世界第一大工业机器人应用市场。国际机器人联合会统计数据显示，我国工业机器人密度在2017年已经达到97台/万人，超过世界的平均水平；2021年突破130台/万人，达到发达国家的平均水平。长远来看，制造业的升级转型对工业机器人有着巨大的需求，随着技术的成熟，工业机器人的价格也会逐渐降低。2023年安装的工业机器人达27.6万台，占全球安装量的51%，保有量约180万台，且仍有很大的增长潜力，预计2027年前年均增长率可达5%~10%。另外，我国研究人员对减速器、伺服电机、控制器等关键零部件的研究不断加大，掌握核心零部件的生产技术，实现工业机器人完全自主化生产也必将成为未来发展的重要趋势。“十三五”期间，我国机器人集成应用大幅拓展，2020年制造业机器人密度达到246台/万人，是全球平均水平的近2倍，服务机器人、特种机器人在仓储物流、教育娱乐、清洁服务、安防巡检、医疗康复等领域实现规模应用。

销售方面，国产工业机器人的销售份额在持续增加，国际市场竞争力也在逐步增强。一方面，国产工业机器人呈现出逐年增长的趋势，国产零部件也在逐步代替进口零部件。数据显示，我国机器人领域发展迅速，自主品牌工业机器人的市场份额正逐年提升，不断缩小与国外品牌机器人之间的差距。有数据显示，2011年至2020年的十年间，国产工业机器人的市场份额增长了近60个百分点，销售量由当初的几百台增长到几十万台。另一方面，国产工业机器人的出口也在迅速增长，在国际市场份额中已占据一席之地。国产工业机器人出口量由2015年的1.2万台增长至2020年的8.1万台，复合年均增长率达46.5%；出口量在全球占比由4.6%提升至20.4%，增长约16个百分点。“十三五”期间，机器人产业规模快速增长，年均复合增长率约15%，2020年产业营业收入突破1 000亿元，工业机器人产量达21.2万台(套)。

1.4.2 高端数控机床

高端数控机床与我国工业机器人的发展密切相关，但目前我国高端数控机床发展依然相对落后，这也是制约我国智能制造业发展的重要短板。相关数据显示，2019年，全球数控机床企业排名前十的企业中，没有一家企业来自中国，其中来自日本的山崎马扎克公司以52.8亿美元的营收稳居榜首，比排名第二的德国通快公司整整高了10亿美元。

我国对进口机床有着较大的需求。根据海关总署披露的相关数据，2015年至2019年，我国进口高端数控机床总和高达3万台，价值近千亿元。我国大部分高尖端机床及关键零部件依赖国外进口。截至 2021 年，国产高端数控机床市场占有率不足 30%。国产精密机床加工精度目前仅能达到亚微米，与国际先进水平相差 1~2 个数量级。因此，在供需矛盾之下，我国高端机床的自主化、国产替代任务依然艰巨。

具体而言，我国高端数控机床主要存在四个方面的问题。一是高端机床的精密数控系统主要来源于日本和德国，国产数控系统主要应用于中低端机床，国产高端机床精密数控系统自主供给依然缺乏。二是主轴主要来源于德国、瑞士和英国，国产企业已具备一定生产能力，但技术仍需迭代提升。三是丝杠主要来源于日本，国内相关技术较多，但技术水平有待提升。四是刀具主要来源于瑞典、美国和日本等国，国产刀具寿命不长、可靠性不高，平均寿命只有国际先进水平的 1/3~2/3。

1.4.3　工业互联网

新一代信息网络通信技术与制造业的深度融合是推动制造业升级转型的重要动力源。其中，工业互联网是融合过程中的核心。近年来，世界各国的工业互联网发展平稳。我国智能制造的发展与工业互联网的发展正相关。2018 年到 2019 年，我国在工业互联网相关产业都有较为明显的产业增加值，增长均在 50%左右，分别占当年国内生产总值的 1.5%和 2.2%，对我国经济增长的贡献均达 10%左右，为全社会创造了近 600 万个工作岗位。

工业互联网在给我们带来便捷的同时，其发展也存在着一定的问题。我国工业互联网产业仍处于建设的初期阶段，对于工业互联网的标准化建设还在不断探索之中。在人才储备、工业互联网的技术创新及安全等方面均存在短板，还不具备成熟的商业应用模式，推广和应用存在着较强的艰巨性和复杂性，不能急于求成，要保持良好的耐心，稳步发展。具体而言，存在以下三大问题。

1. 数据流动与融合问题

数据流动与融合问题主要体现在三个方面。第一，是设备互联互通信息孤岛问题。例如，一条生产线涉及大量不同的设备底层通信和数据交互协议等，要实现设备之间有效的数据流动和融合，难度较大。第二，目前人工智能尚处于发展阶段，对依托工业生产所产生的大数据进行智能化自动决策依然有很大难度。第三，工业互联网设备专用软件难以通用，也是当前工业互联网发展的一大瓶颈。

2. 对成本和安全问题考虑不足

一方面是成本问题。例如，工业互联网涉及专业人员、数据中心、云计算等方面的成本。另一方面是安全问题。例如，工业互联网的数据泄露和网络攻击风险等。

3. 工业互联网的赢利模式依然需要摸索

工业互联网行业标准多，涉及各个制造业的垂直领域，专业化程度高，难以找到通用的赢利和发展模式。

2020 年，中央全面深化改革委员会第十四次会议针对工业互联网的发展问题提出了明确要求。会议强调，加快推进新一代信息技术与制造业融合发展，要顺应新一轮科技革命和产业变革趋势，以供给侧结构性改革为主线，以智能制造为主攻方向，加快工业互联网创新发展，加快制造业生产方式和企业形态根本性变革，夯实融合发展的基础支撑，健全法律法规，提升制造业数字化、网络化、智能化发展水平。

1.4.4 半导体

我国半导体市场需求巨大,需求总量占全球第一,但国内供给能力有限。我国半导体行业发展非常迅速,影响力也越来越大。根据 Statista 全球统计数据库的相关数据,我国半导体市场需求总量占全球需求总量的 50%以上。赛迪发布的《2021 全球半导体市场发展趋势白皮书》明确指出中国已经连续多年成为全球最大的半导体需求市场。

但同时我国半导体自给自足能力严重不足。根据中国半导体行业协会公布的相关数据,2016 年中国集成电路进口额远超同年我国石油进口原油的进口额,高出了 1 000 多亿美元。虽然我国的半导体需求总量巨大,但是国内半导体生产技术达不到国际水平,无法满足国内半导体消费需求。根据法国的某知名市场调查公司在 2020 年 10 月所公开的数据,自 2005 年以来中国的半导体需求量在全球一直是最大的。然而,在如此巨大的半导体消费需求总量中, 2018 年里只有约 15%是由国内企业生产的。2020 年彭博社公布数据,中国半导体及芯片的进口额约占中国国内进口总额的 1/5,进口额高达 3 800 亿美元。到 2021 年上半年,我国国内半导体领域的供应缺口依然未缩小。根据海关总署的数据,2021 年 1 月至 5 月,我国进口集成电路 2 603.5 亿个,同比增加 30%。由此看来,截至 2021 年上半年,国内半导体供给能力依然有限。

我国部分半导体产业领域已具备国际竞争力,但高端芯片生产能力缺乏。半导体产业的整个生产制造过程可以分为三个部分:分布式设计、制造和封测。"十三五"期间,我国集成电路相关产业发展总体令人满意,据测算, 2020 年我国集成电路销售收入近 9 000 亿元,平均增长了 20%,是同期全球集成电路产业增长的 3 倍,实现了产业规模不断扩大。在技术创新上也取得了一定的成就,制造工艺、制造材料、封装技术等方面也均有较快发展。

在半导体产业制造领域,国产自主创新替代在全面加速。根据国盛证券 2020 年 6 月的报告,我国国内半导体制造已基本完成从无到有的建设工作。例如,中微公司介质刻蚀机已经打入 5 nm 制程;北方华创硅刻蚀进入 SMIC(中芯国际集成电路制造有限公司)28 nm 生产线量产;屹唐半导体公司在去胶设备领域占有全球第二大的市场份额;盛美半导体公司的单片清洗机可实现在海力士、长存、SMIC 等产线上的量产;沈阳拓荆 PECVD(等离子体增强化学气相沉积)设备可在华力微电子 28 nm 生产线上实现量产;上海睿励公司、精测电子在测量领域突破国外技术垄断等。但总体来看,目前我国缺乏 7 nm 及以下的高端芯片的稳定、规模化生产能力,华为当前遇到的困境也很大程度上根源于此,我国距离实现高端芯片的量产还有很长的路要走。

我国晶圆生产能力发展迅速,已形成相对完整的半导体产业链,但产业结构失衡。我国在半导体生产材料——晶圆制造方面取得长足进步。截至 2020 年 12 月,我国大陆的晶圆产能在全球晶圆总产能中占据 15.3%的份额,已超越北美地区(北美地区占全球晶圆产能的 12.6%),成为全球第四大晶圆制造地区(第一名为中国台湾,占 21.4%;第二名为韩国,占 20.4%;第三名为日本,占 15.8%)。

半导体材料制造的快速发展,对我国整个半导体产业链的提升有非常重要的作用,但我国在半导体产业结构上还存在发展不均衡的问题,尚不能完全自给自足。例如,华为旗下的海思技术有限公司(以下简称"海思")是我国芯片设计的龙头企业,其业务主要包括消费电子、通信、光器件等相关领域的芯片及解决方案的提供，麒麟系列处理器芯片由于其强大的性能备受消费者喜爱，成为海思最具代表性的产品。2016 年海思的销售额达 260 亿。2020 年 10 月发布的处理器麒麟 9000 芯片，采用了当时最先进的 5 nm 工艺制程，在多个方面的测试数据均超过了高通生产的处理器骁龙 865 和苹果的 A14 处理器等。但是，包括麒麟系列芯片在内的海思大部分高端芯片都需要其他芯片加工厂来代替生产，其发展势必会受到国际环境变化的严重影响。

当前，半导体产业链全球化发展迅速，全球半导体产业链分工趋势非常明显，与之前的设计、制造和封测在同一公司完成的 IDM（垂直整合制造）模式不同，已经形成相对独立的专业企业分工。1996 年之前，我国半导体产业受国际和国内政治因素影响，与全球半导体产业发展的"摩尔定律"速度完全脱节。1996 年之后，在"908""909"工程等系列战略推动下，再加上 21 世纪以来全产业链的系列配套发展，我国半导体产业体系已经取得了长足进步，当前中国已跃升为晶圆代工产业全球第二大国。中国半导体制造工艺从落后 3 代以上，缩小为仅落后 1~2 代。

在芯片制造环节，我国集成电路产业相对落后。我国半导体产业的整体结构严重不平衡。虽然一些半导体企业在很多地方都建设了加工厂，但还是以封装测试的企业居多。由于国外针对我国的技术封锁与垄断，我国企业的芯片及相关集成电路的制造工艺均落后于国外。而对于制造芯片的设备如光刻机等，制造业发达的国家凭借一己之力也无法生产制造，我国也一样几乎全部都依赖进口。

1.4.5　航空航天装备

航空航天装备是我国制造强国战略十大重点领域之一。当前，我国以智能制造为主攻方向，发展航天高端装备，大力推进数字化、网络化、智能化，以提高航天制造企业的核心竞争力。数字化是指要建设数字航天，推动航天数字化产品、数字化研制、数字化管理和数字化产业协同发展。一是着力推动航天产品向高可靠、可重复、智能化方向发展。二是推进科研生产模式转型升级，打造航天智能制造体系。三是推进精益化管理，逐步构建以流程主导和数据驱动的企业管理模式。四是推动航天技术应用及服务产业向数字化转型升级，打造"航天+"产业形态。网络化是指将高性能计算机、高速网络、数字化产品与基于知识的设计、人工智能和人机交互技术有效地结合在一起，形成一种跨地域的虚拟协同环境，不同地域、身份和学科的专家与工程技术人员在此环境中进行综合设计和航天产品设计、试验和样机制造。智能化是指从任务目标的给定到任务目标的实现，全程无人工参与，全部依托体系内资源自主判断、决策。智能航天体系主要包括智能航天制造、智能体系构建、智能目标规划、智能任务实施、智能效能评估。

我国航天装备智能制造的发展布局主要包括以下八个方面。

一是策划搭建航天智能工厂架构。以产品研制生产过程的智能化为主线，坚持两化深度融合发展，推进先进制造技术和新一代信息技术的融合应用，搭建智能工厂框架；全面掌握数字化制造的关键技术，实现数据和信息的全面集成，实现产品工艺规划、加工制造、质量检验、生产过程、物流配送等全过程的数字化管理与控制；补充智能化装备，强化集成应用，固化生产机制，创新研制模式，推行精益制造，实现技术和装备的全面升级换代，完成智能工厂建设,有效保障航天产品高质量高效率高效益发展。

二是实现面向制造全过程的数字化管理与应用。面向典型产品的制造过程,开发数字化生产过程控制与管理系统;实现信息管理系统与数字化加工设备、自动化仓储与运输设备、自动化检测设备、刀具管理设备等硬件的集成;针对制造过程质量管理需求,建立过程质量控制系统。

三是实现设备状态的数字化运行监控。对车间现场的设备运行进行监控,提供精确的设备运行的相关数据,包括机床状态、加工程序名称、加工开始和结束时间等,为设备综合性能分析、改善决策等提供有力数据支撑,图形化监控有助于车间管理者合理调配生产资源、减少设备冲突、提高设备利用率。

四是实现典型产品可移动式在线监测。针对典型型号壳体产品的车铣复合加工过程,集成大负载平台自主导航及精密定位技术、高亮加工表面非接触光学扫描测量及误差分析控制技术、多系统部件协同控制及通信技术等,开发一套移动式在线三维扫描测量系统,从而提高测量质量及效率,规避加工设备质检系统误差等问题。

五是实现智能仓储及自动化物流配送技术应用。开展仓储资源优化整合、库存感知及平衡、基于模糊时间的优化配送等技术研究,使物料存储地点合理化,提高配送效率,提高快速响应能力;搭建自动化仓储及物流系统,提高产品周转的效率和自动化程度,实现物料的实时精准定位。

六是实现基于智能网关的数据感知及应用。通过基于智能网关的数据感知、数据采集及应用,实现通过设备联网、数据采集、报文解析、离线存储、边缘计算和端口转发等功能,连接物理和数字世界,提供轻量化的连接管理、实时数据分析及应用管理功能。同时实现数据安全防护功能,对可疑数控程序、疑似入侵行为进行检查、拦截和报警,防止生产设备和服务器遭受攻击。

七是实现工业机器人技术的初步应用。通过在线测量系统、数控机床和机器人技术集成,实现自动分拣。对机器人的运动路线进行合理规划和详细工作流程进行设计,实现机器人运动路径的精确定位。通过对现有数控机床的改造和应用工业相机,实现数控机床和机器人自动化匹配升级。通过对机器人末端夹持工装设计,使机器人适用于多种规格的产品加工。通过对系统可编程逻辑控制器(Program Logic Control, PLC)控制和程序编制,建立通信机制,实现机器人的总线控制。

八是实现数字化示范生产线的初步应用。聚焦航天产品研制瓶颈环节,研究数字化生产线构建方法、思路、流程,搭建数字化生产线整体架构。集中优势力量,突破自动仓储物流、制造执行系统(Manufacturing Execution System, MES)建设及实物编码管理、离线装夹、机器人等关键技术,实现核心产品产能的大幅提升及生产效率和质量的有效提升。

经过近几年的重点建设,信息化标准体系建设已经取得显著成效,但随着智能制造技术的不断应用,航天智能制造标准体系有待健全,距离在智能制造过程中发挥强有力的支撑作用,还有很长的路要走。

1.4.6 船舶工业

船舶工业是为海洋运输、海洋开发及国防建设提供技术装备的综合性产业。为贯彻落实党中央、国务院关于建设制造强国和海洋强国的决策部署，多个主管单位先后制定印发了一系列政策文件，工业和信息化部、国防科工局联合印发《推进船舶总装建造智能化转型行动计划（2019—2021 年）》，提出加快新一代信息通信技术与先进造船技术深度融合，逐步实现船舶设计、建造、管理与服务全生命周期的数字化、网络化、智能化，推动船舶总装建造智能化转型。

世界造船业进入新一轮调整周期，竞争日益激烈。日本为强化船舶制造业竞争力，推出了新的船舶产业创新政策—— "i-shipping"，计划将物联网、大数据技术应用到船舶运营和维修中，以提升产品和服务能力、开拓商业领域、提升船舶制造能力。韩国从 2010 年起实施了"智能船舶 1.0"计划；2013 年，现代重工开启了以"经济、安全、高效航行服务"为宗旨的"智能船舶 2.0"计划；2017 年，现代重工与英特尔（Intel）、SK 船运、微软、大田创意经济与创新中心，以及蔚山创意经济与创新中心签订协议，联合韩国国内的信息与计算机技术公司共同开发软件，提高船员的安全系数，改善他们的健康状况，满足船东的需求以及安全航运标准。欧美的船舶工业在高水平现代化基础上，以全面数字化、自动化和网络化平台为支撑，组建模块化、专业化合作生产的动态联盟。

我国船舶工业也快速发展，骨干船舶企业不同程度地开展了智能化转型的探索工作，智能科研攻关取得了积极进展，智能技术工程化应用成效显著，具备了一定的技术和产业基础。虽然我国船舶工业已经取得长足进步，但与国际先进水平相比，尚存在较大差距：造船效率仅是日韩的 1/3，制造装备与系统的自动化与智能化水平低、过程管控缺少有效数据支持、制造技术和信息技术融合程度低。面对我国在造船技术上存在的差距，要夯实智能制造基础，突破一批关键共性技术和短板装备，推进船舶设计、建造、管理与服务数字化、网络化集成，加快促进我国船舶建造技术水平提升，增强国际市场竞争力，支撑我国船舶工业由大到强转变。

课后习题

1. 什么是智能制造？
2. 智能制造有哪些特征？
3. 为什么要发展智能制造？
4. 我国的智能制造的重点领域有哪些？
5. 举例说明我国智能制造发展的重点领域。

参考文献

[1] 鞠全勇. 略论智能制造技术的发展[J]. 金陵科技学院学报，2004（1）：5-9.
[2] 李海胜，冯世花，郭泽琳. 探究智能制造技术的发展现状及趋势[J]. 科技风，2019（27）：10，33.
[3] 傅建中. 智能制造装备的发展现状与趋势[J]. 机电工程，2014（8）：959-962.
[4] 沈君阳. 智能制造的发展分析[J]. 产业科技创新，2020（19）：32-33.

[5] 焦波. 智能制造装备的发展现状与趋势[J]. 内燃机与配件，2020(9)：214-215.
[6] 曾广峰. 我国智能制造行业发展现状及趋势[J]. 质量与认证,2020(11)：46-47.
[7] 何汉斌. 智能制造装备的发展现状与趋势[J]. 科学技术创新,2018(31)：150-151.
[8] 刘小春,张蕾. 智能制造装备的发展现状与趋势[J]. 造纸装备及材料，2021，50(7)：19-21.
[9] 葛英飞. 智能制造技术基础[M]. 北京：机械工业出版社，2019.
[10] 中国科协智能制造学会联合体. 中国智能制造重点领域发展报告(2019—2020)[M]. 北京:机械工业出版社，2020.
[11] 吴燕生. 全面实施数字航天战略 为航天强国建设提供坚强支撑[EB/OL].(2020-12-28)[2021-12-15]https：//baijiahao.baidu.com/s?id=1687256578079622192&wfr=spider&for=pc.
[12] 栾恩杰,王崑声,胡良元,等. 提升我国航天装备制造能力的思考[J]. 中国工程科学,2016,18(4):83-89.
[13] 郝晓龙,白鹤峰,熊春晖,等. 人工智能技术在航天工程领域的应用体系研究[J]. 航天器工程,2020,29(5):26-31.

第 2 章　智能制造关键技术

智能制造是第四次工业革命的基石,其基于新一代信息通信技术与先进制造技术的深度融合与集成,实现从产品的设计过程到生产过程以及企业管理服务等全流程的智能化和信息化。智能制造涉及众多关键技术,本章重点介绍工业互联网、物联网技术、5G 通信技术和云计算等关键技术。

2.1　工业互联网

工业互联网的概念最初于 2012 年由美国通用电气公司(General Electric Company,GE)提出,指在物联网的基础上,综合应用大数据分析技术和远程控制技术,优化工业设施和机器的运行维护,以提升资产运营绩效。工业互联网是重要的网络基础设施,同时还是新业态和新模式,对于提高工业生产率、加快构建"机机互联、人机互联"的新制造业体系有着重要作用。

2.1.1　工业互联网发展背景

近年来,新一轮科技革命和产业变革快速发展,互联网由消费领域向生产领域快速延伸,工业经济由数字化向网络化、智能化深度拓展,互联网创新发展与新工业革命形成历史性交汇,催生了工业互联网。

加快发展工业互联网,促进新一代信息技术与制造业深度融合,是顺应技术、产业变革趋势,加快制造强国、网络强国建设的关键抓手,是深化供给侧结构性改革,促进实体经济转型升级,实现"碳达峰、碳中和"目标,持续推进可持续发展的客观要求。

从工业经济发展角度看,工业互联网为制造强国建设提供关键支撑。一是推动传统工业转型升级。通过跨设备、跨系统、跨厂区、跨地区的全面互联互通,实现各种生产和服务资源的更大范围、更高效率、更加精准的优化配置,实现提质、降本、增效、绿色、安全发展,推动制造业高端化、智能化、绿色化,大幅提升工业经济发展质量和效益。二是加快新兴产业培育壮大。工业互联网促进设计、生产、管理、服务等环节由单点的数字化向全面集成演进,加速创新方式、生产模式、组织形式和商业范式的深刻变革,催生平台化设计、智能化制造、网络化协同、个性化定制、服务化延伸、数字化管理等诸多新模式、新业态、新产业。

从网络设施发展角度看,工业互联网是网络强国建设的重要内容。一是加速网络演进升级。工业互联网促进人与人相互连接的公众互联网、物与物相互连接的物联网向人、机、物、系统等的全面互联拓展,大幅提升网络设施的支撑服务能力。二是拓展数字经济空间。工业互联网具有较强的渗透性,可以与交通、物流、能源、医疗、农业等实体经济各领域深度融合,实现产业上下游、跨领域的广泛互联互通,推动网络应用从虚拟到实体、从生活到生产的科学跨越,极大地拓展了网络经济的发展空间。

2012 年，GE 首次提出工业互联网的概念，其初衷是制定一系列通用的标准，以打破技术之间的壁垒，激活传统工业过程，促进物理世界和数字世界的融合，实现各设备厂商的信息集成和共享。它是工业革命带来的机器、设施、机群和系统网络方面的成果与互联网革命中涌现出的计算、信息和通信系统方面的成果的融合，把工业系统与低成本的传感器和互联网的连接能力融合在了一起，走上了世界的舞台。

2014 年，美国的 GE、IBM（国际商业机器公司）、Cisco（思科系统公司）、Intel 和 AT&T（美国电话电报公司）等龙头企业主导成立了工业互联网联盟（Industrial Internet Committee，IIC），为进一步构建工业互联网平台打下了坚实基础。IIC 致力于推动工业互联网发展，强化工业互联网平台的服务能力。

自 2015 年以来，我国的工业互联网发展迅速。航天云网、三一重工、海尔、富士康等企业依托自身制造能力和规模优势，推出工业平台服务，并逐步实现由企业内应用向企业外服务的拓展。和利时、用友、沈阳机床、徐工集团等企业则基于自身在自动化系统、工业软件与制造装备领域的积累，进一步向平台延伸，尝试构建新时期的工业智能化解决方案。

2018 年以来，工业和信息化部相继发布了多个工业互联网发展行动计划，力求推动工业互联网新型基础设施建设量质并进发展，大范围推广新模式、新业态，显著提升产业综合实力。《中华人民共和国国民经济和社会发展第十四个五年规划和 2035 年远景目标纲要》要求积极稳妥发展工业互联网，打造工业互联网平台，构建多层次工业互联网平台体系，培育数据驱动的制造业数字化转型新模式、新业态。

当前，工业互联网已上升为国家战略，与 5G 基站建设、特高压、城际高速铁路和城市轨道交通、新能源汽车充电桩、大数据中心、人工智能等一起被称为新型基础设施（简称“新基建”），将会构建支撑中国经济新动能的基础网络，给中国的新经济带来巨大的加速度，同时也会带动形成短期及长期的经济增长点。

2.1.2 工业互联网的概念及其内涵

工业互联网（Industrial Internet）是新一代信息通信技术与工业经济深度融合的新型基础设施、应用模式和工业生态，通过对人、机、物、系统等的全面连接，构建起覆盖全产业链、全价值链的全新制造和服务体系，为工业乃至产业数字化、网络化、智能化发展提供了实现途径，是第四次工业革命的重要基石；从字面上可直观理解为，将工业系统与传统的运营/操作技术（Operation Technology，OT）、通信技术（Communication Technology，CT）和信息技术（Information Technology，IT）等高度融合而形成的互联互通网络，其中 IT 和 CT 常被人们称为 ICT（Information and Communication Technology，信息与通信技术）。

工业互联网不是互联网在工业的简单应用，而是具有更为丰富的内涵和外延。工业互联网以网络为基础、平台为中枢、数据为要素、安全为保障，既是工业数字化、网络化、智能化转型的基础设施，也是互联网、大数据、人工智能与实体经济深度融合的应用模式，同时也是一种新业态、新产业，将重塑企业形态、供应链和产业链。

网络体系是基础。工业互联网网络体系包括网络互联、数据互通和标识解析三部分。网络互联实现要素之间的数据传输，包括企业外网、企业内网。典型技术包括传统的工业总线、工业以太网以及创新的时间敏感网络、确定性网络、5G 等技术。企业外网根据工业高性能、高可靠、高灵活、高安全的网络需求进行建设，用于连接企业各地机构、上下游企业、用户和产品。企业内网用于连接企业内人员、机器、材料、环境、系统，主要包含 IT 网络和 OT 网络。当前，内网技术发展呈现三个特征：IT 和 OT 正走向融合，工业现场总线向工业以太网演进，工业无线技术加速发展。数据互通是通过对数据进行标准化描述和统一建模，实现要素之间传输信息的相互理解，涉及数据传输、数据语义语法等不同层面。其中，数据传输典型技术包括嵌入式过程控制统一架构（OLE for Process Control Unified Architecture，OPC UA）、消息队列遥测传输（Message Queuing Telemetry Transport，MQTT）、数据分发服务（Data Distribution Service，DDS）等；数据语义语法主要指信息模型，典型技术包括语义字典、自动化标记语言（Automation ML）、仪表标记语言（Instrument ML）等。标识解析体系实现要素的标记、管理和定位，由标识编码、标识解析系统和标识数据服务组成，通过为物料、机器、产品等物理资源和工序、软件、模型、数据等虚拟资源分配标识编码，实现物理实体和虚拟对象的逻辑定位和信息查询，支撑跨企业、跨地区、跨行业的数据共享共用。我国标识解析体系包括五大国家顶级节点、国际根节点、二级节点、企业节点和递归节点。国家顶级节点是我国工业互联网标识解析体系的关键枢纽，国际根节点是各类国际解析体系跨境解析的关键节点，二级节点是面向特定行业或者多个行业提供标识解析公共服务的节点，递归节点是通过缓存等技术手段提升整体服务性能、加快解析速度的公共服务节点。标识解析应用按照载体类型可分为静态标识应用和主动标识应用。静态标识应用以一维码、二维码、射频识别码（Radio Frequency Identification，RFID）、近场通信标识（Near Field Communication，NFC）等作为载体，需要借助扫码枪、手机 APP 等读写终端触发标识解析过程。主动标识应用通过在芯片、通信模组、终端中嵌入标识，主动通过网络向解析节点发送解析请求。

平台体系是中枢。工业互联网平台体系包括边缘层、基础设施即服务（Infrastructure as a Service，IaaS）、平台即服务（Platform as a Service，PaaS）和软件即服务（Software as a Service，SaaS）四个层级，相当于工业互联网的“操作系统”，有四个主要作用。一是数据汇聚。网络层面采集的多源、异构、海量数据，被传输至工业互联网平台，为深度分析和应用奠定基础。二是建模分析。提供大数据、人工智能分析的算法模型和物理、化学等方面的各类仿真工具，结合数字孪生、工业智能等技术，对海量数据挖掘分析，实现数据驱动的科学决策和智能应用。三是知识复用。将工业经验知识转化为平台上的模型库、知识库，并通过工业微服务组件方式，方便二次开发和重复调用，加速共性能力沉淀和普及。四是应用创新。面向研发设计、设备管理、企业运营、资源调度等场景，提供各类工业 APP、云化软件，帮助企业提质增效。

数据体系是要素。工业互联网数据有三个特性。一是重要性。数据是实现数字化、网络化、智能化的基础，没有数据的采集、流通、汇聚、计算、分析等的各类新模式就是无源之水，数字化转型也就成为无本之木。二是专业性。工业互联网数据的价值在于分析利用，分析利用的途径必须依赖行业知识和工业机理。制造业千行百业、千差万别，每个模型、算法背后都需要长期积累和专业队伍，只有深耕细作才能发挥数据价值。三是复杂性。工业互联网运用的数据来源于“研产供销服”各环节，“人机料法环”各要素，企业资源计划（Enterprise Resource Planning，ERP）、MES、PLC 等各系统，维度和复杂度远超消费互联网，面临采集困难、格式各异、分析复杂等挑战。

安全体系是保障。工业互联网安全体系涉及设备、控制、网络、平台、工业 APP、数据等多方面网络安全问题，其核心任务就是通过监测预警、应急响应、检测评估、功能测试等手段确保工业互联网健康有序发展。与传统互联网安全相比，工业互联网安全具有三大特点。一是涉及范围广。工业互联网打破了传统工业相对封闭可信的环境，网络攻击可直达生产一线。联网设备的爆发式增长和工业互联网平台的广泛应用，使网络攻击面持续扩大。二是造成影响大。工业互联网涵盖制造业、能源等实体经济领域，一旦发生网络攻击、破坏行为，影响严重。三是企业防护基础弱。目前我国广大工业企业安全意识、防护能力仍然薄弱，整体安全保障能力有待进一步提升。

工业互联网融合应用向国民经济重点行业广泛拓展，形成平台化设计、智能化制造、网络化协同、个性化定制、服务化延伸、数字化管理六大典型模式，赋能、赋智、赋值作用不断显现，有力促进了实体经济提质、增效、降本以及绿色安全发展。

平台化设计是依托工业互联网平台，汇聚人员、算法、模型、任务等设计资源，实现高水平高效率的轻量化设计、并行设计、敏捷设计、交互设计和基于模型的设计，变革传统设计方式，提升研发质量和效率。

智能化制造是互联网、大数据、人工智能等新一代信息技术在制造业领域的加速创新应用，实现了材料、设备、产品等生产要素与用户之间的在线连接和实时交互，并逐步实现了机器代替人生产，智能化代表制造业未来发展的趋势。

网络化协同是通过跨部门、跨层级、跨企业的数据互通和业务互联，推动供应链上的企业和合作伙伴共享客户、订单、设计、生产、经营等各类信息资源，实现网络化的协同设计、协同生产、协同服务，进而促进资源共享、能力交易以及业务优化配置。

个性化定制是面向消费者个性化需求，通过客户需求准确获取和分析、敏捷产品开发设计、柔性智能生产、精准交付服务等，实现用户在产品全生命周期中的深度参与，是以低成本、高质量和高效率的大批量生产实现产品个性化设计、生产、销售及服务的一种制造服务模式。

服务化延伸是制造与服务融合发展的新型产业形态，指的是企业的原有制造业务向价值链两端高附加值环节延伸，从以加工组装为主向“制造+服务”转型，从单纯出售产品向出售“产品+服务”转变，具体包括设备健康管理、产品远程运维、设备融资租赁、分享制造、互联网金融等。

数字化管理是企业通过打通核心数据链，贯通生产制造全场景、全过程，基于数据的广泛汇聚、集成优化和价值挖掘，优化、创新乃至重塑企业战略决策、产品研发、生产制造、经营管理、市场服务等业务活动，构建数据驱动的高效运营管理新模式。

2.1.3 工业互联网的架构和技术体系

1. 工业互联网架构

2015 年 IIC 发布了工业互联网参考架构（Industrial Internet Reference Architecture，IIRA）模型，如图 2-1 所示，系统性地界定了工业互联网的架构体系。2017 年 IIC 提出了 IIRA 1.8 版，其中融入了新型工业物联网（Industrial Internet of Things，IIoT）技术、概念和应用程序，使业务决策者、工厂经理和 IT 经理能更好地从商业角度驱动 IIoT 系统开发。

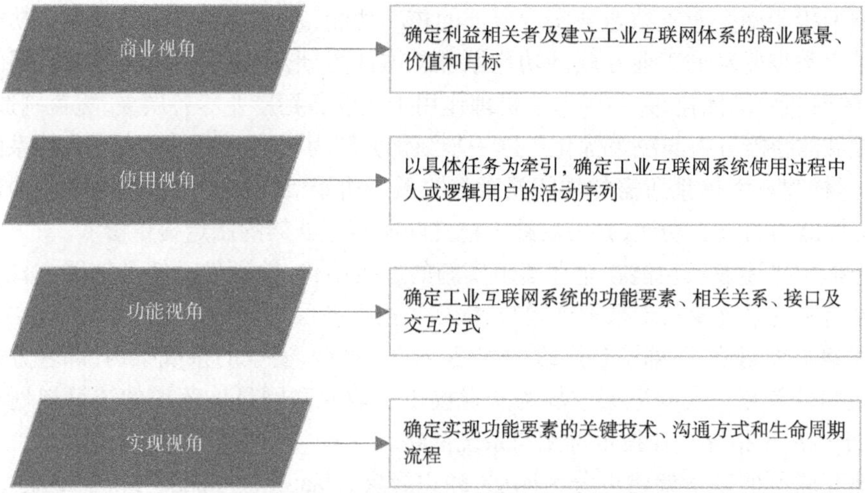

图 2-1　美国工业互联网参考架构(IIRA)模型

2016 年 8 月，中国工业互联网产业联盟发布了《工业互联网体系架构(版本 1.0)》，提出了工业互联网网络、数据、安全三大体系，在工业互联网的基础研究、技术创新与产品开发、标准体系建设的指导以及实践工作方面做出了重要贡献。2020 年 4 月，工业互联网体系架构 2.0 问世，如图 2-2 所示。体系架构 2.0 继承了 1.0 的核心思想，包括业务视图、功能架构和实施框架三大板块，以商业目标和业务需求为导向，进行系统功能界定与部署实施，为我国工业互联网的发展提供了更加细化的指引。

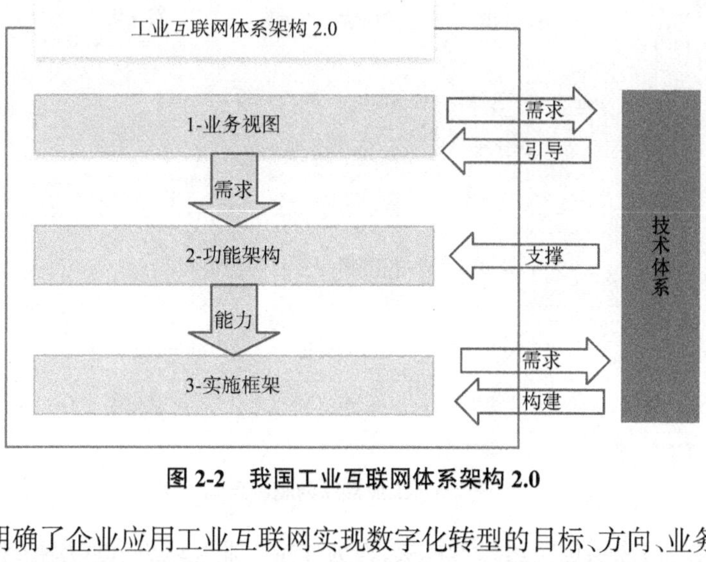

图 2-2　我国工业互联网体系架构 2.0

业务视图明确了企业应用工业互联网实现数字化转型的目标、方向、业务场景及相应的数字化能力。业务视图首先提出了工业互联网驱动的产业数字化转型的总体目标和方向，以及这一趋势下企业应用工业互联网打造数字化竞争力的愿景、路径和举措。业务视图主要用于指导企业在商业层面明确工业互联网的定位和作用，提出的业务需求和数字化能力需求对于后续功能架构设计是重要指引。

功能架构明确企业支撑业务实现所需的核心功能、基本原理和关键要素。功能架构首先提出了以数据驱动的工业互联网功能原理总体视图，形成物理实体与数字空间的全面连接、精准映射与协同优化，并明确这一机理作用于从设备到产业等各层级，覆盖制造、医疗等多行业领域的智能分析与决策优化。进一步细化分解为网络、平台、安全三大体系的子功能视图，描述构建三大体系所需的功能要素与关系。功能架构主要用于指导企业构建工业互联网的支撑能力与核心功能，并为后续工业互联网实施框架的制定提供参考。

实施框架描述各项功能在企业落地实施的层级结构、软硬件系统和部署方式。实施框架结合当前制造系统及其未来发展趋势，提出了由设备层、边缘层、企业层、产业层四层组成的实施框架层级划分，明确了各层级的网络、标识、平台、安全的系统架构、部署方式以及不同系统之间的关系。实施框架主要为企业提供工业互联网具体落地的统筹规划与建设方案，进一步可用于指导企业技术选型与系统搭建。

工业互联网的基本架构可分为四层，即边缘层、IaaS 层、PaaS 层和 SaaS 层，如图 2-3 所示。

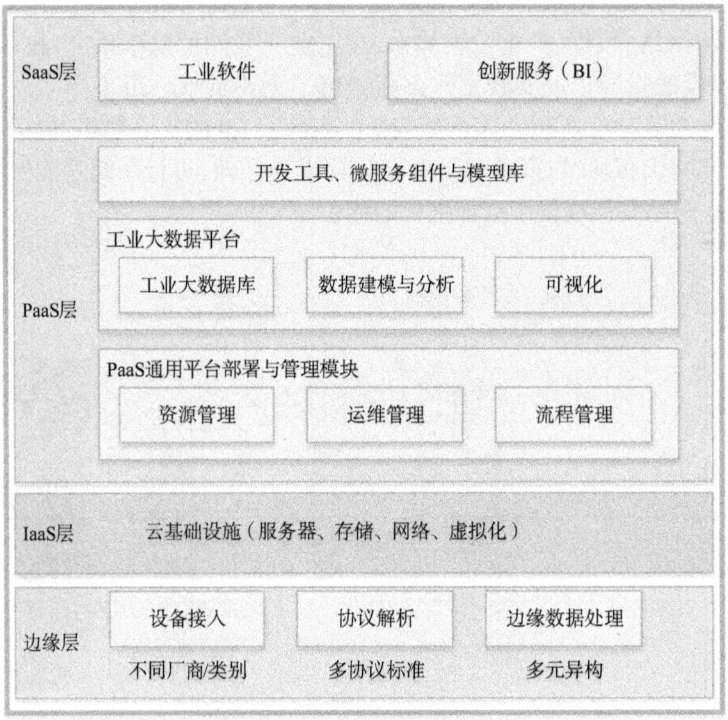

图 2-3 工业互联网基本架构

（1）边缘层。边缘层也叫边缘计算层，作为连接工业互联网和底层物理设备的桥梁，它主要负责对接不同厂商、不同协议设备，开展从物理层到平台层的数据采集与传输、异构设备协议解析与转换，以及多元数据分析与处理，降低网络传输负载、减轻云端计算压力。

（2）IaaS 层。IaaS 层也称基础设施层，主要是一些与硬件服务器、数据存储、5G 网络及虚拟化技术相关的基础设施，可以为工业互联网平台的安全、稳定运行提供硬件支撑。

(3)PaaS 层。Paas 层也称平台层,相当于一个开放、可扩展的工业操作系统。基于底层通用的资源、流程、数据管理模块,建立与开发工具、大数据和数据模型库相关的微服务组件,将不同行业、不同场景的工具/技术/知识/经验等资源,封装形成微服务架构,供各类开发者快速地定制、开发、测试和部署各类 APP 应用。

(4)SaaS 层。SaaS 层即软件应用层,一方面,基于工业 PaaS 层的工业操作系统,将传统的工业软件部署到工业互联网平台中,这个过程被称为"云化";另一方面,吸引更多的第三方软件开发企业,入驻工业互联网平台,提供一系列与工业互联网服务相关的 APP,有效促进工业互联网在实际工业系统中落地。

2. 工业互联网技术体系

工业互联网技术体系是支撑功能架构实现、实施架构落地的整体技术结构,其超出了单一学科和工程的范围,将独立技术联系起来构建相互关联、各有侧重的新技术体系,并在此基础上考虑集合功能实现或系统建设所需的重点技术。同时,以人工智能、5G 为代表的新技术加速融入工业互联网,不断拓展工业互联网的能力内涵和作用边界。

工业互联网的核心是通过更大范围、更深层次的连接实现对工业系统的全面感知,并通过对获取的海量工业数据建模分析,形成智能化决策,其技术体系由制造技术、信息技术以及两大技术交织形成的融合性技术组成,如图 2-4 所示。制造技术和信息技术的突破是工业互联网发展的基础,例如增材制造、现代金属、复合材料等新材料和加工技术不断拓展制造能力边界,云计算、大数据、物联网、人工智能等信息技术快速提升人类获取、处理、分析数据的能力。制造技术和信息技术的融合强化了工业互联网的赋能作用,催生了工业软件、工业大数据、工业人工智能等融合性技术,使机器、工艺和系统的实时建模和仿真,产品和工艺技术隐性知识的挖掘和提炼等创新应用成为可能。

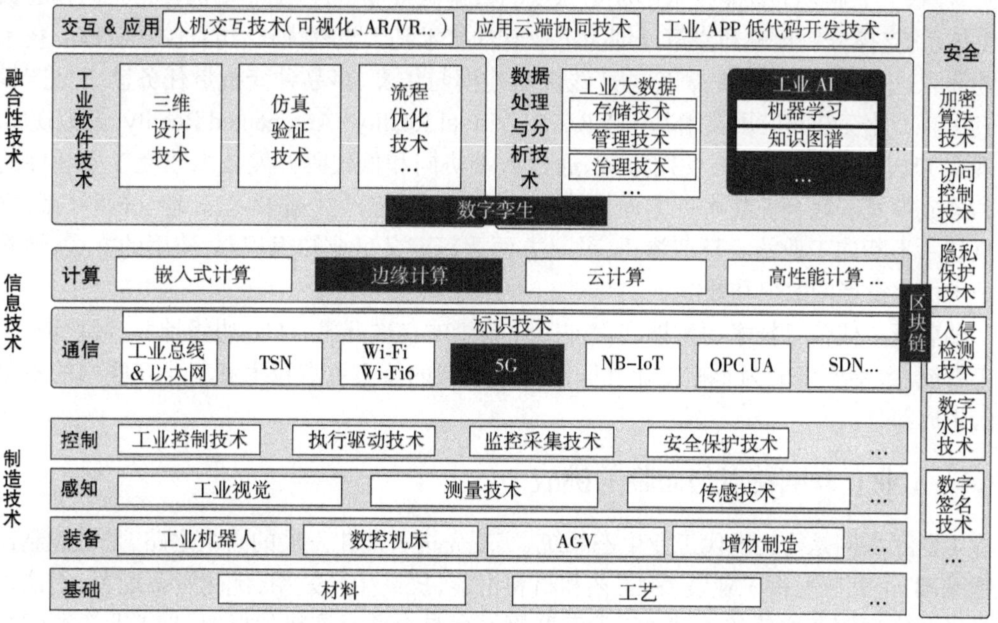

图 2-4　工业互联网技术体系

制造技术支撑构建了工业互联网的物理系统，其基于机械、电机、化工等工程学中提炼出的材料、工艺等基础技术，叠加工业视觉、测量传感等感知技术，以及执行驱动、自动控制、监控采集等控制技术，面向运输、加工、检测、装配、物流等需求，构成了工业机器人、数控机床、3D打印机、反应容器等装备技术，进而组成产线、车间、工厂等制造系统。从工业互联网视角看，制造技术一是构建了专业领域技术和知识基础，指明了数据分析和知识积累的方向，成为设计网络、平台、安全等工业互联网功能的出发点；二是构建了工业数字化应用优化闭环的起点和终点，工业数据绝大部分都产生于制造物理系统，数据分析结果的最终执行也均作用于制造物理系统，使该系统贯穿设备、边缘、企业、产业等各层工业互联网系统的实施落地。

信息技术勾勒了工业互联网的数字空间，新一代信息通信技术一部分直接作用于工业领域，构成了工业互联网的通信、计算、安全基础设施，另一部分基于工业需求进行二次开发，成为融合性技术发展的基石。通信技术中，以5G、Wi-Fi为代表的网络技术提供更可靠、更快捷、更灵活的数据传输，标识解析技术为对应工业设备或算法工艺提供标识地址，保障工业数据的互联互通和精准可靠。边缘计算、云计算等计算技术为不同工业场景提供分布式、低成本数据计算能力。数据安全和权限管理等安全技术保障数据的安全、可靠、可信。信息技术一方面构建了数据闭环优化的基础支撑体系，使绝大部分工业互联网系统可以基于统一的方法论和技术组合构建；另一方面打通了互联网领域与制造领域技术创新的边界，统一的技术基础使互联网中的通用技术创新可以快速渗透到工业互联网中。

融合性技术驱动工业互联网物理系统与数字空间全面互联与深度协同。制造技术和信息技术都需要根据工业互联网中的新场景、新需求进行不同程度的调整，只有这样才能构建出完整可用的技术体系。工业数据处理分析技术在满足海量工业数据存储、管理、治理需求的同时，基于工业人工智能技术形成更深度的数据洞察能力，与工业知识整合共同构建数字孪生体系，支撑分析预测和决策反馈。工业软件技术基于流程优化、仿真验证等核心技术将工业知识进一步显性化，支撑工厂/产线虚拟建模与仿真、多品种变批量任务动态排产等先进应用。工业交互和应用技术基于VR/AR（Virtual Reality / Augmented Reality，虚拟现实/增强现实）改变制造系统交互使用方式，通过云端协同和低代码开发技术改变工业软件的开发和集成模式。融合性技术一方面构建出符合工业特点的数据采集、处理、分析体系，推动信息技术不断向工业核心环节渗透；另一方面重新定义工业知识积累、使用的方式，提升制造技术优化发展的效率和效能。

随着新一代信息技术的发展和面向工业场景的二次开发，5G、边缘计算、区块链、工业人工智能、数字孪生成为影响工业互联网后续发展的核心重点技术和工业互联网的不可或缺的组成部分。

2.1.4 工业互联网特点与面临的挑战

工业互联网是构建现代工业生态系统、实现先进智能化发展的必由之路，是智能制造的关键基础，是充分发挥工业装备、工艺和材料潜能，提高生产效率，优化资源配置，创造差异化产品和实现服务增值的关键。工业互联网平台是全要素连接的枢纽，是工业资源配置的核心，呈现出跨领域、跨地区、全周期的新特性。

工业互联网平台架构中PaaS层的两大核心部件是工业大数据系统与工业数据建模和分析，这两方面的技术因为要迎合工业数据的数据特性和应用特点，所以在整个工业互联网平台的技术体系中面临着比较大的挑战。

1. 工业大数据系统关键技术挑战

1）多态性数据的采集技术

工业软硬件系统是整体性、封闭性极强的复杂系统，数据格式、接口协议等标准体制的差异带来巨大的技术壁垒，甚至同一工厂生产的同一型号的同一设备也常常因为元件、用材的不同造成其基础信息或生成信息的内容发生变化。因此，无论是工业系统的数据采集与解析，还是数据存储系统对汇聚的数据的结构化分解，都潜藏着巨大的应用挑战。由于不同经济实体的本位主义或协议本身的封闭设计，有时甚至无法实现设备数据的采集；即便能够获取数据，在一个工业大数据项目的实际实施过程中，往往也需要动辄数月的时间与大量人力资源的投入，才能开展对数据格式与字段的整理。

更大的挑战来自多样化、高可变的复杂非结构化数据的大量出现。由于工业系统在封闭性、敏感性和安全性等方面有高标准需求，其中的数据通常只有特定的软件才能兼容或处理，这导致整体结构化信息工作面临更多困难。因此，这类挑战的应对需要借助系统化思路，通过工业标准化、数据模型智能识别或匹配等大数据管理技术的综合运用，才能得到解决。

2）高通量数据的接入技术

海量机器数据，特别是时间序列数据被大量接入工业大数据系统。一般而言，大型制造类企业同时连接、在线接入的设备数量可达数十万台，数据的吞吐速率也轻松达到惊人的每秒百万数据点甚至每秒千万数据点。面对这样的应用需求，大数据平台必须具备与实时数据库类似的数据接入能力。然而由于大数据平台需要对数据进行长期、高可靠的存储，所以，构建高效的数据压缩编码方法以及低成本的分布式扩展能力，也是工业大数据系统面临的重大挑战。另外，为了满足多条件复杂查询及高性能响应的要求，在数据接入过程中还必须设计完善的数据组织体系和索引结构，能够实施有效地辅助预处理和计算，针对高通量数据接入，实现读写系统的效率优化。

3）低价值数据的分析技术

大数据技术需要解决的关键问题之一就是从体量庞大的低价值数据中提炼高价值的信息，用数量的大规模弥补信息的低密度。由于工业软硬件系统对应严格的机理模型，每个变量的定义均具备明确的物理含义。低质量数据会导致变量间函数关系发生变化，从而对工业大数据的分析带来灾难性的影响。事实上，制造业企业由于历史、技术和人为等因素，其信息系统的数据质量一直存在大量问题。例如，企业资源计划系统中物料就存在“一物多码”等问题；物联网数据质量也不容乐观，无效、重名的工况数据，时标错误或不齐，时序紊乱等数据质量问题在实际应用中的比例可能高达30%。这些问题对数据分析的成果和评判造成巨大干扰，因此在数据分析之前必须对一手数据进行有效治理。

工业应用中有各种原因（时间/空间条件制约、物理环境工况恶劣等）导致大量关键信息没有被计量或没有被充分、精确计量，这就要求分析算法能够在“非完美”“非精确”的数据基础上工作。解决这个问题，可以大力发挥基于工业大数据分析的“软测量技术”的优势，即通过大数据分析，建立指标间的关联关系模型，通过易测、能测的计量参数来测算难以获取的过程量值，完善生产过程的整体数据基础。

4）复杂异构数据的管理技术

工业生产时产生大量多源异构数据，常见的有结构化业务数据、设备检测产生的时序数据、各类非结构化的工程数据等。每一种类型的数据都需要高效的存储解决方案和异构的针对性存储模型。然而，现有的大数据技术还无法满足全部要求。以非结构化工程数据为例，各种海量计算机辅助设计文件，测试仿真文件，图片、文档等小文件，需要按产品的生命周期、项目名称、层次化组织的物料表单等不同维度进行高效、灵活、快速的组织与排列，同时需要具备对数据进行批量管理、建模和质控的能力，这些需求对于目前的分布式文件系统和对象存储系统来说均存在技术障碍。另外，从方便使用、降低开发与学习难度等角度出发，异构数据的内部处理差异又应当完全透明，确保暴露给用户的数据模型和查询接口尽可能统一。例如，在物联网数据分析中，需要处理大量传感器部署信息等静态数据，而这一类操作往往需要将时间序列数据与结构化数据进行跨库映射，以建立连接关系，因此需要围绕多模态工业大数据提供一体化的查询协同优化。

2. 工业数据建模和分析关键技术挑战

1）强关联数据的集成技术

工业大数据分析更加依赖数据基础的“完整性”，而非仅仅是数据规模。由于“信息烟囱”在工业生产中大量存在，工业大数据的数据源呈现“空间离散”和“时间异步”两个特点。工业大数据应用需要实现数据在物理信息、产业链、跨领域跨行业三个层次的融合。

（1）物理信息融合。设计研发阶段主要管理数字产品，而在制造服务阶段主要管理物理产品，因此全生命周期管理需要融合数字产品与物理产品，从而构建工业信息与物理产品融合的系统。

（2）产业链融合。在互联网大数据的背景下，以生产资源重组优化为目标的云制造生产模式得到迅猛发展，智能产业链必须打通传统企业业务范畴与边界，实现数据驱动的业务协同融合。

（3）跨领域跨行业融合。在“互联网+”的产业环境中，需要实现上下游、周边生态等广域的信息集成。例如，美国一家农用机器公司对气象动态、水资源分布、种子情况等农资数据与自身农机产品数据进行综合利用，从而为农场生产提供更加优质、高效、精准的服务。这种融合方式更加复杂精密，因此需要将制造过程、BOM（Bill of Material，物料清单）结构、运行环境等多种类型的工业语意信息统筹起来综合分析，是对工业大数据更高层次的融合集成。

2）强专业机理的分析技术

机理是现代工业的基本逻辑与运作原理，工业生产过程也是“强机理”的严格可控过程，即通过大量相关领域的专业理论模型，形式化描述现实世界中的物理、化学和生物等动态变化过程。

另外，大量闭环控制/调节机制，作为参数配置，使得工业生产过程可能无限逼近甚至超过设计目标。传统的数据分析基本遵循“你打你的，我打我的”的孤立原则，很少结合机理模型（甚至完全采取数据驱动），也很少考虑闭环控制/调节机制的作用。强机理模型对于数据分析技术的挑战主要表现在以下三个方面。第一，机理模型与数据模型的有机结合。具体来讲，如何将机理模型体现在数据模型中（例如，机理模型为分析模型提供关键特征、分析模型为机理模型提供后处理支撑或多模型融合预测），又或怎样把数据模型作为机理模型输入。第二，计算模式融合。机理模型一般对应计算密集型操作（CPU 多核协同或计算集群并行化）或内存密集型操作（GPU 并行化），而数据分析通常是吞吐密集型操作（采用 map-reduce、parameter server 等机制）。两种计算模式针对的主要矛盾不同，需要分析算法甚至分析软件有针对性地应对。第三，与领域专家的知识和经验的融合，弥补当前一线工作人员的知识缺陷，实现过程逻辑的可视化。例如，对于物理变化过程，需要重点针对知识的"自动化"，而非知识的重新"发现"。将不同领域的知识进行系统化处理，基于大数据分析技术开展信息检索与更新的操作优化；对于相对明确、能够形式化的领域知识，依托大数据建模工具提供的时空模式描述与解析识别技术，进行建模，通过海量历史数据开展验证与提质，不断提炼专家知识形成人工智能。

工业互联网通过打造工业环境下人、机、物的全面互联，实现设计、生产、管理、服务等产业全要素的全面连接，形成制造业网络化、智能化发展的核心支撑。在行业内，工业互联网可以打通企业—供应链—行业数据链，通过工业大数据分析不断提高研发设计、生产制造和运营管理的资源配置效率，进而将工业技术、经验和知识等模型化、显性化，最终推动工业技术创新和科学决策。在行业间，工业互联网可实现跨企业、跨行业、跨领域的协同，促进新组织形式、新产业集群形成和发展，从而推动形成数字驱动和智能化发展的新兴业态和应用模式，为制造业向智能制造转型升级奠定基础。正因如此，工业互联网的建设与发展已成为我国推进智能制造、重塑工业体系、抢占全球产业竞争新制高点的重要抓手。

当前，工业互联网技术能够在系统感知与控制层面解决复杂工业系统的管控问题，未来智能制造还会在网络层的按需连接能力、计算层的知识分析能力、应用层的个性化服务能力等方面对工业互联网发展提出更高要求。我们亟须推动工业互联网与新一代人工智能技术深度融合，从"智能+"向"智慧+"拓展，建设工业智联网，以实现工业过程的知识自动化和海量工业实体的智能化自主协同，推动智能制造向智慧制造发展升级。

加快发展工业互联网，促进新一代信息技术与制造业深度融合，是顺应技术、产业变革趋势，加快制造强国、网络强国建设的关键抓手；是深化供给侧结构性改革，促进实体经济转型升级的重要举措；也是实现"碳达峰、碳中和"目标，持续推进可持续发展的客观要求。

2.1.5　工业互联网在智能制造中的应用

工业互联网作为全新工业生态、关键基础设施和新型应用模式，是实现第四次工业革命的重要基石，通过人、机、物的全面互联，实现全要素、全产业链、全价值链的全面连接，对各类数据进行采集、传输、分析并形成智能反馈，正在推动形成全新的生产制造和服务体系，优化资源要素配置效率，充分发挥制造装备、工艺和材料的潜能，正在全球范围内不断颠覆传统制造模式、生产组织方式和产业形态，提高企业生产效率，创造差异化的产品并提供增值服务，推动传统产业加快转型升级、新兴产业加速发展壮大。

工业互联网是实体经济数字化转型的关键支撑。其通过与工业、能源、交通、农业等实体经济各领域的融合，为实体经济提供了网络连接和计算处理平台等新型通用基础设施支撑;促进了各类资源要素优化和产业链协同,帮助各实体行业创新研发模式、优化生产流程;正推动传动工业制造体系和服务体系再造,带动共享经济、平台经济、大数据分析等以更快速度在更大范围、更深层次拓展,加快实体经济数字化转型进程。

工业互联网不仅涵盖与工业领域相关的所有实体、工具、数据、方法与流程,也涉及了软硬件数据协议、分布式技术、虚拟化技术、数据化技术、数据建模与分析、组件封装及可视化等多种关键技术与工具,通过将新技术融入产品全生命周期,整合产业链的所有相关资源,提高各生产要素的在线协同能力。当今工业领域和计算机学科的所有前沿技术,包括边缘计算、智能控制、数字孪生、智能感知、5G 传输、大数据处理与决策、人工智能等,都能在工业互联网中找到具体应用。

工业互联网将设备、产品、生产线、车间、工厂、供应商和客户紧密地连接起来,能有效实现信息和资源的跨区域、跨行业共享,推动整个制造体系的智能化,驱动业务流程和生产服务模式的创新,为客户提供更优质的产品或服务。

工业互联网融合应用目前已拓展至 49 个国民经济大类,涉及原材料、装备、消费品、电子等制造业各大领域,以及采矿、电力、建筑等实体经济重点产业,实现更大范围、更高水平、更深程度发展,形成了千姿百态的融合应用实践。

钢铁行业是国民经济支柱产业,制造流程长、工序多,生产分段连续,主要面临生产运营增效难、产能过剩严重、节能绿色低碳压力大、本质安全水平较低等痛点。中国宝武、鞍山钢铁、马钢集团等企业应用工业互联网积极探索生产工艺优化、多工序协同优化、多基地协同、产融结合等典型应用场景,一方面通过数据深度分析带动生产效率、质量和效益提升,另一方面实现多区域、多环节、多业务系统的协同响应与综合决策,通过模式创新实现新价值创造和新动能培育。

工程机械行业作为国民经济的重要行业,为建筑、制造、采矿等行业提供生产必需的机械装备和基础工具,具有产品复杂多样、生产过程离散、供应链复杂的特征,面临着生产效率不高、产品运维能力较弱和行业同质化竞争严重等行业痛点。三一重工、徐工集团和中联重科等工程机械龙头企业积极应用工业互联网加快数字化步伐,通过工业互联网进行设备预测性维护、远程可视化管理,不仅降低了设备运维成本,提高了生产资源的动态配置效率,还在此基础上延伸出供应链金融、融资租赁等服务模式,实现“制造+服务”,带来新的增长空间。

家电行业具有技术更新速度快、产品研发周期短、产品同质化程度高等特点,当前主要面临个性化需求满足困难、生产精度效率要求高、订单交付周期长、质量管控力度不足、库存周转压力大等核心需求痛点。格力、海尔、美的、TCL 等轻工家电企业依托工业互联网开展规模化定制、产品设计优化、质量管理、生产监控分析及设备管理等应用探索,提升用户交互体验、品质一次合格率与生产效率,节省设备运维成本,满足客户个性化需求。

电子信息行业属于知识、技术密集型产业,产品细分种类多、生产周期短、迭代速度快,对品质管控、标准化操作与规范化管理、市场敏捷化响应等要求较高。中国电子、华为、中兴等通过工业互联网开展设备可视化管理、产品良率提升、库存管理优化、全流程调度优化和多工厂协同等典型应用探索,一方面通过机器视觉、大数据分析等新技术提升质量管理、设备故障诊断、产品库存管理等环节的效率,另一方面通过建设互联工厂实现企业级决策优化和需求敏捷响应。

采矿行业是采掘、开发自然界能源或将自然资源加工转换为燃料、动力的工业，当前主要面临资源紧缺、安全监管与环保压力大、设备实时监管难、精细化管理要求高等痛点。山西潞安新元煤矿、陕煤集团小保当煤矿、山东黄金三山岛金矿、内蒙古白云鄂博稀土矿等采矿企业利用“5G+工业互联网”，开展智能采掘与生产控制、环境监测与安全防护、井下巡检等，把人从危险繁重的工作环境中解放出来，促进了采矿行业绿色、安全生产。

电力行业将“5G+工业互联网”与发、输、变、配、用全环节融合，形成新型控制监测网络，优化流程工艺，大幅减少碳排放，降低了清洁能源并网的不确定性，同时提升电动汽车和微电网等主体的接入能力，降低了上下游企业和用能客户的成本。中国华能、南方电网、国家电网、正泰集团、特变电工等发电侧、电网侧和用电侧企业及机构纷纷开展探索，形成发电侧设备预警与节能增效、电网侧调度优化与全流程集成管控、用电侧服务提质与用电策略优化等典型应用模式，分别实现设备故障提前预测与主动维修、电能量数据可测和用电成本降低。

建筑行业具有项目建设周期长、资金投入大、项目关联方管理复杂、人员流动性强等特点，未来将走向工业互联网、BIM（Building Information Modeling，建筑信息模型）等技术综合应用支撑下的工业化、智能化、绿色化。中建科工、广联达、三一筑工、北京建谊等企业利用工业互联网，探索数字化协同设计与集成交付、虚实融合的施工协同管理、装配式建筑智能制造等应用，实现建设项目全过程的虚拟执行和优化调整，大幅提升设计效率、施工质量、成本进度控制和安全施工水平。此外，面向建筑本身能耗优化、安全应急和访问控制等需求，部分领先建筑企业通过工业互联网开展能耗管理、资产监测运维、虚拟演练等应用探索，实现智能化安全化运行。

目前，工业互联网应用的难题主要表现为以下几个方面。

（1）边缘计算层。工业设备种类繁多、数量巨大；通信协议多样、数据格式各异；企业数字化发展水平参差不齐。

（2）大数据分析。数据分析深度不够。以基本数据（如寿命、故障、分类、识别等方面的数据）的分析为主；深层次的资源调度、决策优化方面的产品和服务较少；缺乏成熟的数据建模与分析模块，将特征提取算法与建模工具封装成模型，以实现场景建模与分析的可视化。

（3）数字孪生技术。工业机理复杂度各异，虚拟数字平台与物理产线生产过程映射比较粗糙；基于特定场景的虚实协同有待进一步加深；将复杂机理模型融入数字化建模过程中，提升数字平台对实际模型的仿真精度。

（4）工业服务能力。平台衍生出的产品和服务过于单一，无法满足多元化的行业需求。需开展定制化元数据、既定规则和场景信息建模，为用户提供定制化服务。

（5）资源配置优化和生产过程管控方面。这方面的产品比较少，缺乏依托工业互联网平台的现代运作管理体系。

（6）产品研发设计、制造、工艺方面。这类场景需要工业机理和数据的积累，目前仍处于探索阶段。

2.2 物联网技术

物联网技术源于媒体，是第三次信息技术革命。物联网就是利用一种信息传感装置，按照约定的协议，把任意对象与网络连接起来，并在此基础上实现对象之间的信息交流和通信，从而实现对目标的智能化识别、定位、跟踪、监控等。

物联网是指对无所不在的终端设备和设施，包括传感器、移动终端、工业系统、数控系统、家庭智能设施、视频监控系统等，如贴上 RFID 的各种资产、携带无线终端的个人与车辆等等，以及“智能物品或动物”或“智能尘埃”，利用多种无线或有线的远程或短距离通信网络（M2M）、应用大集成（Grand InteGration）、基于云计算的 SaaS 运营等模式，通过采用合适的安全保护机制，实现实时在线监测、定位追溯、报警联动、调度指挥、预案管理、远程控制、安全防范、远程维保、在线升级、统计报表、决策支持等管理和服务功能，实现对“万物”的高效、节能、安全、环保的“管、控、营”一体化的管理和服务。

2.2.1 物联网技术发展背景

物联网是一种新型的技术，它将各种传感器与已有的网络连接起来。物联网的概念是物联网之父 Ashton 教授在 1999 年提出的，目的是将各种物件经由射频识别等传感装置与互联网相连，以便于智能辨识与管理。2005 年，国际电信联盟（International Telecommunication Union，ITU）发表了《ITU 互联网报告 2005 物联网》，其中提到，“物联网”通信无处不在，从轮胎到牙刷，从房子到卫生纸，都可以通过互联网进行主动的交流。“物联网 2008”于 2008 年在苏黎世举办，是世界上第一届世界范围内的物联网大会，旨在探讨物联网的新概念、新技术以及如何推动物联网的发展。在物联网世界中，RFID 技术、传感器技术、纳米技术、智能嵌入技术将会得到越来越多的应用。

我国物联网概念的前身是传感网。早在 1999 年，中国科学院便开始对传感器网络技术进行深入的研究，并取得了一系列的研究成果。自 2009 年起，我国掀起了一股重点研究物联网技术的热潮。从产业结构和规模上讲，我国的物联网产业目前仍处在起步阶段。物联网相关的技术、标准、产品和市场还不够成熟。

1. 物联网产业发展上升到国家战略高度

2009 年 8 月，温家宝总理访问无锡，提出要在无锡建设“感知中国”中心，加速发展物联网技术，物联网也被正式列为国家五大新兴战略性产业之一，写入《政府工作报告》，受到了全社会极大的关注。2010 年 10 月，国务院发布的《国务院关于加快培育和发展战略性新兴产业的决定》（国发〔2010〕32 号）进一步明确将物联网等新一代信息技术作为重点培育和发展的战略性新兴产业。2011 年 3 月，《中华人民共和国国民经济和社会发展第十二个五年规划纲要》要求全面提高信息化水平，推动物联网关键技术的研发和在重点领域的应用示范。同年 11 月，工业和信息化部印发了《物联网“十二五”发展规划》，指出物联网已成为当前世界新一轮经济和科技发展的战略制高点之一，发展物联网对于促进经济发展和社会进步具有重要的现实意义，并明确了物联网的发展原则、目标、主要任务、重点工程和保障措施。2021 年 9 月，工信部等八部门印发《物联网新型基础设施建设三年行动计划（2021—

2023 年)》,明确到 2023 年底,在国内主要城市初步建成物联网新型基础设施,社会现代化治理、产业数字化转型和民生消费升级的基础更加稳固。

2. 物联网产业已形成了较为丰富的物联网基础应用

随着 2010 年物联网被提升到国家战略层面,物联网行业及其相关技术迎来了一个空前的发展期。例如,RFID 技术在工业生产、物流、食品追溯、城市交通等多个方面都得到了广泛的应用。据中国 RFID 产业联盟公布的数字,中国 RFID 行业在 2010 年的净利总额已达 121.5 亿元,较上年同期增加 42.8%;2011 年产业净收入达 160 多亿元,同比增长 33.3%。2010 年,中国 RFID 行业发展到全球第三,仅次于美国和英国。而在 4G 时代,各大电信公司也相继推出了不同的移动支付模式,为 RFID 技术增添了一个新的应用领域——手机支付。

物联网这个概念,与其说是"中国制造",还不如说是一个全新的概念,其涵盖的领域跟得上时代的步伐,远远超出了 Ashton 教授和《ITU 互联网报告 2005 物联网》所指出的那样。物联网已被贴上"中国式"标签。

2.2.2 物联网技术特点

物联网的基本概念,就是将不同的传感器设备与网络相连,组成一个统一的网络。物联网具备全面感知、可靠传输和智能处理三大特性。第一,可以实现物与人、物之间的无障碍通信,并可根据不同终端特性,在互联网上进行扩充与延伸。第二,物联网系统是物品感知的先决条件,已实现了物件的自动沟通。在实际运用中,物联网系统下的物件会具备一定的辨识力和判断力,对外界的变化有一定的感知能力,进而实现物与人、物与物之间的沟通,而实现这一目标的通常的方法是,将对应的微型传感晶片植入物体内部,使得晶片可以协助物体在运作时更好地接收外界的信息,并对信息进行一定的处理,使之适用于物体的下一步操作。第三,在产品具有感知能力后,能够实现功能自动化以及某种程度上的自我反馈和智能控制,从而避免了反复的手动操作,减少了使用者的负担,并具备了一定的独立性。

物联网技术在发展过程存在的问题如下。

1. 物联网的安全得不到保障

(1)物联网为人们的日常生活带来了巨大的便利,同时也给了某些不法之徒可乘之机。物联网是一个人与物、物与物的交换网络,会产生海量的数据和个人隐私信息,而不法分子则可以篡改对应标签信息并私自获得用户隐私信息,造成不可估量的损失。

(2)物联网的发展是以因特网为基础的,因此,互联网的安全问题也会对物联网产生影响,例如木马、蠕虫等将会对物联网的安全构成极大的威胁。

(3)传感器由于技术上的问题,会频繁地暴露在外部环境中,从而导致损坏,尤其是在恶劣的环境下,传感器很容易受损,甚至会被人物理破坏,从而导致设备的失效。为了解决这些问题,我们可以在传感器网络中做一些有针对性的设计,例如当某个传感器受损时,通过屏蔽来保证其他传感器的工作不受影响。

2. 没有固定的使用技术标准

像二维码和条形码等技术在发展的过程中,都有自己的标准,各国之间的差异也仅仅是数量不同而已。也正因为如此,它们才能在全世界迅速普及。但在物联网领域,目前世界上,并没有一个统一的技术标准,各国都有自己的标准,将所有的物联网都连在一起是不可能的。而且,对于同样的物联网部件,同一个国家的制造商也会有不同的标准,这就导致了目前无法真正实现物联网的万物互联。科技的发展,必然会淘汰掉一些劣质的产品,也会形成一种潜移默化的制度,这个时候就必须要有一个统一的标准来规范整个国家的物联网,只有这样才可以更好地推动我国物联网的发展。

3. 安装费用太高

物联网技术是一个很大的问题,如果不能控制好成本,就不可能大规模普及。而在物联网技术中,最大的难点在于该技术的成本控制,它的制造成本很高,短期内难以看到收益,所以很少有厂商愿意投入。现在的办法就是寻找一种廉价的新材料,解决高成本的问题。另外,物联网技术中的另一个成本问题是对传感器和无线通信网络的维护。前文已经提到,物联网是以互联网为基础的,具有开放性,很容易遭到不法人员的恶意袭击,同时也会受到各种环境和人的干扰,因此为了保证物联网的正常运行,需要有人 24 小时来维护,这样的维护费用非常高,不仅要有人手,还要有物资。而在网络系统中,维护费用的管理也是一个关键问题。对此,各国可以出台相关的法律和法规,对那些故意破坏物联网的罪犯进行严厉的惩罚,以警示那些居心叵测的人。

2.2.3 物联网关键技术

物联网技术是在媒介中出现的,它是第三次信息技术革命产生的新产品。物联网是基于信息感知装置,将各种对象、不同的生产方法结合起来的网络化连接体系。运用物联网技术,可以进一步提升信息的传递效率,拓展媒介边界,增强企业和市场主体的联系。因此,对物联网的关键技术进行具体的应用分析,既是本节的重点,也是今后加强其社会服务功能的一个重要内容。

对物联网关键技术的研究主要集中在以下四个方面。

1. 射频识别技术

射频识别技术在不与物体直接接触的情况下,通过利用射频信号的空间耦合实现了数据的输入和输出。射频识别技术在物流、车辆管理、装配线运营、军事管理等方面得到了广泛的应用。

2. 网络通信技术

在物联网中,机器、人和产品之间的信息传递存在着多种可能,其中,无线技术在实现物联网的连接中起着举足轻重的作用。无线通信技术是以无线传感网络(Wireless Sensor Network, WSN)为基础的,通过无线通信、感知目标信息并向观察者传递信息,构成了一个多跳的自组织系统。该系统的特点是网络规模大,自组织,动态性能好,可靠性高。但目前的物联网传感器网络仍在传感器节点技术、自检诊断和安全加密等方面存在缺陷。

3. 数据融合与智能技术

由于物联网中的传感器数量很多,所以在进行信息采集时,容易产生冗余的信息,如果单个传感器只传送一个数据至汇聚节点,不仅会造成带宽和资源的浪费,而且还会影响到采集的时间,所以要将这些信息进行集成,以为用户提供满意的服务。因此,要想让物联网实现真正的智能化,必须将感知、通信、融合、智能控制、云计算等技术全部结合起来,才能让物联网获得广泛的应用。

4. 传感技术

传感技术是指基于计算机技术的软件和硬件设备，通过计算机的数据处理能力来完成信号的仿真和传输的技术。传感技术基于自然信号源获得信息，并能将获得的数据进行转化和处理，因此，它还包括了一系列的交叉技术，包括智能识别等，使得数据可以被软件中心进行转化和传递，从而达到各种形式的有效交流。例如目前的温度、湿度、光线强度参数、气体浓度、建筑工程动态监测等都离不开传感技术。

2.2.4　物联网在智能制造中的应用

虽然目前智能制造技术已经应用在社会的很多领域，但仅仅简单地引进新型技术依然无法对工业生产业务进行全面的改良升级。对智能制造技术与物联网技术进行优势结合，可以使两类重要技术资源实现优势互补，将大大提升工业生产总体效率和产品质量。

将物联网技术引入智能制造中，就是要让各个行业的资源实现共享，从而达到对生产过程的精准掌握，最终达到将网络信息与智能制造、实体结合的效果。具体可以从以下几个层面来进行。

1. 可信服务层

可信服务层是指在智能制造过程中，利用信息进行协作和监测，从而可以动态地调节和监控智能生产中的资源，进而达到对智能制造的优化，此外还能为其提供相应的物流、配送等服务。但事实上，物联网在智能制造中的应用非常复杂，它要求企业提供更多的可靠、准确的信息，以保证信息的分析和处理效果。可信服务层是基于使用者的特性来获取和采集相关的信息，并且以保密为前提，为其提供服务的，所以在智能制造的过程中，这些信息都是至关重要的，可以为智能制造提供有力的支持。

2. 普适计算层

普适计算层的功能是对高复杂度的数据进行整合，并对其进行合理的处理，为用户的应用程序运行提供了便利的条件，同时提高了决策的可信度；通过采用分布式的方法，将各种生产资料进行汇总、压缩，以达到科学管理的目的，减少不确定因素；通过高效的运算方法，对大量的数据进行智能分析，从而提高数据的准确性，为企业的决策提供依据。

3. 精准控制层

精准控制层是对大量的有效信息进行分析的先决条件，其中包含了真实的和离线的数据信息，对这些信息的合理分析可以实现对智能制造过程的整体把握和控制。精准控制层可以优化整个工业生产的流程和设备的运行，达到最佳的状态，提高企业的生产效率和产品质量。在网络环境下，智能制造具有机电性质特点，具有普遍性，并且在空间上有着较大规模的分布。在物联网的支持下，智能制造的半成品、成品以及整个生产流程都在飞速发展，这就要求物联网中的感知网络来进行数据的分析和处理。

2.3　5G 通信技术

所谓 5G，即第五代移动通信技术，现在人们常说的 5G 通信技术大多是在上一代通信技术基础上通过改良得来的。与 4G 通信技术相比，5G 通信技术具有传输速度快、传输性能稳定、延迟更低等诸多优势。

2.3.1 5G 通信技术发展背景

移动通信技术更新换代迅速，基本延续着每十年发展一代技术的规律，已经历经 1G、2G、3G、4G 通信技术。每一次新一代移动通信技术的出现，都大大地促进了相关产业升级和经济社会发展。从 1G 到 2G，技术人员突破关键技术，实现了模拟通信到数字通信的跨越，移动通信渐渐走进千家万户；从 2G 到 3G、4G，通信技术又实现了语音业务到数据业务的转变，飞速提升的传输速度极大促进了移动互联网应用的普及。当前，移动网络已经与人们生活密不可分，极大改变了人们沟通与生产生活的方式。当前繁荣的互联网经济的形成及人与人随时随地地通信都离不开 4G 通信技术的广泛应用，但是随着人口的增长以及互联网行业的飞速发展，人们对于通信的需求越来越高，4G 移动通信系统难以满足，因此急需研发 5G 通信技术。

5G 通信技术是具有高速率、低时延和广连接特点的新一代宽带移动通信技术，5G 通信设施是实现人、机、物互联的网络基础设施。发展 5G 通信技术的目的不仅是解决人与人的通信问题，在一定程度上为用户提供增强现实、虚拟现实、超高清视频等高品质服务，更是解决人与物、物与物之间的通信问题，满足车联网、智能家居、工业控制、环境监测等需求。最终，5G 通信技术渗透到人们生产生活的各行各业，成为支撑经济社会数字化、网络化、智能化转型的关键新型基础设施，推动经济社会发展。

1. 5G 通信技术国外发展现状

欧洲成为第一个投入研究和发展 5G 通信技术的区域，相关委员会表示希望在新的移动通信技术领域能够获得巨大的优势，借此改变之前在移动通信领域中和欧洲其他发达国家竞争时的落后态势，以打破之前在移动通信行业中与亚洲其他国家竞争时的不利局面，并一直都在促进和帮助欧洲各国大力发展和研发 5G 通信技术。但实际的状况却不如预期，甚至进展得非常迟缓，主要是在过程中频谱资源比较稀缺、基站设备比较小、监管又十分严格，导致各大运营商对 5G 的投资动力不足，影响 5G 通信技术的研究进展。

早在 2017 年，美国纽约理工大学组建了一支由政府与公司组成的科研小组，共同进行 5G 通信技术的研发，而美国国家科学基金会也为其提供了大量的资助。美国 5G 通信技术采用的是高波段，虽然有着很好的发展条件，但是在现实中的发展却是困难重重，而且其应用速度也很慢，使得未来的发展前景不容乐观。

2. 5G 通信技术国内发展现状

2017 年 11 月，国家发展改革委办公厅印发了《关于组织实施 2018 年新一代信息基础设施建设工程的通知》（发改办高技〔2017〕1891 号）。随着国内华为技术有限公司的迅速发展，5G 通信技术在国内稳步推进，并呈现出迅猛发展的势头。2018 年，工业和信息化部正式对外公布了 5G 中低频测试频带，中国电信、中国移动、中国联通三大运营商发放 5G 系统中低频率实验频段，这一举措对 5G 产业的发展起到了促进作用。2019 年 6 月，工业和信息化部又给中国移动、中国电信、中国联通三家公司颁发了 5G 商用许可证，推动了 5G 在中国的应用。2021 年 7 月 12 日，工业和信息化部、中央网信办、国家发展改革委等十部门联合印发《5G 应用“扬帆”行动计划（2021—2023 年）》，提出到 2023 年我国 5G 应用发展水平显著提升，综合实力持续增强。

工业和信息化部发布的 2023 年 1 月至 7 月通信业经济运行情况显示，截至 2023 年 7 月底，中国累计建成 5G 基站 305.5 万个，占移动基站总数的 26.9%。中国 5G 移动电话用户达 6.95 亿户，占移动电话用户总数的 40.6%；千兆宽带接入用户达 1.34 亿户，占用户总数的 21.7%。截至 2023 年 10 月，5G 基站部署突破 300 万个，建成全球规模最大的 5G SA 网络，5G 规模化增长关键指标持续刷新。截至 2023 年 9 月底，千兆宽带用户达 1.45 亿户。

2.3.2　5G 通信技术特点

如果 4G 通信技术能让人们的生活发生变化，那么 5G 通信技术的出现，将会改变整个通信行业。5G 将推动各个领域的技术革新，5G 与 4G 通信技术的对比见表 2-1。5G 通信技术的传输速度是 4G 通信技术的 20 倍，同时还可以实现每平方千米 100 多个物体的互联，通信传输的误码率是 10 的负 9 次方，时延可达微秒级。

表 2-1　5G 与 4G 通信技术对比

通信技术	速率	延迟	连接数	移动性
4G	100 Mbps	10~30 ms	10 000 km	350 km/h
5G	10 Gbps	1 ms	1 000 000 km	500 km/h

1. 更高的网络通信速率

目前应用较为广泛的 5G 通信技术是基于 4G 通信技术发展起来的。经过这几年的发展，4G 通信技术已经越来越成熟，应用于各个领域中。在 5G 通信技术方面，国内的基础相对较好。近年来，我国政府更加重视提高自己的科技软实力，加大了对通信技术的投入。目前，国内 5G 通信技术的研发水平处于国际领先水平，具有较强的竞争力，并且在与其他国家竞争中处于优势地位。

随着时间的推移，人们对网络的需求也日益增长，而移动通信网络的用户对技术的需求主要体现在传输速率上。虽然 4G 网络的速度比 3G 网络有了很大的提高，但是并不能满足用户对网络的需求。为保证传输质量和运营商的投资，技术人员会选择在低频带上进行数据的传输。但在现实生活中，由于带宽有限，广大用户的使用需求无法满足。与国外相比，国内的资源频带主要是政府提供的，而在国外，则是靠市场竞争来获得的。因此，国内对低频资源的配置缺乏市场竞争规律引导，影响了移动通信技术的发展。4G 网络的载频是 20 MHz，采用了多载波码分多址技术进行数据传输，为提高传输速度，将大量的载频集中在一起，频带资源利用率不高。5G 移动通信技术的发展需要提高无线资源的利用率。MIMO（Multiple Input Multiple Output，多进多出）关键技术可以更好地利用高频资源来提供更高的传输能力，其波长较短，从而缩短了天线的长度，降低了天线间的距离需求，从而可以把天线集成到基站中，实现大规模通信网络的构建。

2. 容量更大

峰值速率需要达到 10~20 Gbit/s，以满足高清视频、虚拟现实等的大数据量传输。物联网自诞生以来受到了社会各界的重视,但其移动终端的能源消耗太大,无线网络的覆盖范围也受到了限制。终端设备的功耗是影响物联网发展的重要因素,因此,功耗问题是必须解决的。这是因为,在连接网络的时候,会有很多的节点,而有些终端在使用的时候,并不具备二次充电的条件,只能依靠自己的电池来进行维护。为了解决这一问题,3GPP(3rd Generation Partnership Project,第三代合作伙伴计划)曾经采用了窄带物联网技术来节省电力,改变了网络的传输带宽,降低了信号发送的功率。尽管降低了物联网终端的实时性,但是对其实际使用没有什么影响。因此,对于5G通信技术的研究,必须重视这一领域的研究,并以此作为其基本依据,实现能源节约。

3. 更低的移动网络延迟

采用长期演进(Long Term Evolution, LTE)网络后,网络延时降低至100 ms以下,为网络用户带来了良好的网络连接体验,极大地降低了网络延迟,提高了用户使用网络的满意度。随着5G通信技术的不断发展和推广,基于LTE技术的无线局域网将会大大降低网络的时延,为无线局域网的发展创造有利的条件。由于LTE网络中的TTI(Transmission Time Interval,传输时间间隔)是1 ms,因此5G通信技术在进行帧结构优化时,往往会通过缩短各子帧的时域来降低传输时延。在实践中,5G网络的终端对终端延迟降低至4G网络的1/10,延迟达到毫秒级,空中接口时延低至1 ms,并能在450 km/h的高速下保持稳定的通信,满足自动驾驶、远程医疗等实时应用。

2.3.3 5G通信关键技术

1. 高频段传输技术

由于传统的移动通信系统工作频带都在3 GHz以下,不但会导致频谱资源过于拥挤,同时也会影响通信的品质。而在频率较高的区域,数量多和种类丰富的资源的利用率都很低。为有效地提高无线网络的资源利用率,需构建超短程的无线通信方式,以适应5G网络的容量需求,提高网络的传输速度。高频段是未来通信发展的必然趋势,5G通信技术采用高频毫米波段通信技术方案,如图2-5所示,这也是5G通信技术的一个显著特征。高频段意味着具备充足的带宽并且天线可以做得很小,可以改善无线网络的服务品质。由于技术自身的短距离、高穿透性、低衍射性能等,其还有很大的发展空间。为了使频谱资源合理分配,需要构建更为科学的模型与方案。

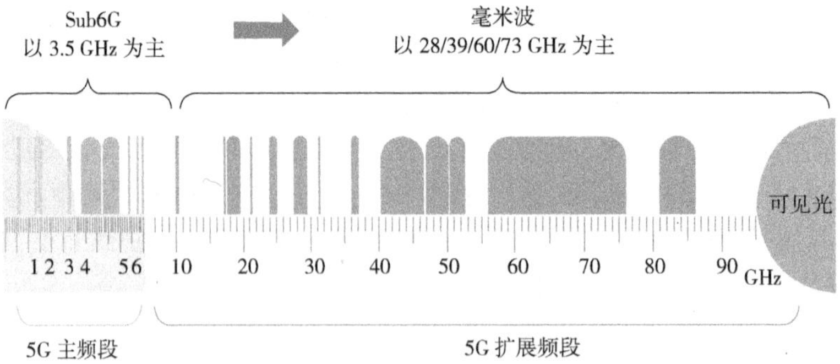

图2-5 5G通信技术主要工作频段

2. 新型多天线技术

多天线技术是通信技术中的一个关键。从被动多天线到主动多天线，从二维到三维，再到大规模的阵列，多天线技术已经发生了许多变化。新的多天线技术在 5G 通信中的应用将会使 5G 通信技术的应用更加科学和多样化。利用有源天线阵，可以支撑基站端协同天线的使用，使天线数目增至 128 个。在高频毫米波技术的基础上，采用扩展的三维天线阵和 MIMO 技术，建立一套支持波束智能成形的技术系统，极大地减少了用户间的干扰，使无线信号的覆盖能力得到了极大的改善，实现了通信的规范化。此外，5G 移动通信技术的相关部门，也对天线信道的测量、建模、阵列设计、标定等工作进行了深入的分析，建立了一个与之相适应的反馈机制，为空分复用接入（Space Division Multiple Access，SDMA）系统提供了支撑，并在降低传输功率的前提下，进一步推进了绿色、节能技术的发展，并使 5G 通信技术的覆盖面得到了拓展。

3. 同时同频全双工技术

近几年，技术人员对 5G 的同频、全双工技术进行了深入研究和扩展。利用同时同频全双工技术，可以在一个频段内同时使用收发，确保了信号的发送与接收的一致性。与时分双工（Time Division Duplexing，TDD）、频分双工（Frequency Division Duplexing，FDD）的双工技术比较，采用同频全双工技术，频谱利用率可提高约一倍。

此外，5G 通信技术还可以根据自身的抗干扰性，提高资源使用的灵活性，降低干扰对系统的影响。如果在网络环境中，抗干扰能力受到限制，将会对多个天线以及多个网络环境中的信息交流造成一定的影响。

4. D2D（Device-to-Device）技术

传统的蜂窝组网方式是以基站为核心，以区域覆盖方式实现的。基站和中继站均为固定的，这在某种程度上会影响网络的灵活性。随着无线多媒体业务的不断发展，传统的基于无线基站的业务控制体系已经不能适应不同的业务需求，从而影响到不同人群对网络服务的需求。基于此，在 5G 的基础上，合理采用 D2D 技术，可以实现不与基站协作的直接通信，从而使网络的连接架构和访问方式得到进一步改善。在较短的距离内进行直接通信，改善了整个信道的质量，从而形成了一个有效的数据传送模式。同时，由于 5G 自身的低时延、低功耗，使得 5G 的应用程序控制系统能够更灵活、更科学。D2D 技术结构如图 2-6 所示，该技术支持多种不同的终端分配方式，并根据 5G 的特定应用要求，使其具有较大的覆盖范围，从而有效地利用频谱资源，从而提高了整体控制的效能。

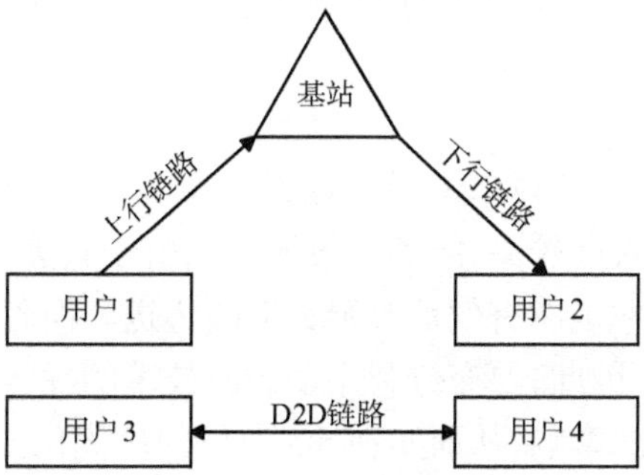

图 2-6　D2D 技术结构

D2D 技术还能支持灵活的联网模式，为链路的灵活性、网络的可靠性优化和控制效果的优化提供了支撑。D2D 技术将广播模块、多播模块、单播模块与增强技术结合起来，建立起一种更为协调的高效管理体系，实现多天线技术与 D2D 中继技术的协同运用，最大限度提高 5G 通信技术的服务质量。

5. 密集网络技术

随着 5G 通信技术的全面发展，无线通信网络正朝着多元化、宽带化、综合化方向发展，只有使数据和信息的处理方式更加完备，才能更好地适应智能终端的应用服务需求。从目前的数据服务发展趋势看，未来的数据服务将会以室内和热点地区为重点。

超密网技术是 5G 移动通信技术中的一个重要技术，它能够满足 1 000 倍的数据传输要求。首先，通过采用密集网络技术，可以构建一个更为完整的网络架构，从而扩大网络的覆盖面，从而使系统的使用性能得到极大的提升。通过构建业务分流机制，可以实现更加灵活的网络配置，确保频率重用等工作的顺利进行。其次，5G 移动通信技术采用密集网技术，以适应高速大带宽技术的需求，采用密集网技术来完成小区、扇区的部署与处理，以确保节点应用的合理性。同时，密集的网络部署方式也为科学地开发和处理网络拓扑结构提供了保证。通过实际调研发现，小区间的干扰是制约网络容量增长的主要原因，它不但会影响到系统的能源利用率，也会对传输的品质和效果造成不利的影响。因此，利用高密度网络部署技术，建立消除干扰、快速发现、集中式小区协同处理机制，能提高终端的移动性能，充分满足 5G 通信技术的发展需求，达到兼顾经济效益与社会效益的目的。

6. 新型网络架构技术

5G 移动通信技术中，5G NR（New Radio，新无线电）接入网是一种以平面架构模式为主的无线接入方式，它能极大地降低系统的延迟，降低网络建设和后期维护的费用。随着技术的发展与进步，5G 通信技术在今后的发展过程中将会进一步深化 C-RAN（Centralized Radio Access Network）接入网络架构体系，建立一个相对完整的匹配模型，创建一个多元化的中心处理机制。在 C-RAN 架构下，可以实现无线接入和实时通信的互联，而采用绿色接入网络的应用方式，能够实现对网络的全面控制。同时，该方案还能通过低成本的高速光传送网络，实现远距离天线及中央节点的无线信号传送，并与基站服务设施的建设相结合，为无线接入系统的集成应用提供支撑。另外，C-RAN 体系架构模式可以与协作技术相结合，减少通信的干扰，降低功率消耗，保证频谱利用率的提高，方便实时动态的智能组网。为降低运行成本、优化维护等方面的支持，近几年来，对 C-RAN 网络的架构进行了大量的研究，发掘建设系统集中控制、基站集群、虚拟小区等功能，建立多种技术应用体系，保证技术控制的有效性。

7. 多载波技术

多载波技术是 5G 移动通信技术中提高频谱效率、避免多径衰落的重要技术。在技术应用中，载波频率变化的灵敏度较高，能够有效地抑制由于其灵活的替换而造成的不正确的信息交流。同时，多载波技术也能有效地改善数据的传送。但若存在空白频谱，则会影响多载波技术在实际中的应用。因此，要充分利用多载波技术的优势，就必须建立起一套独立的处理机制，以防范外界因素的影响，从而实现 5G 通信的最优化。

2.3.4　5G 通信技术在智能制造中的应用

5G 通信技术具有高速率、低时延和广连接等特点，而智能制造、工业自动化领域，则恰恰需要低时延、高可靠的连接技术，其中具体包含了 5G 工业无线网络、线上线下一体化、定制化数字工厂、智能仓储、定制智能信息系统五大核心应用板块。

1. 5G 工业无线组网

5G 切片技术在企业的无线组网中引入了蜂窝扁平的网络特征和切片技术，降低了网络的复杂性，提高了网络的安全性，并减少了运行费用。MEC(Mobile Edge Computing，移动边缘计算)边缘网与 5G 企业共同构建了一个组网架构，其强大的移动互联网增值服务能力可以使 5G 的未来价值最大化；在 SDN/NFV(Software Defined Networking / Network Function Virtualization，软件定义网络/网络功能虚拟化)技术的基础上，采用本地云和云协作技术，实现了对企业的网络设备、企业的业务集群等服务的虚拟化，以“白盒”设备取代传统的机房设备，从而降低了企业的布网复杂性和运行费用；将高速宽带接入技术与低速超窄带接入技术相结合，实现了各种设备与端口之间的 IP(Internet Protocol，网络互连协议)连接。在大型企业中，许多的生产环节都采用了自动化的控制流程，因此需要有大量的控制器、传感器、执行器，这些设备需要通过无线网络来实现连接。在闭环控制系统中，传感器在数量、时延要求和带宽要求等方面存在着很大的差别。5G 切片网络能够实现低时延、高可靠、大规模的网络互联，从而实现闭环控制系统的无线接入。

2. 整合线上和线下的计划

在很多大企业的生产中，都会使用不同的设备进行维修和维护，而目前的工厂，大多是在现场进行维修，这不仅需要耗费大量的人力和资源，而且还会耽误生产的时间。线上和线下的整合计划，主要是为了起到预防作用。大连接、低时延的 5G 网络，能够将大量的生产设备和关键零部件连接起来，将线下的生产设备灵活地接入网络中，将网上的信息系统灵活地连接到平台上，以集中监控设备的信息。同时，企业的传感器不断地将监控数据上传，并对线下的设备的信息进行实时的反馈和收集，提高了生产的时效，为生产流程优化、能耗管理提供了支持，最终实现线上的系统决策、线下的快速实施。

3. 数字工厂

数字工厂是以数字和信息技术为基础，以生产资源、生产制造的产品为中心，对生产制造产品进行数字化的虚拟模拟，包括对产品的模拟，对产品的生产、预测功能的检测和处理等的平台。

传统的工厂在生产过程中，由于不能有效地获得仓库状况信息，不能追溯数据来源，而不能进行呆料识别和预警，不能对仓库进行有效的管理。而智能工厂的生产过程，涉及物流、上料、仓储等多个方案的决策，因此，对生产的决策、调度、运维提供了可靠的依据。5G 通信技术可以为智能工厂提供全云化的网络平台，利用高精度的感知技术，对海量的传感器进行控制管理，在极短的时间内，通过 5G 网络对大量的工业数据进行收集，从而建立起一个巨大的数据库，以便为生产提供最优的解决方案。

5G 下的 D2D 技术，可以让目标与目标进行直接的通信，这一技术最大的优点就是能够在蜂窝系统频段中工作，即便是隔着很远的距离，也能够保持正常的工作。D2D 通信的传输速度和延展性都要优于其他的传输设备，与无线网络相比，它的功耗也要小得多。

这些优势进一步减少了终端对终端的延迟，并在负载转移的情况下，实现更加灵活的响应，让生产的各个环节更加紧密，生产的效率也得到了极大的提升，真正实现了数字化车间的个性化。

4. 个性化的智能化仓储

由于上一代通信技术的传输速度较慢、时延较高，仓储管理不能及时获取仓储信息以及时进行库存的自动补充；而5G通信技术基于海量网络、即时通信、低延迟等技术，能够实时跟踪材料信息，快速获取存储信息、快速盘库、快速补充，提高了智能仓库的运行能力；同时应用D2D技术，实现终端设备与生产和运输设备之间直接连接，实现了智能仓库的自动送货和补充，从而对物流管理系统进行了总体的优化。

5. 个性化的智能信息系统

在传统的工业化生产中，各个企业之间的信息不对称，各企业之间的信息协作能力较差，很容易形成一个“孤岛”。各个信息系统之间的信息传递并不方便，或者因为厂商的原因，无法进行数据交换，这就会延长货物的交货时间，从而间接地造成人力和物力的损失。而有了自定义的智能系统，就可以从某种意义上解决这个问题。利用5G通信技术，能对智能信息协作体系结构进行个性化设计，对管理角色视图进行细化，对关键节点指标进行提炼，完成产品全生命周期的管理，使企业的流程可视化。这样能够形成持续的基于数据的业务优化能力，实现业务数据的智能化；同时构建行业的主要数据源仓库，不断更新，以构建工业基础数据平台。

2.4 云计算

云计算是一种分布式计算技术，它是指将庞大的数据运算处理器通过“云”进行分解，再由多台服务器构成的系统对其进行处理，并对其进行分析，最终得出结果并反馈给用户。在初期，简单来说，它是一种简单的分布式计算，它解决了任务分配问题，并且将计算结果进行了整合。因此，云计算也被称作网格计算。该技术能够在极短的时间（数秒）内处理成千上万的数据，带给用户强大的网络服务。

现阶段所说的云服务已经不单单是一种分布式计算，而是分布式计算、效用计算、负载均衡、并行计算、网络存储、热备份冗杂和虚拟化等计算机技术混合演进并跃升的结果。

云计算并非一项新的网络技术，而是一种新的网络应用理念，云计算的核心理念就是以网络为核心，在网络上提供快速、安全的云计算服务及资料储存，让所有网络使用者都能利用网络上海量的计算资源与资料。

2.4.1 云计算发展背景

追溯云计算的根源，它的产生和发展与之前所提及的并行计算、分布式计算等计算机技术密切相关，它们促进着云计算的成长。但追溯云计算的历史，可以追溯到1956年，克里斯托弗·斯特雷奇（Christopher Strachey）发表了一篇有关虚拟化的论文，正式提出了虚拟化的概念。虚拟化是今天云计算基础架构的核心，是云计算发展的基础。而后随着网络技术的发展,云计算萌芽。2006 年 8 月,谷歌(Google)首席执行官埃里克·施密特在搜索引擎大会上首次提出云计算的概念。

云计算也是 IT 行业的一个重要发展方向,世界各国的信息技术公司都在朝着云计算方向发展。几乎所有公司都要进行数据的信息化、存储、产品、人事、财务等方面的工作,而完成这些工作的最基本设备就是计算机。一般情况下,对于一个公司而言,一台电脑的处理能力,往往不能满足数据处理的需要,那么这个公司就需要购买一台运算能力更强的计算机,即服务器。对于大型的公司,仅靠一台服务器完成上述工作显然还是不够的,需要购买多台服务器,甚至需要一个拥有多个服务器的数据中心,而服务器的数量会影响到整个数据中心的运行效率。除了前期高昂的建造成本,计算机运行的开销也远远超过了投入,再加上计算机和网络的维护费用,这些是中小型公司不能承受的。于是,云计算就应运而生了。

现如今,云计算被视为计算机网络领域的一次革命,因为它的出现,社会的工作方式和商业模式在发生着巨大的改变。云计算是信息时代的一大进步,是一个巨大的飞跃,未来可能是云计算的时代,虽然现在已经有了很多关于云计算的定义,但是它们的内涵却是一样的,云计算具有很强的扩展性,能够在占用少量硬件资源的情况下给使用者带来一种全新的体验。云计算将大量的计算机资源整合在了一起,使用者可以在网上获得近乎无限的资源,同时不会受到空间和时间的限制。

2.4.2　云计算特点

与传统的网络应用模式相比,云计算在灵活性、可扩展性和性价比等方面拥有其独特的优势与特点。

1. 虚拟化技术

虚拟化突破了时间和空间的限制,是云计算最显著的特点。虚拟化技术包括应用虚拟和资源虚拟两种。物理平台与应用的部署环境在空间上是没有必然联系的,而数据备份、迁移、扩展都是通过虚拟平台实现的。

2. 动态可扩展

云计算是一种高性能的计算技术,具有高效的运算能力。通过在现有的服务器上添加云计算的功能,可以快速提升计算速度,最终实现动态扩展虚拟化的层次,达到对应用进行扩展的目的。

3. 按需部署

计算机中安装有许多应用程序和软件,不同的应用程序具有不同的数据资源,因此,用户在不同的应用中都需要强大的计算能力来配置资源,而云计算平台可以根据用户的要求迅速配置计算能力和资源。

4. 灵活性高

当前,大多数 IT 资源、软件和硬件都支持虚拟化,例如存储网络、操作系统等。虚拟化的所有要素都集中在云系统资源虚拟池中,可见云计算的兼容性很好,既可以兼容低配置的机器,也可以支持不同厂商的硬件,还可以让外部设备的性能得到更好的计算能力。

5. 可靠性高

即便是服务器出了问题,也不会对计算和应用程序造成任何影响。当单一服务器发生故障时,可以使用虚拟化技术对分散在各个物理服务器上的应用程序进行恢复,或者使用动态扩展功能将其重新部署在新的服务器上。

6. 性价比高

将资源放在云系统资源虚拟池中统一管理在一定程度上优化了物理资源,用户不再需要昂贵的、存储空间大的主机,可以选择相对廉价的 PC 组成云,一方面费用减少,另一方面计算性能不逊于大型主机。

7. 可扩展性高

用户可以使用应用程序的快速部署条件,使其能够更加迅速地扩展现有的服务和提供新的服务。比如,云计算系统中的设备故障,不管是在计算机的层次上,还是在特定的应用中,都不会造成任何的障碍,都可以通过云计算的动态扩展功能,对其他的服务器进行有效的扩展。这样一来,它们就可以有条不紊地执行任务了。在动态扩展虚拟化资源的前提下,可以有效地扩展应用程序,提升计算机云计算的运行能力。

但云计算也面临着巨大的安全威胁,主要体现在以下几个方面。

(1)隐私被窃取。现今,随着时代的发展,人们运用网络进行交易或购物,网上交易在云计算的虚拟环境下进行,交易双方会在网络平台上进行信息沟通与交流。而网络交易也存在着巨大的安全风险,犯罪分子可以利用云计算技术来窃取用户的个人信息,也可以在用户与商家进行交易的时候,窃取用户和商户的资料;如果有犯罪分子从云计算平台上窃取资料,利用技术手段将其攻破,并加以分析,则会从中挖掘出更多的个人信息,而一些心怀不轨的人,则会利用云计算,将其窃取出来。

(2)资源被冒用。云计算具有很强的虚拟性,当用户使用云计算进行网络交易时,必须保证双方的网络信息都是安全的,而云计算中的数据存储量非常大,而且云计算的应用环境也非常复杂,会导致数据被冒用,从而对用户的隐私产生不利的影响,同时被不法之徒非法应用的云计算应用也会给用户带来巨大的损失。

(3)容易出现黑客的攻击。所谓的黑客,就是通过某种非法的方式,侵入"云"的安全系统中,对"云"的安全造成极大的损害的人,而黑客的入侵,会对"云"的运行产生极大的影响,并且会造成不可预知的后果,因此,黑客对云计算的伤害要比病毒对云计算的伤害更大。另外,黑客的入侵比安全评价和安全系统的升级要快得多,所以在今天,黑客入侵了计算机之后,会对云计算造成很大的损害,而在技术上又不能阻止黑客的入侵,这就成了今天云计算的一个安全问题。

(4)容易出现病毒。在云计算平台,大量的用户通过云计算将数据存储到其中,当云计算出现异常时,就会出现一些病毒,这些病毒会导致以云计算为载体的计算机无法正常工作,同时这些病毒还能进行复制,并通过一些途径进行传播,这样就会导致以云计算为载体的计算机出现死机的现象,同时,因为互联网的传播速度很快,病毒一旦出现,会很快地进行传播,会产生更大的攻击力。

2.4.3 云计算关键技术

云计算的核心是虚拟技术。云计算通过动态组合,自动化分布,建立一个虚拟的服务系统,实现网络的存储;通过系统自制与敏捷框架的有机结合,以智能的方式进行技术管理,兼顾需求和速度,实现网络的集成。在计算机云计算平台系统中,设置好用户交互、沟通接口,可以实现服务功能,对数据资源和相关配置进行统一的管理,并对系统状态进行虚拟化,形成一个服务器集群。

1. 虚拟技术

虚拟技术是云计算的关键技术,它为云业务的发展提供了底层的支持,也是推动 ICT 业务向云计算方向发展的最大动力。可以说,没有了虚拟化,云服务就不可能真正落地和获得成功。随着云计算的不断普及,虚拟技术在业界的地位越来越高。同时,通过调研,我们也发现了许多人对云计算、虚拟化等概念的误解,甚至将云计算视为虚拟化。事实并非如此,虚拟化是云计算中不可或缺的一部分,但并非所有。从技术上说,虚拟化是一种以计算机为基础,通过软件对计算机硬件进行模拟,从而为用户提供虚拟资源的一种计算方式。目的在于合理分配计算机资源,提高服务效率。它打破了应用系统各个硬件之间的物理分割,实现了体系结构动态化,并对物理资源进行了统一的管理与利用。虚拟化最大的优势在于提高系统的灵活性、降低成本、改善服务、提高资源利用效率。从技术的表现来看,虚拟化有两种不同的应用方式。一是将一个强大的服务器虚拟为多个小型服务器,为不同的用户提供服务。二是通过虚拟多台服务器来实现某一功能。两者的关键在于实现资源的统一、动态配置和使用。它们在云计算中的应用较为广泛。

2. 分布式海量数据存储

云计算的另外一个重要优点是能够快速有效地处理大量的数据。在当今信息爆炸的时代,这是非常关键的。云计算往往采用分布式存储技术,以确保数据的高可靠性。这一技术既克服了硬件和软件的局限性,又具有较好的可扩展性,能对不断变化的用户要求做出反应。

分布式存储方式与传统的网络存储方式不同,传统的网络存储系统都是以集中的方式存储所有的数据,而存储服务器无法适应大规模的存储需求,成为系统性能的瓶颈。分布式网络存储系统采用了可扩充的系统架构,通过使用多个存储服务器来分摊存储负载,通过位置服务器对存储数据进行定位,不仅提高了系统的可靠性、可用性和访问效率,而且便于再次扩展。

3. 海量数据管理技术

云计算需要对分布的、海量的数据进行处理、分析,因此,数据管理技术必需能够高效的管理大量的数据。云计算系统中的数据管理技术主要是 Google 的 BTsT~lO 数据管理技术和 Hadoop 团队开发的开源数据管理模块 HBase。由于云数据存储管理形式不同于传统的 RDBMS(Relational Database Management System,关系数据库管理系统)数据管理方式,如何在规模巨大的分布式数据中找到特定的数据,也是云计算数据管理技术所必须解决的问题。同时,由于管理形式的不同造成传统的 SQL(Structured Query Language,结构化查询语言)数据库接口无法直接移植到云管理系统中来,目前一些研究在关注为云数据管理提供 RDBMS 和 SQL 的接口,如基于 Hadoop 的子项目 HBase 和 Hive 等。另外,在云数据管理方面,如何保证数据安全性和数据访问高效性也是研究关注的重点问题之一。

4. 编程方式

云计算实质上是多用户、多任务计算,支持并发处理。其核心思想是快速、高效、简洁地将强大的服务器的计算资源通过网络最终传输给用户,并确保低廉的费用和良好的使用体验。在此期间,选择编程方式是非常关键的。分布式并行编程模型在云计算工程中的应用越来越广泛。云计算为分布式计算提供了一种新的计算方式,这就需要在一定程度上实现分布式的程序设计。云计算采用了一种思路清晰的分布式并行程序模型——Map-Reduce。Map-Reduce 是一个编程模型和任务调度模型。它主要应用于并行运算和并行作业调度。在此模型中,用户仅需编写 Map 函数和 Reduce 函数,就可以实现并行运算。在此基础上,Map 函数定义了每个节点上的区块数据的处理方法,而 Reduce 函数定义了中间结果的保存方法以及最终结果的归纳方法。

5. 云计算平台管理技术

云计算中的资源非常庞大,不同数量的服务器分布在不同的位置,同时其中还运行着数百种的应用程序,因此,如何对其进行有效的管理,以确保其持续地提供服务是一个很大的挑战。云计算平台的管理技术要能够有效地配置海量的服务器资源,从而更好地运作。云计算平台的管理技术要实现新业务的快速部署与开通,系统故障的快速发现与恢复,以及通过自动化、智能化手段实现系统的可靠运行。

对供应商来说,云计算有公用云、私有云和混合云三种部署方式。这三种部署方式有不同的平台管理需求。对使用者来说,云系统的大小和管理性能都有很大的差异,这是因为企业对于 ICT 资源共享的控制、对系统效率的要求以及 ICT 成本投入预算不相同。云计算平台的管理模式应该更加注重用户的个性化要求,以适应各种情况下的应用要求。

2.4.4 云计算实现的关键技术

1. 体系结构

计算机云计算的实施需要在特定的环境和条件下进行,特别是系统架构要具备以下几个特点。第一,系统要具备智能化、自主化的功能,在降低人力成本的情况下,能够满足智响应的需求,所以需要将自动化技术嵌入云系统中。第二,系统要灵活地应对变化的信号,并具备快速响应能力,因此需要有一个灵活的云计算体系结构。同时,由于业务水平和业务发展的迅速改变,云计算也面临着很大的挑战,而内嵌集群化技术与虚拟技术能够应付此类变化。

云计算平台的体系结构由用户界面、服务目录、管理系统、部署工具、监控和服务器集群组成,具体功能如下。

(1)用户界面:主要用于云用户传递信息,是用户进行互动的界面。

(2)服务目录:顾名思义,供用户选择的列表。

(3)管理系统:主要对应用价值较高的资源进行管理。

(4)部署工具:能够根据用户请求对资源进行有效的部署与匹配。

(5)监控:主要对云系统上的资源进行管理与控制并制定相应措施。

(6)服务器集群:服务器集群包括虚拟服务器与物理服务器,隶属管理系统。

2. 资源监测

云系统中的数据量很大,而且信息的更新也很快,要想得到准确可靠的动态信息,就必须采取行之有效的方法来保证信息更新的快捷性。而云系统则可以实现动态资源的高效配置,并具有资源监测的能力,便于资源的负载和使用。此外,资源监测是整个系统的“血液”,它对整个系统的运行效率至关重要,如果不能对系统进行有效的监测,将导致系统的信息不够可靠，若其他子系统引用了不正确的信息，势必会影响到系统的资源配置。所以，开展资源监测是当务之急。在进行资源监测的时候，只需要将 AGent 代理部署到不同的云服务器上，就可以进行配置和监督，例如将不同的云资源服务器通过一台监测服务器与不同的云资源服务器相连，并将这些资源的使用情况以约定周期为单位发送到数据库中，由监测服务器根据数据库的有效信息对这些资源进行分析，从而对资源的可用性进行评价，从而最大限度地提升资源使用的效率。

3. 自动化部署

科技的发展趋向于半自动化作业，基本已实现设备出厂即用或简单安装即用。从根本上说，可以利用的计算资源也在逐步地被配置成自动化资源。自动化部署云资源是指在脚本调整的基础上，由不同的厂商自动配置设备，降低人机交互比例，提高应变效率，防止过度使用人力，从而推动智能化部署。其在云计算中表现为能够自动划分、部署与安装虚拟资源池中的资源，包括存储、网络、软件以及硬件等，以为用户提供各类应用与服务。部署系统资源的步骤比较多，自动化部署主要是通过调用脚本自动配置、部署各厂商的设备管理工具，确保在调用时采用静默的方法，从而避免复杂的人机交互，使部署过程不再依靠人力。另外，在自动化部署管理中，数据模型和工作流引擎也是不可忽视的重要组成部分。通常，数据模型的管理是在数据模型中定义特定的软件和硬件实现的；而工作流引擎指的是触发、调用工作流，以提高智能化部署效率为目的，善于将不同的脚本流程在较为集中与重复使用率高的工作流数据库当中应用，有利于减轻服务器工作量。

云计算是建立在先进互联网技术基础之上的，其实现形式众多，主要有以下形式。

（1）软件即服务：通常用户发出服务需求，云系统通过浏览器向用户提供资源和程序等。值得一提的是，利用浏览器应用传递服务信息不花费任何费用，对于供应商，亦是如此，其只要做好应用程序的维护工作即可。

（2）网络服务：开发者能够在应用程序接口（Application Programming Interface，API）的基础上不断改进并开发出新的应用产品，大大提高单机程序的操作性能。

（3）平台服务：一般服务于开发环境，协助中间商对程序进行升级与研发，同时完善用户下载功能，用户可通过互联网下载，具有快捷、高效的特点。

（4）互联网整合：利用互联网发出指令时，也许同类服务众多，云系统会根据终端用户需求匹配相适应的服务。

（5）商业服务平台：构建商业服务平台的目的是为用户和供应商提供一个沟通平台，需要与管理服务和软件即服务搭配应用。

（6）管理服务：此种应用模式并不陌生，常用于 IT 行业，常见服务内容有：扫描邮件病毒、监控应用程序环境等。

2.4.5　云计算在智能制造中的应用

1. 应用实践

1）智能化生产

云计算解决了传统 IT 成本高、部署周期长、使用管理效率低等问题，而其最大价值就是通过物联网、人工智能、大数据等新技术快速推动产业的融合与升级，从而培育出新的服务型制造业并推动其发展，也为中国制造业在全球产业链上的增值和扩大规模提供了弹性支持。

云计算推动了传统的制造业的转型升级；近十年来，我国制造业发展迅猛，工业基础进一步巩固，工业体系完善，自主创新能力不断提高，为国家的经济发展做出了巨大的贡献。但是，随着我国经济从以要素为主导向以创新为主导的转变，先进的生产技术正在向信息化、网络化、智能化方向发展。与世界先进水平比较，国内的工业产品以中低档为主，产品附加值较低。发展智能化制造业已成为我国制造业由低端走向高端的关键。云计算是新一代信息技术的基础，也是智能制造系统的重要基础。利用云计算加快传统制造业的转型、提高企业产品质量、提升企业的服务和创新能力，成为智能制造的战略目标。相比于传统 IT 与商业体系的分离，新一代信息技术（云计算）与制造业的深度融合，使得整个制造过程的资源利用效率得到了提高，生产效率和经济效益得到了极大的提升，并且能够促进中国制造业的整体升级。

传统制造业从设备的研发、设计、制造、交付到运行、管理等各个环节，都存在着大量的信息“孤岛”，使其难以轻易从标准化制造向柔性制造转变。同时，由于各系统之间的信息不能共享，很难实现互联以及全过程的智能化分析，从而对企业的经营管理水平和运行效率的提高产生不利影响。在数字经济时代，企业的竞争优势取决于个性化服务的创新能力和快速的市场反应。目前，为了提升业务反应能力和企业内部操作的效率，许多企业都采用了托管云和混合云技术来取代传统 IT。

目前，云计算已经能够深入生产企业的各个生产过程，它可以根据客户的需求，迅速、经济地进行 IT 资源的配置，实现实时、近实时的 IT 交付与管理，对客户的个性化服务需求做出迅速的反应。这不但有利于提高制造业的附加值和生产效率，而且还可以提高制造企业的综合竞争能力，以适应日益复杂的国际环境，为制造业在全球范围内实现智能制造打下坚实基础。

2）服务型制造

中国制造业要实现服务结构的优化，必须从传统制造业向服务型制造业转变。《建设制造强国战略》提出，要对传统工业进行从生产到服务的转型升级。同时，从制造业到服务化，也是促进供给侧结构性改革、创造新供给、满足新需求的需要。

在新经济时代，制造业产品的复杂性日益增强，单一产品开发周期长，产品附加值低，业务创新能力差，同时整个产业链上下游企业相互隔离，导致协同创新能力低下，难以实现高效协同生产。在数字经济时代，提升产品的附加值，促进产业链协同创新，已成为推动制造业向服务型制造业转变的重要环节。

云计算是基于大数据的制造业服务创新平台，通过软件服务、协同服务、数据服务等方式，形成资源共享、供需对接的生态服务，实现跨行业、跨企业的协同创新；云计算平台在实现提高全要素生产率、产品附加值和市场份额的同时，还能通过上下游产业链的合作与全球合作，实现价值链的延伸和升级，进而促进中国的制造业向服务型制造业转变。

3）产业智能化升级

“建设制造业大国”的目标是使制造业整体实现智能化的提升。中国政府在大数据、人工智能、物联网等领域加大政策引导力度，在技术层面上打造“制造业大国”的高起点，为中国的制造业大国建设打下坚实的基础。以大数据云为基础的工业协同平台,使数据智能成为制造业发展的新动力。人工智能、云计算、大数据、物联网等技术在制造业中的应用将会是制造业智能化升级的重要内容。

像西门子这样的德国制造业巨头,正在构建一个工业 4.0 的平台,以推进智能制造。中国制造业龙头企业在实施“制造强国”战略的推动下,纷纷研发智能制造平台,使制造业可以有效地利用智能云计算平台,将物联网、人工智能、虚拟现实等新技术转化为制造业企业发展的新动能,加速传统规模制造向个性化用户驱动的全智能生产转型。

云计算工业平台实现了企业、行业、地域的协同创新,在确保各部门的权限控制的情况下,实现了对应用的资源整合,从而提升了资源的利用率,并使用户的体验得到快速提升。云计算工业平台是以制造业为基础,与物联网、人工智能相结合,实现工业智能化协同的平台,加快制造业智能化水平的提升。

2. 评估智能制造云计算服务商的重要因素

作为世界第二大经济体的中国,建设制造强国是要完成从“制造大国”到“制造强国”的转型,考虑的不仅仅是现有业务的升级,更多的应是全球化服务能力、竞争力和响应速度。故此,制造业在智能制造转型升级过程中,评估云计算更多的是从市场战略维度出发的。中桥国际调研咨询有限公司对中国企业首席信息官 CIO(Chief Information Officer)和 IT 管理者的调查结果显示,评估智能制造云计算服务商有以下几个重要因素。

(1)综合 IaaS、PaaS、SaaS 的服务水平和管理效率。向智能制造演进是一个长期持续的过程。不同规模的制造企业在不同的业务发展阶段对云计算服务的需求也不同。因此,能够灵活提供 IaaS、PaaS、SaaS 服务,并且保证优质的服务水平和较高的管理效率,满足制造企业当前以及未来的业务需求,成为用户选择云计算服务商的首要考虑因素。同时具备全面云计算服务能力的供应商,能够让制造业在转型发展过程中迅速将 AI 和 IoT 转化为业务创新能力。

(2)全球云计算服务能力,支撑全球化业务拓展。通过智能制造提升中国制造在全球市场创新服务中的竞争力,是中国从“制造大国”向“制造强国”的关键所在。因此,云计算在全球的服务能力、得以验证的云计算服务管理流程、全球多区域的云计算集中统一管理,以及跨混合云和多云的业务支撑能力,能够让制造企业在全球业务拓展中,提高资源利用率,优化产销链流程,提高全球市场响应速度和创新效率。

(3)得以验证的企业级用户群,可信可靠。在全球化业务拓展过程中,云计算逐步成为智能制造的核心业务平台。用户在评估核心应用“云化”过程中,云计算服务商的企业规模和行业案例积累成为用户评估的重要指标。得以验证的企业级用户群意味着云计算服务商提供的云计算服务经过了实践的验证,这对于确保企业业务的稳定安全,降低向云计算转型的业务风险至关重要。可信可靠的企业级云计算服务,能够提高制造企业从研发到服务的全流程协作管理效率,加速从传统制造向柔性制造的转型。

2.5　本章小结

智能制造的本质,是运用物联网、大数据、云计算、移动互联网等新一代信息技术及智能装备对传统制造业进行深入广泛的改造提升，实现人、设备、产品和服务等制造要素和资源的相互识别、实时交互和信息集成，推动产品的智能化、装备的智能化、生产方式的智能化、管理的智能化和服务的智能化发展。无论是5G技术、物联网技术还是云计算技术，在未来会更为强调交叉特征。无论是技术的交叉，还是应用的交叉，都会成为发展趋势中的重点。

智能制造的关键技术还有很多，如人工智能技术、工业机器人技术、大数据技术以及整体的信息化系统等。

课后习题

(1)什么是物联网技术，它有什么特点？

(2)试述物联网技术在智能制造中的作用。

(3)举例说明物联网技术在智能制造中的应用。

(4)5G通信技术的技术优势及关键技术。

(5)简述D2D技术特点。

(6)举例说明5G通信技术在智能制造中的应用。

(7)何谓云计算，其特点是什么？

(8)简述云计算的关键技术。

(9)云计算面临哪些安全威胁和发展问题？

(10)云计算的实现形式有哪些？

(11)举例说明云计算在智能制造中的应用。

参考文献

[1] 张曙. 工业4.0和智能制造[J]. 机械设计与制造工程，2014(8)：1-5.

[2] 周济. 智能制造[J]. 中国机械工程，2015，26(17)：2273-2284.

[3] 制造强国战略研究项目组. 制造强国战略研究：综合卷[M]. 北京：电子工业出版社，2015.

[4] 梁佩. 实时数据采集系统方案设计与实现[D]. 成都：西南交通大学，2015.

[5] 陈峰. 实时信号数据采集系统的研发与设计[D]. 上海：上海交通大学，2010.

[6] 谢青松. 面向工业大数据的数据采集系统[D]. 武汉：华中科技大学，2016.

[7] 王建民. 工业大数据技术综述[J]. 大数据，2017，3(6)：3-14.

[8] 刘强，秦泗钊. 过程工业大数据建模研究展望[J]. 自动化学报，2016，42(2)：161-171.

[9] 周鹏. 多传感器数据融合技术研究与展望[J]. 物联网技术，2015(5)：23-25.

[10] 陈静云. 车间物联网数据采集关键技术研究[D]. 南京：南京航空航天大学，2014.

[11] 邵景峰，贺兴时，王进富，等. 大数据环境下的纺织制造执行系统设计[J]. 机械工程学报，2015(5)：160-170.

[12] 杨露菁，余华. 多源信息融合理论与应用[M]. 北京：北京邮电大学出版社，2006.

[13] 曾悠. 大数据时代背景下的数据可视化概念研究[D]. 杭州：浙江大学，2014.
[14] 陈明. 大数据可视化分析[J]. 计算机教育，2015(5)：94-97.
[15] 李杰. 工业大数据：工业 4.0 时代的工业转型与价值创造[M]. 北京：机械工业出版社，2015.
[16] 陈泽宇. 5G 通信的技术现状及面临的挑战[J]. 数字通信世界，2021(2)：141-142，214.
[17] 容经雄. 5G 移动通信网络关键技术及研究[J]. 中国新通信，2021，23(22)：1-3.
[18] 杨斌山. 5G 通信技术在城市轨道交通中的运用[J]. 电子测试，2021(1)：131-132，96.
[19] 叶青，陈宁，林明，等. 5G 通信技术应用场景及关键技术分析[J]. 信息系统工程，2021(5)：17-19.
[20] 马旺元，石春. 物联网发展与 5G 通信技术的应用[J]. 河南科技，2021，40(11)：17-19.
[21] 张玉明. 5G 无线通信关键技术及其发展现状思路构建[J]. 中国新通信，2021，23(6)：34-35.
[22] 刘志，季旭东. 面向 5G 无线通信系统的关键技术综述[J]. 数字通信世界，2021(2)：155-156.
[23] 卢世雄. 5G 通信技术的关键技术及未来应用[J]. 长江信息通信，2021，34(12)：220-222.
[24] 黄俊俊. 互联网时代的数字车间发展[J]. 新型工业化，2021，11(4)：20-21.
[25] 牛少彰. 5G 技术：为智能制造赋能[J]. 高科技与产业化，2020，26(12)：40-43.
[26] 黄长清. 智慧武汉[M]. 武汉：长江出版社，2012.
[27] 张洪芳. 物联网技术研究综述[J]. 中国新通信，2019，21(16)：40.
[28] 吕士羽. 物联网技术研究综述[J]. 产业科技创新，2019，1(26)：36-37.
[29] 郑向歌. 智能制造背景下的工业物联网技术[J]. 科技风，2018(2)：28.
[30] 杨莹. 计算机物联网技术的应用与发展分析[J]. 数码世界，2021(2)：4-5.
[31] 张儒峰. 智能制造与物联网的结合现状及改进策略[J]. 南方农机，2020，51(8)：225.
[32] 许子明，田杨锋. 云计算的发展历史及其应用[J]. 信息记录材料，2018，19(8)：66-67.
[33] 罗晓慧. 浅谈云计算的发展[J]. 电子世界，2019(8)：104.
[34] 赵斌. 云计算安全风险与安全技术研究[J]. 电脑知识与技术，2019，15(2)：27-28.
[35] 李静燕. 计算机云计算及其实现技术分析[J]. 石河子科技，2020(6)：42-43.
[36] 李文军. 计算机云计算及其实现技术分析[J]. 军民两用技术与产品，2018(22)：57-58.
[37] 杜蕊. 云计算技术发展的现状与未来[J]. 中国信息化，2021(4)：44-45.
[38] 杨炼，黄瑾，张钟琴，等. 云计算平台构建与 5G 网络云化部署[M]. 北京：人民邮电出版社，2021.
[39] 孙傲冰，姜文超，涂旭平，等. 云计算、大数据与智能制造[M]. 武汉：华中科技大学出版社，2020.
[40] 佩里·利. 物联网系统架构设计与边缘计算[M]. 北京：机械工业出版社，2021.
[41] 刘继红，江平宇. 人工智能：智能制造[M]. 北京：电子工业出版社，2020.
[42] 王道平，殷悦. 智能制造概论[M]. 北京：人民邮电出版社，2021.

第 3 章　智能检测与数据感知

3.1　智能检测技术

3.1.1　智能检测发展背景

工业企业的制造流程是一个非常庞大且复杂的生产体系，对制造流程的控制直接关系到工业企业的整体运营绩效。而近年来，由于国际市场竞争的日趋激烈及我国有关政策法规的引导与影响，我国制造业领域对生产品质、制造效率以及节能减排水平等都提出了越来越高的要求。

由于生产过程的自动化水平和复杂度的提升，质量需求也愈来愈高，建立一种产品监测体系并保证产品安全、准确和有效的工作变得日益关键，相关的测量和控制将是智能生产体系的关键部分。加工过程的智能检测主要是指对生产过程的某些重要数据进行合理的计算和判断，目的是保障自动生产装置的安全性和生产效率。现代自动加工设备应用了更快的切削速度，也迫切需要解决对加工程序的监控问题与切削流程不平衡的问题。

目前，我国正处在从制造大国向制造强国发展的过渡阶段，世界银行数据显示，我国制造业增加值 2022 年占全世界比重为 30.2%。要想更好地适应国际竞争，就必须提高制造效能，改善资源效率和控制能耗水平。而更精细合理地管理生产流程，则无疑会为企业带来更高的经济效益、环境效益和社会效益，其自然成了未来制造企业追求的重要目标。在实际产品制备中，工艺程序并不是始终保持在理想状态的，而且伴随着原材料的逐步消耗产生了许多复杂的物理现象，包括加工中几何偏差、热变形、弹性变化和系统振荡等，正是这些复杂的物理现象导致产品无法达到规定条件，而测试的主要目的就是为生产带来准确即时的工艺信息反馈。

随着生物信息技术、传感器技术、计算机科学、网络信息技术等的蓬勃发展，以及生产中人们对加工质量要求的不断提高，通过对加工过程参数实施监测并通过主被动控制的方法对不利于产品高质量生产的加工过程进行干预的智能检测技术受到广泛关注。

3.1.2　智能检测技术的特点

智能检测技术通过利用最先进的测量、加工装置和模拟手段，完成对加工程序的建模、仿真、预测，对工艺系统的检测和管理；同时，整合相关工艺技术，使机械加工设备可针对现场工况自主设定工艺参数、调节自身状况，达到最佳的工艺品质和良好的制造质效。加工过程检测和管理的实现流程如图 3-1 所示。

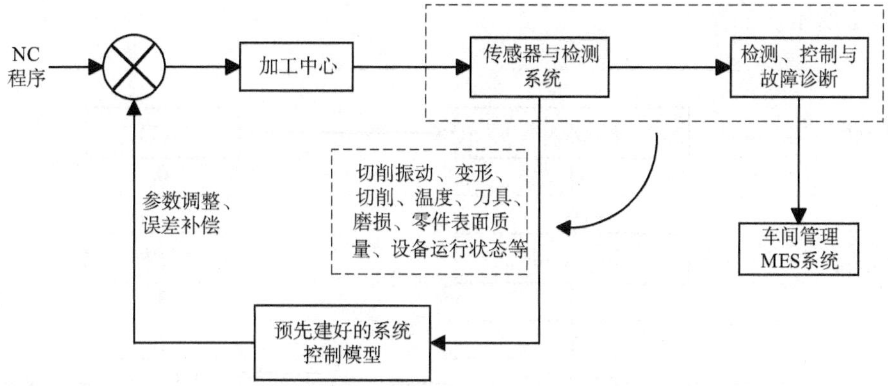

图 3-1　加工过程检测和管理的实现流程

加工过程模拟和设计，根据不同零部件的生产过程、切削用量、进给速率以及加工过程中涉及的零部件生产效率的不同数据，采用基于加工过程建模的仿真，实现数据的估计与优化选择，得到优化的生产程序控制指令。

质量监测与误差补偿通过各种传感器、远程控制和故障诊断等对加工过程的变化和装置的工作状况与健康状况进行控制；根据过程中的机械振动、机床温度、工件磨损等方面预先设置的系统控制模式来实现工艺参数调节，并对在过程中出现的误差予以即时补偿。

通过通信系统与其他的辅助智能设备，将现场数据传送到远程控制和故障诊断的设备，以及车间管理 MES 系统。在生产实践中，制造过程不是始终符合预期要求的，制造过程中出现的加工误差、热畸变、弹性应变和系统振荡等会导致产品质量不能满足要求，就需要对预先建好的系统控制模型进行误差补偿，调整模型参数。

智能检测技术是智能制造中的一项重要内容，在线、自动化、高速、智能成为当前检测系统和技术的主旋律。检测设备需要具有一定的智能化水平，能够自适应地对不同批次的相同样品进行自动检测，以及在机器视觉等技术的辅助下，自动判断产品质量合格与否。更进一步来讲，测量不仅仅是产品合格与否的判定，它还需要与质量分析、加工制造、设计仿真进行更为广泛的融合，从而达到品质推动生产力的目的。测量数据与质量分析的相互作用，可以帮助企业实现更稳定、更可靠的生产制造过程，确保批量生产的稳定性，提前预测加工质量的趋势，并及时对加工设备、加工路径乃至刀具进行调整。

相对于传统的检测装置，智能检测计量装置结构较为复杂，涵盖了机、电、水等多个领域的学科知识，并涉及 RFID、机器视觉系统、协作式机器人、在线监测与管理软件系统等多个应用领域的关键技术。传统的以人工检测为主的检测正向全自动化检测进阶。智能检测技术的应用为企业智能制造提供了有力支撑。本节主要介绍智能检测装备的结构组成、智能检测的关键技术以及应用。

3.1.3　智能检测技术结构组成

智能检测技术利用新型的检测、处理技术和模拟方法，完成对加工过程的模拟、仿真、检测，实现生产系统的检测和管理。同时，整合现有工艺技术，使生产过程可针对实际情况主动优选工艺参数、调节设备性能，达到最佳的工艺品质和良好的生产质效。智能检测技术框架如图 3-2 所示。

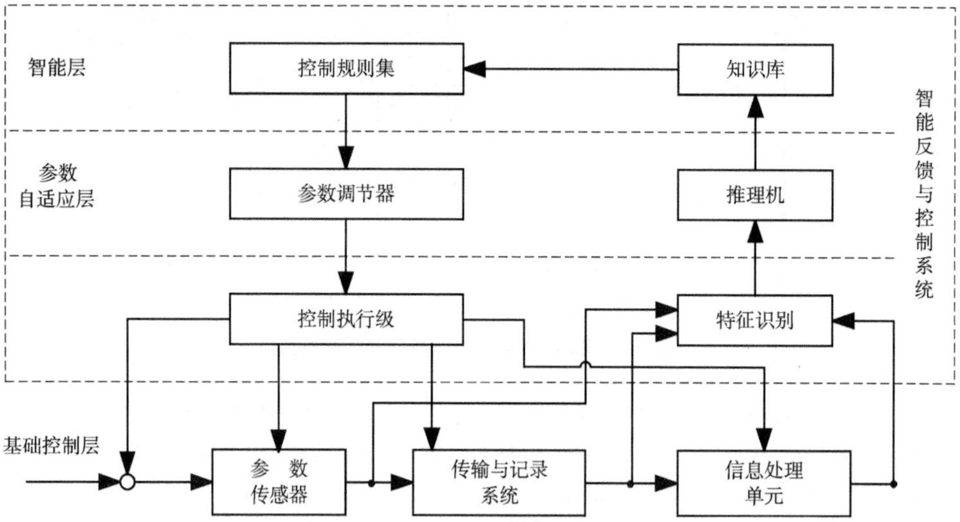

图 3-2 智能检测技术框架

智能检测技术框架包含基础控制层、参数自适应层和智能层三层架构。利用参数传感器对生产加工过程数据进行监测，并通过传输给信息处理单元，进行信息处理和特征提取，进而对加工过程的特征进行识别。推理机完成对加工过程的推理计算。智能层利用推理机的输出结果，根据建立的知识库和加工过程控制规则集，生成参数调整，再通过参数调节器输出至控制执行单元。控制执行级对基础控制层的传感、传输和信息处理过程进行控制。

3.1.4 智能检测关键技术

1. 无损检测技术

针对金属零部件缺陷的热无损检测，是指通过使用电、磁、声、光、高温等作为激发源对金属零部件进行加热，以对试件内部的形状变化及其改变后所反映出的热信号加以检测，从而确定金属零部件内部是否存在缺陷。目前，加工过程的典型无损检测方式主要有涡流检测、超声检测、辐射检测、激光检测、渗透检测、磁粉检测。传统的检测方式在金属零部件的检测中得到了很好的效果，在改善质量、增加生产效益和降低生产成本等领域均获得了突出的成果。这些传统典型的无损检测技术，在检测产品缺陷方面有较多的应用，并各有其特点。智能检测则将原来的离线集中式测试方法，逐步转化为内嵌在产品线内、布局在智能装置内、镶嵌在产品检测端口中的现场检测方法，对测量信息自行记载、储存、处理与管理。

将智能检测技术发展和智慧工厂的建设相结合，通过在工厂中导入红外线、激光、紫外线等机器视觉目标定位检测技术、可变接口的智能检测与适配技术、分布式信息监测采集技术、非碰撞方式测试技术、智能化检测控制技术等，进行实时检测，并进行符合智能化生产需求的支撑性监测与关键技术研发，从而实现分布式协同测试软件的发展。

2. 机器视觉技术

机器视觉（Machine Vision，MV）又叫作计算机视觉，是指利用计算机技术对机器视觉设备所收集的图片和视频信息加以加工处理，进而实现对客观真实世界中的三维场景的了解、识别和理解的技术。机器视觉包含了计算机技术、神经生物学、心理自然科学、影像信息处理和模型辨识等众多方面的知识，它一般运用计算机技术来模仿人或复制与人视觉相关的特定智能动作，从客观事物的影像中获得数据，从而判断其特性，进而实现产品测试、工程检测、精密测控等。

计算机视觉控制系统是一个非接触式的光学感应器，它需要整合软硬件，可以自主地在收集到的影像中获取信息和行为。该系统主要由三部分组成：图像的采集（信息获取）、图像的处理和分析（特征提取、状态识别、数据融合）、输出或显示。一般一个完整的计算机视觉系统应当包含光源、目标、光学系统、影像捕获装置、影像收集与数字化、智能图像处理与决策、控制执行器。计算机视觉控制系统的应用示例如图 3-3 所示。

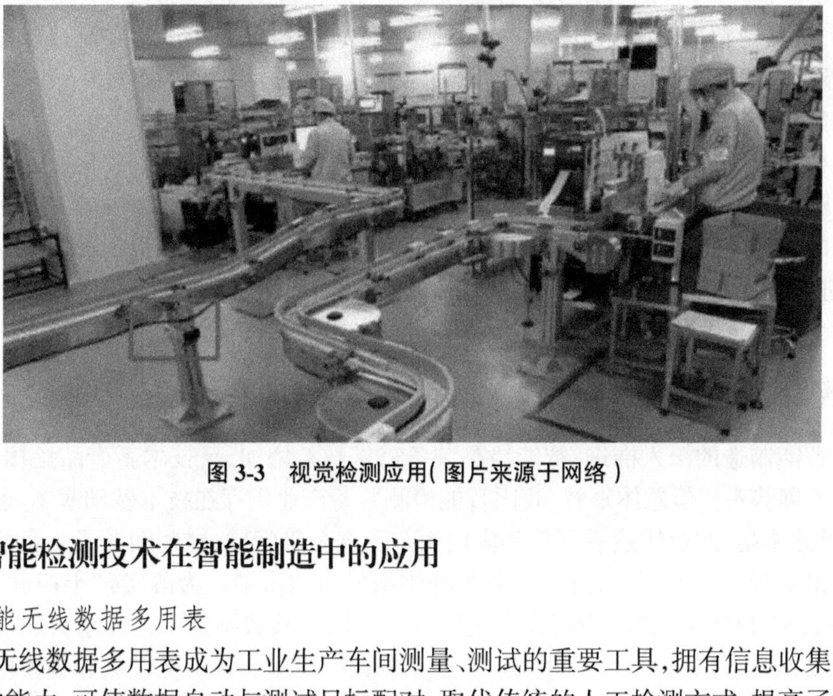

图 3-3　视觉检测应用（图片来源于网络）

3.1.5　智能检测技术在智能制造中的应用

1. 智能无线数据多用表

智能无线数据多用表成为工业生产车间测量、测试的重要工具，拥有信息收集、储存、管理、传输的能力，可使数据自动与测试目标配对，取代传统的人工检测方式，提高了测试可视化程度。智能无线数据多用表还可以辅助搭建交互式远程故障系统，进行故障的实时处理和排除以及外场测试和现场维护的远程管理。

2. 计算机可视化及感知分析技术

计算机可视化及感知分析技术对在产品的图形进行扫描式收集和分析，再根据后台数据库对表现情况做出判断，进而对在产品的质量情况做出确认，大大提高复杂特性测量的工作效率，减少人为操作失误。

智能检测系统能够采用可见光、红外线、激光等手段实现状态信息的收集和分类，从而实现在各种应用环境、任务状态下的智能感知。随着现代计算机和现场总线传输网络系统科学技术的蓬勃发展，机械视觉技术已经日臻完善，作为现代生产制造业中不可或缺的重要组成部分，已应用在食物与饮水、化妆品、医药、材料与化学、金属加工、消费电子产品生产、食品包装、车辆生产等工业领域的各个方面。

在流水化工序制造、质检中，有时必须由人员检查、鉴定、发现制造过程中的问题与疏漏。若引入机械视觉方式代替传统的人工检查方式，可大大提高制造效果和生产的良品率。运用机器视觉，可以及时发现机房和制造厂房内的起火、浓烟等异常情况。而运用机器视觉中的面相探测和人脸识别等技术，更能够协助企业做好内部出入口的监控与管理工作，从而提升管理水平，减少内部管理成本。近年来，新兴领域的开发又给机器视觉开辟了全新的发展机遇。

在产品检测方面，按照测量特点和使用领域，计算机视觉技术的产品应用主要包括了定量和定性测量两方面。在制造业现场测量的各个领域，计算机视觉技术也非常活跃，例如印制电路板的目视检测、板材表面的自动检测、大型铸件水平度和垂直度检测、大型容器体积及杂质测量、机器零部件的自动识别分类以及不同形状检测等。另外，采用其他方式难以完成的任务，机器视觉技术则能出色完成。机器视觉艺术也已很广泛地在制造业中代替人工视觉，这极大程度地提升了制造的智能化程度以及测量技术的智能程度。

3. 智能检测机械手

智能检测机械手整合了精密机器人变速控制体系、视觉管理系统和伺服控制器等。利用集成电路板故障诊断系统产生的问题集，得到印制电路板（Printed Circuit Board，PCB）中待检测点的相对位置，再利用可视化控制系统实现待检测集成电路板上绝对位置坐标的精确定位，进而达到对集成电路板的智能化检测。它还可拓展运用在焊接、切削、搬运、分类、组装、贴标、喷码、喷漆等工业应用领域。

3.1.6 智能检测未来发展趋势

随着智能制造的深入推进，智能检测装备需求日益增加，新技术新产品竞相涌现，产业呈现快速发展势头。但总体来看，我国智能检测装备产业仍存在技术基础薄弱、创新能力不强、高端供给不足、产业体系不完善和应用生态不健全等问题，这些问题成为智能制造深入发展的关键短板和重要制约，迫切需要提升供给能力和水平。为落实《“十四五”智能制造发展规划》，到 2025 年，智能检测技术应基本满足用户领域制造工艺需求，核心零部件、专用软件和整机装备供给能力显著提升，重点领域智能检测装备示范带动和规模应用成效明显，产业生态初步形成，基本满足智能制造发展需求。

智能检测应推进人工智能、5G、大数据、云计算等新技术融合应用，提升智能检测装备感知、分析、控制、决策能力和水平。未来基础创新的重点方向如下。

（1）攻克核心零部件/元器件“卡脖子”难题。发展高精度触头、高精度非接触式气电转换测头、高性能光电倍增管、高精度光栅、高精度编码器、高精度真空泵、高精度传感器、高性能 X 射线探测器、高功率微焦斑 X 射线管、高精度工业相机、高精度光学组件等智能检测装备关键零部件/元器件。

（2）研制专用软件。开发结构化、非结构化的高频检测数据处理与分析技术；发展故障诊断、智能分析、在线快速评价技术与软件，可靠性、寿命数据分析软件，机器视觉算法、图像处理软件等专用检测分析软件，以及典型产品检测基础数据库。

未来提升的重点方向如下。

（1）通用智能检测装备。突破无损检测装备、产品疲劳测试系统、模拟仿真试验台、安全仪表系统、远程运维和工业计量检定装置等通用装备及其模块化、柔性化集成方案，为制造业重点领域在线检测、嵌入检测、线边检测、在役检测等奠定基础。

（2）专用智能检测装备。机械行业智能检测设备重点突破空间三维激光测量装置、零部件精度尺寸在线测量系统、装配载荷测量调整装置、装配调试多维力检验装置、重载平衡性测量装置、外观缺陷智能检修装置、热加工工艺和零件性能检测装置、机床空间误差补偿测量系统、加工质量同步测量系统等。

汽车行业智能检测设备重点突破冲压件尺寸及表面质量在线测量装置、焊接强度无损检测装置、车身尺寸在线检测装备、涂装漆膜缺陷在线检测装备、电驱动合装智能检测引导系统、整车紧固力矩在线检测装备、整车电气功能检测装置、智能驾驶辅助功能检测系统、高级别自动驾驶功能试验台等。

航空航天行业智能检测设备重点突破超大尺寸金属构件全自动检测装置、复合材料构件成型检测装备、发动机涡轮叶片铸造过程温度检测系统、复杂叶片尺寸及型面检测仪、机器人自动钻铆检测系统、整机和部件机电性能测试系统、检测装配一体化检测装置等。

电子行业智能检测设备重点突破表面颗粒检测设备、缺陷检测设备、电性能测试系统、高精度探针台、高可靠电磁干扰测量接收机等。

钢铁行业智能检测设备重点突破物质成分在线检测仪、辐射温度计、大包下渣电磁式检测装置、结晶器漏钢预报检测系统、废钢智能分拣装备、铸坯缺陷在线检测系统、板形在线检测装置、板材质量在线检测装置、型材无损多参量检测仪、轧辊表面缺陷检测仪等。

石化行业智能检测设备重点开发小口径工业管道多模态检测装备、非金属油气管道非接触式检测装备、大型机组轴向位移测量装置、烯烃产品在线质量检测装置、智能远程监控与健康诊断系统、有毒气体检测仪等。

纺织行业智能检测设备重点突破化纤长丝染判系统、张力在线检测装置、织物疵点检测系统、染化料浓度和带液量检测系统、纤维杂质和异纤在线检测系统、温湿度和克重在线检测装置、卷装质量检测装置等。

医药行业智能检测设备重点突破近红外光谱仪、过程分析技术仪器仪表、智能灯检系统、机器视觉识别系统、分拣检测机器人等。

3.2 数据感知与识别

3.2.1 制造业数据来源

数据是制造业提高核心能力、整合产业链的核心手段，也是实现从要素驱动向创新驱动转型的有力手段。数据的核心价值在于可以真实地反映和描述生产制造过程，为制造过程的分析和优化提供全新的手段与方法。因此，数据驱动是实现智能制造的关键步骤。传统的分析和优化过程基于模型，而数据分析可以弥补模型的精度不足。

制造业数据泛指在工业领域中，围绕典型智能制造模式，从客户需求到销售、订单、计划、研发、设计、工艺、制造、采购、供应、库存、发货和交付、售后服务、运维、报废或回收再制造等整个产品全生命周期各个环节所产生的各类数据及相关技术和应用的总称。

制造业数据主要来源于三个方面：企业内部信息、物联网信息以及企业外部信息。企业内部信息是指与企业运营管理相关的业务数据，其来源于企业资源计划（ERP）、产品生命周期管理（Product Lifecycle Management，PLM）、供应链管理（Supply Chain Management，SCM）、客户关系管理（Customer Relationship Management，CRM）和能耗管理系统（Energy Management System，EMS）等系统。这些系统包含了企业生产、研发、物流、客户服务等数据，存在于企业或者产业链内部。物联网信息包含了制造过程中的数据，主要是指工业生产过程中，装备、物料及产品加工过程的工况状态参数、环境参数等生产情况数据，通过制造执行系统（MES）实时传递。企业外部信息则是指产品售出之后的使用、运营情况的相关数据，同时还包括大量客户名单、供应商名单、外部的互联网数据等。其中，产品运营数据亦可来自物联网。

3.2.2 制造业数据特点

随着传感器的普及以及数据采集、存储技术的飞速发展，制造业数据同样呈现出了大数据的基本特性，如图 3-4 所示，已经具备了典型的“4V”特征，即规模性（Volume）、多样性（Variety）、高速性（Velocity）和低价值密度（Value）。

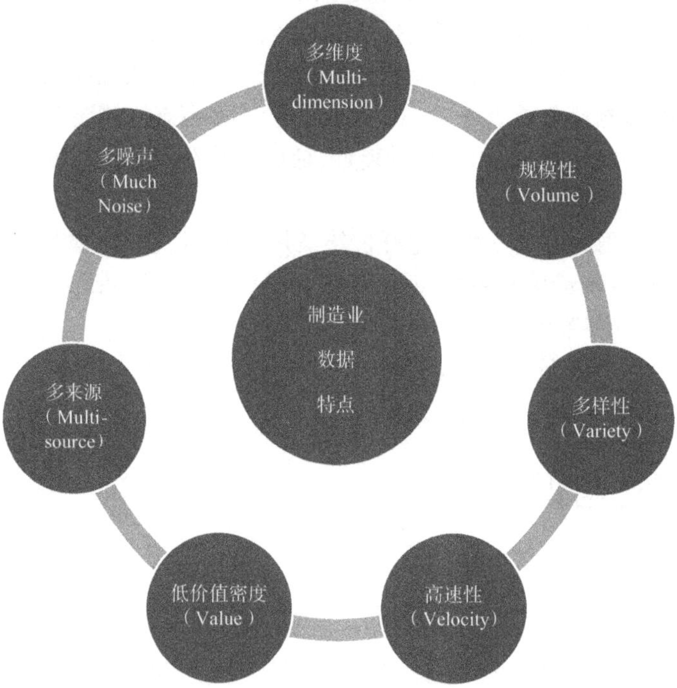

图 3-4 制造业数据特性

规模性是指制造业数据体量比较大，大量机器设备的高频数据和互联网数据持续涌入，大型工业企业的数据集将达到 PB（PetaByte，2^{50} B）级别甚至 EB（ExaByte，2^{60} B）级别。以半导体制造为例，单片晶圆质量检测时，每个站点能生成几 MB（MegaByte，2^{20}B）数据。一台快速自动检测设备每年就可以收集到将近 2 TB（TeraByte，2^{40} B）的数据。多样性是指数据类型多样和来源广泛。制造业数据分布广泛，数据来源于机器设备、工业产品、管理系统、互联网等各个方面，并且结构复杂，既有结构化和半结构化的传感数据，也有非结构化数据。

制造业数据除了具备传统大数据的“4V”共性特点以外，还兼具了体现制造业特点的“3M”特性，即多来源（Multi-source）、多维度（Multi-dimension）、多噪声（Much Noise）。多来源是指制造业数据来源广泛。数据来源于产品全生命周期各个环节。同样以晶圆生产为例，晶圆制造车间的产品订单信息、产品工艺信息、制造过程信息、制造设备信息分别来源于排产与派工系统、产品数据管理系统、制造执行系统和制造数据采集系统、数据采集与监控系统和良率管理系统等。多维度是指同一个体具有多个维度的特征属性，不同属性直接存在复杂的关联或者耦合关系，并共同影响个体状态。多噪声是指制造业数据中夹杂有大量无用数据。

制造业数据类型繁多，根据不同的分类标准，类型也不尽相同。

从数据来源来看，制造业数据可以分为研发数据域（研发设计数据、开发测试数据等）、生产数据域（控制信息、工况状态、工艺参数、系统日志等）、运维数据域（物流数据、产品运行状态数据、产品售后服务数据等）、管理数据域（系统设备资产信息、客户与产品信息、产品供应链数据、业务统计数据等）、外部数据域（与其他主体共享的数据等）。

从数据形式来看，制造业数据可以分为结构化数据、半结构化数据和非结构化数据。结构化数据是由二维逻辑表结构来表达和实现的数据，严格地遵循数据格式与长度规范，主要通过关系型数据库进行存储和管理，企业的 ERP、财务系统中的数据都属于典型的结构化数据。半结构化数据并不符合关系型数据库或其他数据表的形式关联起来的数据模型结构，但包含相关标记，用来分隔语义元素以及对记录和字段进行分层。例如，不同工人的个人信息就是典型的半结构化数据。非结构化数据是数据结构不规则或不完整，没有预定义的数据模型，不方便用数据库二维逻辑表来表现的数据，包括所有格式的办公文档、文本、图片、XML（Extensible Markup Language，可扩展标记语言）、HTML（Hyper Text Markup Language，超文本标记语言）、各类报表、图像和音频、视频信息等。

从数据处理的角度来看，制造业数据可以分为原始数据与衍生数据。原始数据是指来自上游系统的、没有做过任何加工的数据。衍生数据是指通过对原始数据进行加工处理产生的数据。衍生数据包括各种数据集市、汇总层、数据分析和挖掘结果等。虽然从原始数据中会产生大量衍生数据，但还是会保留一份未做任何修改的原始数据，一旦衍生数据发生问题，可以随时根据原始数据重新计算。

3.2.3　多传感器的感知与识别技术

一般来说，物联网数据体系应具有以下几个重要特征。

（1）在领域专家参与下，基于业务常识库建设需求，以规则与事例构建专家系统或知识图谱，以主动化的规则处理办法汇聚运用更多的常识。

（2）计算机专家结合该领域知识剖析数据，继而进行特征工程检测，提取目标特征，最后导入机器学习算法。

（3）通过实验验证和算法整合对运算性能进行评价，主动混合多种算法并进行调整优化，以达到最优的预测结果。

在分析物联数据之前，人们需要对物联感知数据进行治理，形成规范化的数据分类、模型分类、分析方法、应用分类等标准体系，以协助后续的特征工程和机器学习应用。以下站在城市感知的角度，对数据感知、数据分类、数据模型以及数据应用体系进行梳理。

人类拥有多样的感知系统，帮助我们感知世界。而在冰冷的工业环境中，人类通过自己的智慧，为工业设备加装传感器等部件，赋予它们“感知”能力，让它们不再是木讷的机器。传感器作为传感部件，可以有效采集外界环境信息，并将采集到的目标信息按照一定的规律，转化为可识别的电信号，以满足信息传输、处理和储存的要求。从现代意义角度看，传感器技术是在第二次工业革命后开始出现并得到迅速发展的，推动社会快速进入现代化发展进程。传感器技术、通信技术和计算机技术构成信息技术的三大支柱。21 世纪，信息化时代，在一定程度上属于传感器的时代，传感器被应用到各行各业，我们随时随处可见传感器的身影。

如果说人工智能的大脑是计算机，那传感器技术就是人工智能的感官，是人工智能的基础部件。大量传感器的应用可以实现“感知+控制”，但这尚不是真正的人工智能，还需要人工进行调控，真正的人工智能是“感知+思考+执行”。例如智慧农业中，传感器识别到不同的植物需要不同剂量的肥料，从而为植物区域性补给营养。再如，智能手机之所以可以滑动屏幕实现摄影、照相、观看电影、人脸识别等，均与传感器有密切关系，智能手机中包含的光线传感器、重力传感器、指纹识别传感器和图像传感器等，通过收集我们的指令信息，对信息进行处理、分析来快速做出反应，从而协助手机完成相应动作。

从传感器的数量来看，视觉感知系统通常分为单目系统、双目系统和多目系统。2D 感知任务通常采用的是单目系统，是计算机视觉和深度学习结合最紧密的领域。但是自动驾驶感知需要的是 3D 信息，需要将 2D 信息升级为 3D 信息。在深度学习取得成功之前，通常的做法是根据目标的先验大小以及目标处于地平面上等假设来推断目标的深度（距离），或者采用运动信息进行深度估计。有了深度学习的助力之后，从大数据集中学习场景线索并进行单目深度估计成了可行的方案。但是这种方案非常依赖模式识别，而且很难处理数据集之外的场景。比如施工路段的特殊工程车辆，由于数据库中很少出现或者根本没有此类样本，视觉传感器无法准确检测该目标，因而也就无法判断其距离。

双目系统可以自然地获得视差，从而估计障碍物的距离。这种系统对模式识别的依赖度较低，只要能在目标上获得稳定的关键点，就可以完成匹配，计算视差并估计距离。但是，双目系统也有缺点。首先，如果关键点无法获取，比如在自动驾驶中经常引发事故的白色大货车，如果横在路中央，视觉传感器在有限的视野中很难捕捉关键点，距离的测算就会失败。其次，双目系统对摄像头之间的标定要求非常高，一般来说摄像头需要有非常精确的在线标定功能。最后，双目系统的计算量较大，需要算力较高的芯片来支持，一般都会采用 FPGA（Field Programmable Gate Array，现场可编程门阵列）。双目系统的成本介于单目系统和激光雷达之间，目前也有一些厂商开始采用双目系统来支持不同级别的自动驾驶系统，比如斯巴鲁、奔驰、宝马等。

当外部用户或者客户访问人工智能体时，多传感器感知与识别系统通常会根据有无生命的信息感知需求，设置光敏传感器、热电偶传感器、霍尔传感器、射频识别传感器、智能卡传感装置，以及 Bumblebee 双目高速相机、数据手套、VR 眼镜、智能手表等可穿戴设备，进行有生命的人体面部特征、声音、指纹的监测鉴定,以及无生命的智能磁卡、集成电路板等的自动感知识别。通过感知和读取外部声音、光源、无线电磁波等数据信息,可以检测和上传周围环境中的生物和非生物物质属性,集成和识别各种数据特征,从而实现监测目标的自动跟踪识别和数据搜索。

3.2.4　大数据挖掘与关联分析技术

面对广域网/局域网中海量复杂数据信息的传输,我们通常采用大数据关联规则挖掘技术和多维关联分析技术来挖掘和分析不同网络系统中的数据资源,包括筛选、清理或消除海量低值密度数据信息,以及利用深度机器学习算法和梯度提升机(Gradient Boosting Machine,GBM)机器学习算法对多源多维数据进行迭代计算,得到不同类型数据源的显著性检验和相关性分析结果。

大数据是人工智能的基石。人工智能大多依赖超级计算能力和充足的大数据集。制造企业智能化的真正实现还必须得到企业发展中产生的大量多源异构数据资产的支持,如各种业务信息系统中的结构化数据,业务文件、作业指导书、质检报告等半结构化数据,生产管理监控视频、测试音频和其他非结构化数据,产品测试过程的序列监控数据等。为了充分利用这些数据并实现价值挖掘,大数据处理和分析技术尤为重要。

大数据处理与分析技术支撑"数据资产价值化"核心目标的实现,重点是基于采集存储的企业数据资产,通过业务分析、场景构建、分析处理、算法开发、模型构建、可视化和应用开发等步骤,实现数据价值变现,以达到智能决策与应用的目的。工业大数据分析主要是利用统计分析、机器学习、深度学习、信号处理等技术并结合业务知识,通过对工业过程中所产生的数据进行处理、计算、分析并提取所需要的信息,进而实现自感知、自决策、自执行。

随着物联网、高性能计算、高维可视化、大数据基础平台等技术的发展,基于大数据处理与分析技术,开展制造企业各层次研发、生产、管理、服务等智能化决策应用模型的开发,解决企业生产及经营管理层面的业务难题,已成为现阶段制造企业智能化转型升级的核心工作之一。

典型的数据分析挖掘过程如图 3-5 所示。典型的数据分析挖掘过程主要包括基于业务充分调研与理解后的数据接入、数据处理、特征分析、算法选择、模型训练、评估评测、模型洞察、模型部署及成果发布等过程。美林数据技术股份有限公司完全基于此分析建模流程研发打造 Tempo 大数据分析平台,支持企业级用户快速实现数据资产的深度分析与应用建模。

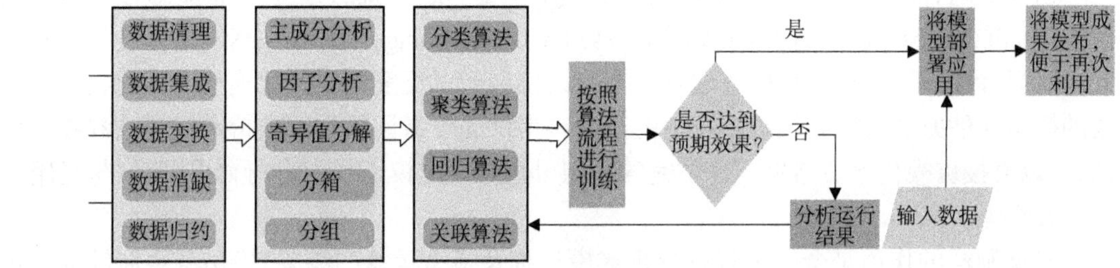

图 3-5　典型的数据分析挖掘过程

1. 数据接入

平台数据接入主要包含关系型数据库输入、MPP(Massively Parallel Processing,大规模并行处理)数据库输入、大数据分析引擎输入、文件上传、数据同步等不同输入节点,支持不同类型数据的快速导入,为挖掘分析与模型训练提供基础数据源。

2. 数据处理

这一过程提供多种数据预处理方法和高级数据转换操作,包括但不限于数据标准化、RFM(Recency,消费时间;Frequency,消费频率;Monetary,消费金额)分析、因子分析、角色定义等,实现数据清理、集成、变换、消缺、归约等预处理操作,为下一步挖掘分析做好数据准备。

3. 特征分析

高效准确的机器学习模型的建立很大程度上取决于特征向量的选择和特征提取。因此,要选择具有较强表达能力的特征来构造特征向量。尤其是对于工业大数据来说,由于数据来源多、业务机理复杂、外界因素干扰、传感器异常等诸多因素的影响,企业原始数据包含较多的异常点或干扰点,多维度之间存在非线性关系等,这些会影响后续构建的模型的准确性以及模型的复杂度。因此,在算法选择与模型训练之前,数据分析人员需要对原始数据进行预处理,开展滤波、转换、降维、特征分析等工作,为算法选择与模型训练提供良好样本数据。

4. 算法选择

经过业务问题剖析、数据基础探索与特征分析之后,算法类型的确定与具体算法的选择将成为搭建分析模型的关键。平台提供丰富的分析挖掘算法库,包括分类、聚类、回归、关联分析、时间序列、综合评价及文本挖掘等多类别上百种机器学习算法,并支持集成学习、深度学习等框架与应用模型搭建,全面满足复杂场景下各业务数据的分析与建模诉求。与此同时,平台提供基于 Python、Java、R、MATLAB 等编程语言的扩展编程接口,支持特定场景下工业应用领域用户的业务型经验算法、细分专业特定算法的快速写入与固化应用。

5. 模型训练

模型训练大多以历史数据为样本,对模型进行评估,以保障模型的准确率。在样本选择的时候,需要满足数据样本多样化、数据样本总量尽可能大、数据样本的质量尽可能高等条件。大数据挖掘与关联分析平台提供对模型迭代训练过程的可视化洞察功能,实现模型训练过程的全透明管理监控,辅助数据分析人员构建高性能和高精准度的挖掘模型。

6. 评估评测

精度准确、性能良好的机器学习模型的训练不是一蹴而就的,过程中需要基于跨行业数据挖掘标准(Cross-Industry Standard Process for Data Mining, CRISP-DM)流程进行反复迭代、优化与评测验证,根据数据变化及业务决策使用要求反复调整优化模型。因此,合理、有效的模型评估方法与机制是必不可少的。平台提供的模型评估方法支持离线评估和在线评估,可以直接可视化评估结果。评估完的模型可直接在建模工程中进行输出、读取与复用。

7. 模型洞察

模型洞察的作用是全方位观察分析建模过程及模型运算的结果,模型洞察能够为改进数据分析挖掘流程和模型调优提供支撑,从而提升模型有效性和精度。

8. 模型部署

模型部署的重点是将设计、验证后的模型与调用流程投入生产使用，通过发布挖掘流程并利用调度任务或接口服务等方式将设计好的流程接入生产环境，最终形成决策应用系统，指导实际业务开展。

9. 成果发布

整个数据分析和建模项目的工作完成后，可以快速发布和共享分析挖掘模型的结果，并支持外部链接、数据显示门户和外部调用接口等多种方式。结果发布后，形成数据挖掘模型库。在后续构建类似应用程序时，可以从模型库中选择现有模型进行快速调整，以提高建模效率。大数据挖掘与关联分析平台支持将发布的结果嵌入第三方平台或与现有信息业务系统集成，并支持将关键信息实时传输到移动终端、PC 终端、大屏幕等，以满足企业多层次、多场景的决策应用需求。

3.2.5　故障采集与控制的认知智能技术

在故障诊断、报警处理、管理等方面，采用了基于深度学习的神经网络技术。深度学习神经网络在在线学习、联想记忆、非线性映射等方面表现出较好的性能，目前已广泛应用于电气控制、电气自动化、智能住宅自动化等领域。当前，在网络系统的故障检测和控制中，有 BP(Back Propagation，反向传播)算法、模糊控制算法等深度学习神经网络技术。

将一些人工智能技术融合到传统的信息处理理论和方法中，或在信息处理中引入人机交互来干预设备运行，可以被称作智能信息处理。运用模式识别、专家系统、模糊逻辑、神经网络和进化运算等技术，将其与现代信号处理技术相结合，对非线性、非平稳、非高斯动力学过程中的信号进行分析和处理，在此基础上，提出了一种基于神经网络、遗传算法、小波分析、遗传算法和粗集理论相结合的算法。

机械设备中，风机、压缩机、汽轮机等大型旋转机械，是石油、化工、冶金、电力等现代工业生产中的重要生产设备，对其进行状态监测和故障诊断，保证其安全、可靠的使用，可以获得巨大的经济效益和社会效益。旋转机械故障以振动故障为主，振动和频谱特征最能反映故障特征、最有利于故障诊断。振动特征信号的合理分析是正确诊断的先决条件。

在旋转机械出现故障时，常常伴随着异常的振动和噪声，振动信号在幅值域、频域和时域上都能实时地反映出机器的故障。因此，对故障工况下的振动特性的认识和把握，对于监控设备的工作状况、提高故障诊断精度具有重要的理论和现实意义。

在故障诊断中，故障信号的提取是一项重要的技术。故障特征提取是否准确、完整，将直接影响到诊断结果的正确与否。特征抽取就是通过对系统的动态信号进行预处理，并从中提取出与系统状态相关的参数，然后对其进行分析，从中抽取出与系统状态相关的敏感特征。针对旋转机械故障的特点，人们主要采用信号处理技术对其进行故障特征提取。

传统的故障特征提取方法包括：幅值分析，相关分析，频域分析，时序分析以及特征分析。本书提出了一种基于稳态和线性的分析方法，它在旋转机械故障的特征提取方面有着重要的应用价值。

在实际运行中，存在大量非平稳、非高斯分布和非线性的随机信号，给传统的信号分析带来了很大的困难，从而对故障的诊断精度造成了很大的影响。因而，对非线性、非因果、非最小相位系统、非高斯、非平稳、非整数维（分形信号）、非白色加性噪声的现代信号特征抽取技术，是实现对旋转机械的故障分析和研究的重要方向。

在现阶段，现代谱分析、时频分析、短时傅里叶变换、小波变换、经验模式分解等是目前信号处理的主流方法；此外，还引入了主元分析、独立分量分析、神经网络、模糊控制、高阶统计量分析等新的分析方法，应用于旋转机械的故障诊断中。

人工智能时代，越来越多的企业致力于不同工业领域及不同设备使用场景中的机械故障特征提取算法的研究和应用。其中成熟运用人工智能算法、高速数据采集技术、先进传感器技术等设计开发的故障监测系统将是未来故障诊断系统的发展方向。

3.3 数据获取与处理

3.3.1 数据获取技术

数据的采集是获得有效数据的重要途径，也是工业大数据分析和应用的基础。数据采集与治理的目标是从企业内部和外部等数据源获取各种类型的数据，并围绕数据的使用，建立数据标准规范和管理机制流程，保证数据质量，提高数据管控水平。在智能制造中，数据分析往往需要更精细化的数据，因此对数据采集能力有着较高的要求。例如，高速旋转设备的故障诊断需要分析高达每秒千次采样的数据，要求无损全时采集数据。通过故障容错和高可用架构，即使在部分网络、机器出现故障的情况下，仍能保证数据的完整性，杜绝数据丢失。同时，还需要在数据采集过程中自动进行数据实时处理，例如校验数据类型和格式，异常数据分类隔离、提取和告警等。

常用的数据获取技术以传感器为主，结合 RFID、条码扫描器、生产和监测设备、PDA（Personal Digital Assistant，掌上电脑）、人机交互、智能终端等手段实现生产过程中的信息获取，并通过互联网或现场总线等技术实现原始数据的实时准确传输。

传感器属于一种被动检测装置，可以将检测到的信息按照一定规律转化成电信号或者其他形式的信息输出，从而满足信息传输、处理、存储和控制等需求，主要包括了光电、热敏、气敏、力敏、磁敏、声敏、湿敏等不同类别的传感器。

RFID 是一种自动识别技术，通过无线射频方式进行非接触双向数据通信，利用无线射频方式对记录媒体（电子标签或射频卡）进行读写，从而达到识别目标和数据交换的目的。RFID 具有适用范围广、稳定性强、安全性高、使用成本低等特点，在产品的生产和流通过程中有着广泛的应用。物流仓储是 RFID 最有潜力的应用领域之一。

条码扫描器也被称为条码扫描枪/阅读器，是用于读取条码所包含信息的设备。其进行信息获取的过程如下：由光源发出的光线经过光学系统照射到条码符号上面，并反射到扫码枪等光学仪器上，通过光电转换，经译码器解释为计算机可以直接接收的数字信号。条码技术具有准确性高、速度快、标识制作成本低等优点，因此在智能制造中有着广泛的应用前景。

3.3.2 数据处理技术

数据处理是智能制造的关键技术之一，其目的是从大量杂乱无章、难以理解的数据中抽取并推导出对于某些特定的人员来说有价值、有意义的数据。常见的数据处理流程主要包括数据清洗、数据融合、数据分析以及数据存储，如图 3-6 所示。

图 3-6　数据处理流程

1. 数据清洗

数据清洗也称为数据预处理，是指对所收集的数据进行分析前所做的审核、筛选等必要的处理，以及对存在问题的数据进行的处理，其将原始的低质量数据转换为方便分析的高质量数据，确保数据的完整性、一致性、唯一性和合理性。制造业数据具有高噪声特性，原始数据往往难以直接用于分析，无法为智能制造提供决策依据。因此，数据清洗是实现智能制造、智能分析的重要环节之一。数据清洗主要包含数据清理、数据变换以及数据归约等三部分内容。

（1）数据清理。数据清理是指通过人工或者按照某些特定的规则对数据中存在的缺失值、噪声、异常值等影响数据质量的因素进行筛选，并通过一系列方法对数据进行修补，从而提高数据质量的过程。缺失值是指在数据采集过程中，因为人为失误、传感器异常等原因造成的某一段数据丢失或不完整。常用的处理缺失值的方法包括人工填补、均值填补、回归填补、热平台填补、期望最大化填补、聚类填补以及回归填补等。近年来，随着人工智能方法的兴起，基于人工智能算法的缺失值处理方法逐渐受到关注，例如利用人工神经网络、贝叶斯网络对缺失的部分进行预测等。噪声是指数据在收集、传输过程中受到环境、设备等因素的干扰，产生了某种波动。常用的去噪方法包括平滑去噪、回归去噪、滤波去噪等。异常值是指样本中的个别值，其数据明显偏离其余的观测值。然而，在数据预处理时，异常值是否需要处理需要视情况而定，因为有一些异常值的确是因为生产过程中出现了异常导致的，这些异常值往往包含了更多有用的信息。常用的异常值检测方法包括了人工界定、3σ 原则、箱形图分析、格拉布斯检验法等。

（2）数据变换。数据变换是指通过平滑聚集、数据概化、规范化等方式将数据转换成适用于数据挖掘的形式。制造业数据种类繁多，来源多样，来自不同系统，不同类别的数据往往具备不同的表达形式，数据变换能将所有的数据统一成标准化、规范化、适合数据挖掘的表达形式。

（3）数据归约。数据归约是指在尽可能保持数据原貌的前提下，最大限度地精简数据。制造业数据具有海量特性，大大增加了数据分析和存储的成本。数据归约可以有效地减小数据体量、减少运算和存储成本，同时提高数据分析效率。常见的数据归约方法包括特征归约（特征重组或者删除不相关特征）、样本归约（从样本中筛选出具有代表性的样本子集）、特征值归约（通过特征值离散化简化数据描述）等。

2. 数据融合

数据融合是指对各种传感器在空间和时间上的互补与冗余信息依据某种优化准则或算法进行组合以产生对观测对象的一致性解释和描述。其目标是基于各传感器检测信息分解人工观测信息，通过对信息的优化组合来导出更多的有效信息。制造业数据存在多源特性，同一观测对象在不同传感器、不同系统下，存在着多种观测数据。数据融合可以有效地形成各个维度的数据之间的互补，从而获得更有价值的信息。常用的数据融合方法包括数据层融合、特征层融合以及决策层融合。需要明确的是，数据归约是针对单一维度的数据进行的数据约减，而数据融合则是针对不同维度的数据进行的。

3. 数据分析

数据分析是指用适当的统计分析方法对收集来的大量数据进行分析，将它们加以汇总和理解并消化，以求最大化地开发数据的功能，发挥数据的作用。数据分析是为了提取有用信息和形成结论而对数据加以详细研究和概括总结的过程。数据分析是智能制造中的重要环节之一，与其他领域的数据分析不同，制造业数据分析需要融合生产过程中的机理模型，以“数据驱动+机理驱动”的双驱动模式来进行，从而建立高精度、高可靠性的模型来真正解决实际的工业问题。

现有的数据分析技术依据分析目的可以分为探索性数据分析和定性数据分析，根据实时性可以划分为离线数据分析和在线数据分析。

探索性数据分析是指通过作图、造表、用各种形式的方程拟合，计算某些特征量等手段探索规律性的可能形式，从而寻找和揭示隐含在数据中的规律。定性数据分析则是在探索性数据分析的基础上提出一类或几类可能的模型，然后通过进一步的分析从中挑选一定的模型。

离线数据分析用于计算复杂度较高、时效性要求较低的应用场景，分析结果具有一定的滞后性。而在线数据分析则是直接对数据进行在线处理，实时性相对较高，并且能够随时根据数据变化修改分析结果。

常见的数据分析方法包括了列表法、作图法、时间序列分析法、聚类分析法、回归分析法等。

（1）列表法。列表法是将数据按一定规律用列表方式表达出来，是记录和处理数据最常用的方法。表格的设计要求对应关系清楚、简单明了，有利于发现相关量之间的相关关系；此外，还要求在标题栏中注明各个量的名称、符号、数量级和单位等；根据需要还可以列出除原始数据以外的计算栏目和统计栏目等。

（2）作图法。作图法可以醒目地表达各个数据之间的变化关系。从图形上可以简便求出需要的某些结果，还可以把某些复杂的函数关系，通过一定的变换用图形表示出来。

（3）时间序列分析法。时间序列分析法可以用来描述某一对象随着时间发展而变化的规律，并根据有限长度的观察数据，建立能够比较精确地反映序列中所包含的动态依存关系的数学模型，并借以对系统的未来情况进行预报。例如，通过对数控机床电压的时间序列数据进行分析，可以实现机床的运行状态预测，从而实现预防性维护。常用的时间序列分析法包括平滑法、趋势拟合法、AR（Auto Regressive，自回归）模型、MA（Moving Average，移动平均）模型、ARMA（Auto Regressive Moving Average，自回归移动平均）模型以及ARIMA（Auto Regressive Integrated Moving Average，自回归积分滑动平均）模型等。

（4）聚类分析法。聚类分析是指将物理或抽象对象的集合分组为由类似的对象组成的多个类的分析过程，其目标是在相似的基础上收集数据来分类。聚类分析在产品的全生命周期中有着广泛的应用，例如通过聚类分析可以提高各个零部件之间的一致性，从而提高产品的稳定性。常见的聚类分析法包括基于划分的聚类方法（K-means，K-medoids）、基于层次的聚类方法（DIvisive ANAlysis，DIANA）以及基于密度的聚类方法（谱聚类和 Density-Based Spatial Clustering of Applications with Noise，DBSCAN）等。

（5）回归分析法。回归分析是指通过定量分析确定两种或两种以上变量之间的相互依赖关系。回归分析按照涉及的变量多少，分为一元回归分析和多元回归分析；按照因变量的多少，可分为简单回归分析和多重回归分析；按照自变量和因变量之间的关系类型，可分为线性回归分析和非线性回归分析。常用的回归分析法主要包括线性回归、逻辑回归、多项式回归、逐步回归、岭回归以及 LASSO（Least Absolute Shrinkage and Selection Operator，LASSO)回归等。近年来，随着人工智能的飞速发展，除了上述方法外，以深度学习为代表的神经网络以及以支持向量机为代表的统计学习逐渐受到关注。

在制造业中，数据处理通常基于常用的数据分析和机器学习技术。

工业大数据平台是制造业数据处理的主要载体，也是未来推动制造业大数据深度应用、提升产业发展水平的重要基石。以通用电气公司（General Electric Company，GE）、国际商业机器公司（International Business Machines Corporation，IBM）为首的国际知名企业都已在工业大数据平台方面取得了很好的应用效果，目前我国部分企业已经构建自主研制的工业大数据平台，在工业大数据平台的工业大数据采集、工业大数据存储管理、工业大数据分析关键支撑技术上也已经有所突破。

3.4　智能制造数据感知获取办法

由于感知资源拥塞、特殊资源稀缺，传统的传输数据感知指派方式难以维持高质量的通信，因此，本书提出了一种利用物联网技术实现对电力通信的数据感知分布。在物联网智能场景中，构建了一个电力物联网感知环境模型，设计了一个状态和行为，并将其进行了数据收集，然后以无线通信的形式发送到服务器，并以此为基础，对系统中的数据进行了周期稳定性分析，在此基础上，设计了多节点协同感知模式，并在此模式的支撑下，根据数据包的损失，计算出发送节点的背压，从而实现对发送数据的动态感知。试验结果显示，这种分配方式具有较低的数据丢失率和较高的频带利用率，比常规的感知指派算法具有更好的通信可靠性。

3.4.1　基于物联网的电力通信系统传输数据感知

在电力通信系统中，物联网的应用种类繁多，其所需要的信息也是多种多样的。因此，在电网中，要实现多种应用，必须有一个作为各种应用中间件的应用，如数据挖掘、数据过滤、决策支持等。电力物联网在用户身份识别、身份认证、身份体系构建等方面都有着严格的要求，用户能够在不同层次上享有不同的电力物联网业务，从而验证电力通信系统安全、可靠的特性。由于电力物联网是直接支撑电网业务的，因此，电力物联网将对电网安全、稳定的运行产生重大影响。在物联网智能场景中，每一个数据传送任务都有各自的边缘服务器，物联网中的采集终端收集相关的数据，然后通过无线通信将其上传至服务器。在系统的实际操作中，每个采集终端所产生的数据都与一条生产线相对应，而同一类型的数据或数据传送，可以由一台边缘服务器完成不同的数据传送，并在传送时根据数据的大小来进行感知。

在传输数据感知环境模型的设计中，包含了动态和状态的设计，在某个网络节点做出了相应的传输行为之后，系统就会根据所需的信息进行响应并进行相应的分配。传统的传输数据分配方式大多采用单一节点方式，有一定的限制，当被发送的对象处于阴影衰减的区域或者被隐藏的时候，很有可能无法探测。电力通信系统物联网通过使用多个节点的联合感知，在阴影衰减的区域被隐蔽的情况下，达到精确的分配，从而提高了数据的感知精度。在配置过程中，通过设置多个感知节点，能够迅速地找到感知数据，并做出最合理的配置。在感知分配时，每一个协同节点都会对自己所接收到的感知能量进行运算，感知能量是指感知节点包含的绝大多数的信号信息，而当发现感知节点的位置与振幅时，就能够对感知能量进行精确的识别。利用一次观察矩阵把高维的稀疏信号降维到压缩区域，再对其进行后续的传输、存储、处理。在电力通信网中，数据以分组的形式传输，每个分组具有表示数据信息和提供数据路由的帧。而数据的丢失就是，不管网络的状态如何，都无法进行连续的数据传送，总是存在着一个空白。数据包的传送并不是100%的，因为线路故障、设备故障、路由信息的错误等等，都会造成一定的损失。在这种情况下，网络会根据协议，让通信双方自行修复。若线路状况良好、速度快，则数据丢包的损耗降低，补包的工作也比较容易完成，所以可以近似地将数据视为无损传输。但如果线路状况较差，数据丢包量将非常大，数据是不完整的。

以电力通信系统为例，我们探讨其在无线网络中的传输数据分布问题，提出了一种基于无线网络的电力通信系统的传输数据感知分布方案，并进行了试验，结果表明该方案具有良好的通信可靠性。但是由于研究时间及知识层次的限制，在某些具体的设计上仍存在困难，因此在以后的研究中，将会从编码、调制等物理层面的技术上加以进一步的探索，以改善对传送数据的感知分配的稳定性。

3.4.2 数字车间数据感知

当前工业数据采集发展越来越快，工业互联网的跑道越来越宽，工业自动化企业、网络通信企业、信息技术企业纷纷出现。目前，工业数据采集产业供给侧主要有以下三类企业。

（1）工业自动化企业。其从自身核心产品能力出发，主要为工业数据采集提供接入设备，作为工业数据采集的源头，例如德国西门子股份公司、研华股份有限公司、霍尼韦尔国际公司、瑞典安控（emotron）传动技术有限公司等。

（2）工业网络服务企业。其主要为工业数据采集提供工业网络协议转换、传输、安全等方面的配套设备和服务，部分企业从原有优势领域正在积极向制造业领域延伸发展，例如中国电信、中兴通讯、华为等。

（3）工业数据采集解决方案企业。其主要提供工业数据采集解决方案、系统开发、项目实施、系统集成等服务，例如北自所、和利时、明匠智能等。

要做好数字车间的数据感知，必须明确两个基本原则：目的性和经济性。目的性是指在对仪器进行数据采集前，必须确定采集的数据是否有一定的价值。虽然在工业领域，有大量的数据采集设备，比如SCADA（Supervisory Control and Data Acquisition，数据采集与监视控制系统）、HMI（Human Machine Interface，人机接口）等，但真正能够利用这些采集到的数据的人，有几个呢？大多数时候，人们都不知道该如何使用这些数据。目前，国内的工业生产还处于可视化的阶段，所以现在最重要的就是采集数据，以了解生产现场的情况。在智能制造的大环境中，要把眼光放在未来，先把数据采集起来。经济性指的是经济利益，是投资的收益。许多人在工业现场采集数据时，首先想到的是安装感应器。无论做什么工程，首先要考虑的是投资的回报，安装传感器的方法也许是投资最大的一种。所以，在设备层进行数据采集的时候，必须考虑到数据采集的目的，利用现有的设备，以经济的方式进行数据采集。工业数据采集设备的类别有上位机系统的设备（设备的监控系统）、非 TCP/IP（Transmission Control Protocol/Internet Protocol，传输控制协议/国际协议）协议的设备、基于 TCP/IP 协议的设备、没有通信接口的设备。

在一个企业的生产过程中，生产的信息分布在各个生产环节中。具体来说，数字车间的数据由生产任务安排数据、各类设备状态数据、加工人员信息、加工工件加工过程信息等组成。从图 3-7 可以看出，在数字车间中，有两种主要的数据采集方法：自动采集和人工采集。

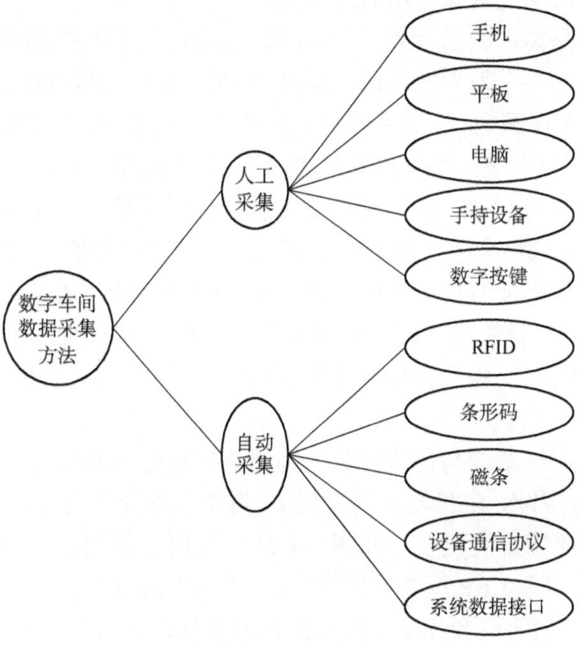

图 3-7　数字车间数据采集方法

自动采集通常依赖具有良好通信能力的生产设备和各种传感器。相关系统以无线传感器网络为基础，利用环境监测传感器、智能测控设备、智能网关、监控服务器、MES 制造执行系统等设备，实现对发动机、变频器等设备运行状态、能耗及生产缺料数据的无线采集、传输、预警监测。

目前，大部分的人工采集都是辅助或替代自动采集的方法，尤其适合难以实现自动化、采集的经济成本较高的野外环境。根据不同的级别，可以将数字车间的数据采集方法和各个系统分为如下几大类。

（1）车间生产设备层。车间生产设备层涉及车间生产现场的所有生产要素，包括人（工人、管理人员）、机（设备、工具、工位器具、工装夹具）、料（原材料、辅料）、法（加工、检测方法）、环（环境）等。

（2）感应层和控制设备层。感应层和控制设备层主要包括车间生产过程中各个环节的自动感知和控制设备，例如温度、湿度等的采集设备，网口设备，串口设备，专用硬件采集模块，PLC 设备，工具、夹具、物料监控模块，图像、声音、振动等检测和诊断设备。

（3）SCADA/DCS 层。SCADA/DCS 层是生产现场的各生产要素，包含监视和控制生产现场各生产要素的设备和系统。

（4）MES 层。MES 层负责生产过程的执行管理，管理对象一般涵盖了从采购至成品出库的一系列生产过程数据管理模块。该层进行集成化、模块化管理，为生产企业提供了一个可靠、全面、安全的制造协同管理平台。

（5）ERP 层。管理企业资源信息的称为 ERP 层，通过对工厂、仓库、运输、制造、供销、财务、设备维修、过程控制/数据采集接口、电子通信、电子邮件、法规与标准、项目、金融投资、市场信息等的管理，实现资源利用的最大化。

我们经常讨论的是高端的云计算平台、大数据分析、人工智能、物联网等，但是在相关项目实施时数据互联却是一个很大的障碍。同时，OPC UA 作为数据连接的基本标准和规范，很多人都不太了解，而在国内，数据采集、传输、生产和运行中，都需要采集设备的状态、能耗、质量、生产参数，但没有统一的标准和模型，就会陷入困境。智能制造必须有基础技术的支持和标准与规范的支持，不然，我们将会和智能制造渐行渐远。智能制造是建立在数字化智能感知的基础上的，对整个生产过程进行数据（包括底层设备、传感器数据，现场的各类生产数据、工艺参数和能量消耗）采集，为生产进行数据分析，从而对全局生产进行优化。与传统的现场总线相比，智能生产的应用领域仅限于控制层面，而智能生产的全局规划、路径规划、调度等问题的优化，将异构的网络和多代次产品整合在一起，OPC UA 就是一个很好的解决方案。

智能制造的新型网络结构与传统的纵向网络化架构有很大的区别。传统的金字塔形数据是从底层向上层的，因此，在智能制造过程中，将会出现分布式计算单元对不同数据的需求，数据可以进行端到端自由组合。如图 3-8 从感知层和控制层开始，再到生产过程中的 SCADA/DCS 层、MES 层、ERP 层等多层次，是一个典型的自动化系统。传统的现场总线主要是为了解决互联（通信协议和标准）的问题，但在异构网络、IT 与自动化领域，对语义的交互有着非常高的要求，它不仅要包含所有的信息，还要包含数据的语法和语义。

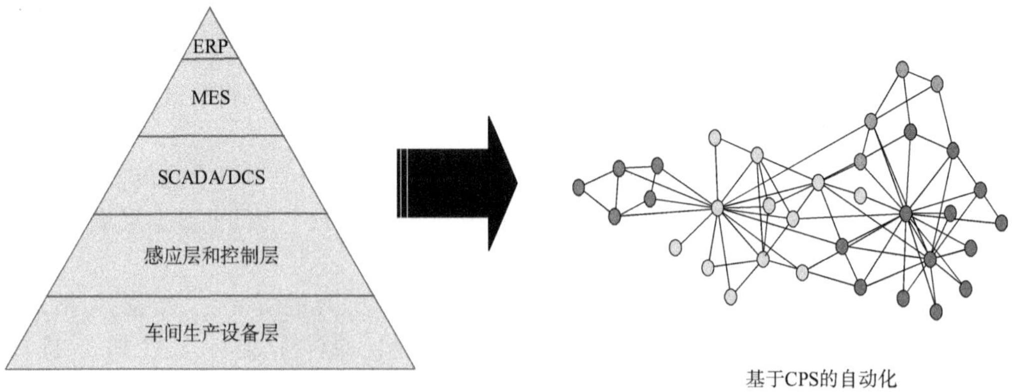

图 3-8　传统自动化制造垂直网络架构与智能制造新型网络架构

工业通信有以下几层：互联——侧重于硬件接口层面，互通——注重软件层面的数据格式和标准，语义互用——代表语义的定义和标准。现场总线技术解决了企业内部的互联问题，实现了多种应用软件的互联。OPC UA 的出现使各个系统能够进行语义交互。图 3-9 从技术的观点给出了数据感知需要 OPC UA 的八大理由。

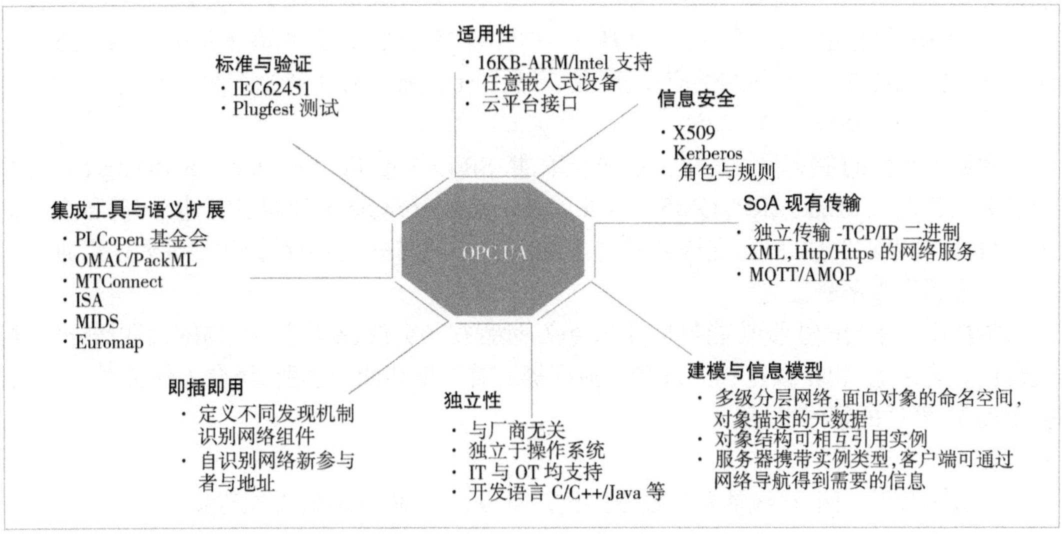

图 3-9　数据感知需要 OPC UA 的八个原因

以上原因比较关键的在于以下几方面。

（1）OPC UA 建立了信息模型。无论什么行业，要实现互联和协同，都是以建立信息模型为基础的。基于此，才能对特定的体系结构相关数据进行采集、分组和分析。

（2）安全机制。OPC UA 支持 X509 安全信息交互标准，同时根据角色与规则定义，来实现对不同级别的权限管理。

（3）高度的独立性。从终端用户的角度出发，用户标准与企业的私有通信标准及规约不同。OPC 基金会作为一个公益性组织，其发展影响着许多技术组织。一些垂直行业技术组织，如 MTConnect、OMAC/PackML、Euromap，POWERLINK、FDT/DTM、Profine 等现场总线基金会都已经加入 OPC 基金会。OPC 基金会在全球得到了各界的大力支持，涵盖了各行各业的主流公司及组织，包括华为、OMAC、Euromap、Automation ML、ISA、FDT/DTM、MTConnect、BacNet、Microsoft、CISCO、PI、EPSG、ETG、SERCOS Ⅲ等。

3.4.3　数据可实现可视化

从技术角度，数据从采集到展示的链路为：数据采集→数据清洗→数据关联→数据存储→模型建立→数据计算→数据展示。若要做好每个功能点就离不开以下几个平台。

1. 物联网平台

实时、有效、完整地采集生产现场的数据，是一个非常复杂的工作。最简单的就是采集人员的资料，相关技术比较成熟；最困难的就是采集设备的相关资料，对于陈旧的或者传统的设备来说，必须安装智能感应器，这里存在三个限制条件，具体内容如下。

（1）目前国内的工厂发展水平还不够高，大部分都处于2.0、2.5阶段，要达到工业4.0的自动化程度还有很长一段路要走，但由于生产的需求，并不是所有的旧设备都被淘汰，而是采用了一条自动化生产线或者部分自动化设备。

（2）一些特殊行业的工业设备发展缓慢，例如铜加工工业，相关的加工设备还是十年前的。

（3）中国制造业有31个大类、191个中类和525个小类，是世界上最完善的制造业系统。据不完全统计，在不同的供应商、产业、产品和工艺背后有3 000多种协议。

2. 大数据平台

大数据平台的主要功能是建立数据仓库，从SRM（Supplier Relationship Management，供应商关系管理）、MES、ERP、QMS（Quality Management System，质量管理体系）等各个系统采集数据，并做相关预处理，支持模型建立和计算以及数据交换和数据共享等数据流通。

3. 指挥中心平台

指挥中心平台的主要功能包括日常会议、远程视频会议、现场指挥、内网大数据分析、相关部门联合决策、视频预览、综合调度、指挥等。需依据功能与场所，结合人体美学，设计出一个美观、舒适的指挥中心。

4. 看板平台

看板平台做车间、产线或关键设备的监控看板，以及做移动的管理驾驶舱。

5. 报表平台

报表平台基本上都是PC机，有详细的数据供查询（出入库明细等），有简单的数据报表（按生产日期、生产线、产品、检验项目等分类），更好的平台还会提供相应的数据分析报告。

3.4.4 重新定义制造业的发展

1. 车间资源管理

车间资源是车间生产的基础，也是MES系统的运作内容，车间资源管理是对车间人员、设备、工装、物料、工时等进行管理，以确保生产的正常进行，同时还能对企业的资源利用状况进行历史和实时的信息记录。

2. 生产任务管理

生产任务管理包含了生产任务的接收与管理、任务进度显示、任务查询等；提供所有的工程资料，对指定的工程进行询问，并将整个工程的生产过程和完工进度进行说明；提供生产进度展示，以日、周和月等形式展示当天、本周和本月的工作，并用不同的颜色来区别工作的各个阶段，并随时跟踪项目工作。

3. 车间计划与排产

高级排产工具（Advanced Planning and Scheduling，APS）结合车间资源实时负荷情况和现有计划执行进度，于能力平衡后形成优化的详细排产计划，提高计划员排产效率和生产计划准确性，优化生产流程以及改进生产管理水平。

4. 物料跟踪

利用条形码技术，实现了对生产流程的实时管理与跟踪，利用条形码扫描实现了对原材料的实时监测，确保了物料在车间内的流通速度和效率。

5. 质量管理

通过对生产工艺的检查和产品的品质管理，可以对工艺和产品的质量进行跟踪，并对不合格的产品及其整改过程进行严格的监控。质量管理的主要作用是：对生产工艺中的各个环节进行全面的记录，对产品的质量进行完整的跟踪，对成品的合格率、不合格率进行精确的统计，为提高质量提供了定量的指标。在产品品质分析的基础上，对出厂的产品进行预防性维护。

6. 生产过程管理

利用条形码、触摸屏、机器数据采集等方法，实现对生产的控制，完成了生产计划，实施生产调度，跟踪车间内的工作和产品的状况，并对目前无法完成的部分进行外协，实现工序派工、工序外协、齐套的管理功能，并可实时地将车间的生产情况、工作进度等信息通过看板实时显示。

7. 生产监控

生产监控从生产计划进度和设备运转情况等多维度对生产过程进行监控，实现对车间报警信息的管理，包括设备故障、人员缺勤、质量及其他原因的报警信息，及时发现问题、汇报问题并处理问题，从而保证生产过程顺利进行并受控。

8. 统计分析

能够对生产过程中产生的数据进行统计查询，分析后形成报表，为后续工作提供参考数据与决策支持。

随着时间推移，市面上逐渐推出由专业数据采集设备提供商与 ERP 研发企业联合研制的“ERP+MES 的精益制造解决方案”，打破两个行业互不兼容的尴尬局面，ERP 研发企业在大数据的基础上将精益生产管理思想进一步渗透到企业管理，使精益生产管理思想得到进一步升华。相比单纯的 ERP 或者 MES，精益制造管理系统在企业落地方面更具有可操作性，在汽车、家电等装配行业，企业基本可以实现 JIT(Just in Time)、JIS(Just in Sequence)管理。

设备的运行状况监控主要是利用各种采集协议和各种传感器来实时地采集各种设备的运行数据，例如：对具有外部接口的设备，采用接口协议对其进行分析；对具有无线输出接口的器件，采用增加部分传感器进行数据采集；在有设备管理控制系统的情况下，可以通过 ETL 工具从系统后台数据库中提取数据。所获得的数据主要有设备的开关机状态、设备故障信息、设备运行状态、设备参数、维修维护记录等，通过实时数据分析和可视化的方法，进行设备运行状态的实时监测和评价。在设备运行过程中，如果设备的运行状况异常，可以自动识别和预警，并将其推送给设备管理和维修人员，提高了故障处理的及时性和排故效率。

(1)数据采集：利用各种采集协议和各种传感器来实时地采集各种设备的运行数据。

(2)分析与评价：利用设备的实时数据统计，可以对设备的性能、设备的完好率、故障率、设备综合效率(Overall Equipment Effectiveness，OEE)等指标进行评价，从而提高设备的使用和管理水平。

(3)故障预报：通过对设备的历史资料和实时数据的分析，可以对设备的运行状况进行预测，对设备的维护和维护计划进行决策，提高检修计划的科学性。

通过数据驱动的海量制造数据资源分析与应用，为制造业设计、生产、经营、管理全过程提供大数据支撑与服务，为制造业转型升级、宏观决策、智能制造提供支撑。

课后习题

(1)简述智能检测技术的结构组成。

(2)简述典型的数据分析挖掘过程。

(3)简述数据感知与识别的关键技术。

(4)如何实现数据可视化?

(5)举例说明智能制造中的智能感知和数据感知。

参考文献

[1] 梁佩. 实时数据采集系统方案设计与实现[D]. 成都:西南交通大学,2015.

[2] 谢青松. 面向工业大数据的数据采集系统[D]. 武汉:华中科技大学, 2016.

[3] 周鹏. 多传感器数据融合技术研究与展望[J]. 物联网技术, 2015(5): 23-25.

[4] 曾悠. 大数据时代背景下的数据可视化概念研究[D]. 杭州:浙江大学, 2014.

[5] 陈明. 大数据可视化分析[J]. 计算机教育, 2015(5): 94-97.

[6] 杨露菁, 余华. 多源信息融合理论与应用[M]. 北京:北京邮电大学出版社, 2006.

[7] 李杰. 工业大数据: 工业 4.0 时代的工业转型与价值创造[M]. 北京:机械工业出版社, 2015.

[8] 刘继红, 江平宇. 人工智能:智能制造[M]. 北京:电子工业出版社, 2020.

[9] 周济. 智能制造[J]. 中国机械工程,2015,26(17): 2273-2284.

第 4 章　智能制造计算机控制技术

近年来，自动控制技术、计算机技术、网络通信技术、传感检测技术、电子技术的高速发展，给计算机控制技术的发展变革提供了强有力的支撑条件，计算机控制技术在工业实时控制上有非常重要的作用，能够达到常规控制无法达到的性能指标，即在工业生产中能够生产出更加精密的产品。在我国智能制造的大背景下，计算机控制技术作为智能制造的重要基础技术而受到广泛的关注和研究。

4.1　计算机基础

要想更好地了解计算机控制技术，首先要对计算机有所了解，本节主要介绍计算机的一些基础知识，以便熟悉计算机系统中的基本概念。

4.1.1　计算机硬件与软件

简单地说，计算机系统由硬件和软件两个部分组成。

计算机硬件指的是计算机的实体组成部分，由各种电子器材、光电设备等具体实物组成，这部分既看得到也摸得着，如主机和各种外部设备。

计算机软件是发挥计算机功能、让计算机正常工作的程序。这些程序由程序员事先编好，储存在主存储器和各种辅助存储器上，如 RAM（Random Access Memory，随机存取存储器）和 ROM（Read-Only Memory，只读存储器）存储器，磁盘和光盘等存储介质。这些程序由代码组成，通常由计算机运行以发挥作用，并非具体实物。软件是计算机的灵魂，没有软件光有硬件的裸机是无法投入工作的。

计算机的软件按照面向的对象不同，又可以分成两类：系统软件和应用软件。

（1）系统软件，顾名思义就是用于实现系统功能、管理系统的软件。这类软件面向系统，合理分配系统资源。系统软件有：操作系统程序、系统服务程序、汇编程序、高级语言的编译或解释程序、故障诊断程序、数据库管理程序等。

（2）应用软件，指的是面向用户、根据用户的特殊要求编制的应用程序。例如，文本编辑软件、图像处理软件、软件开发工具软件等。

4.1.2　计算机信息表述与存储

数制（Numerical System）也称计数制，是用一组固定的数码和统一的规则表示数值的方法。在实际应用中，既可以用不同数码表示不同数值，也可以用不同数码表示不同的事物或同一事物的不同状态。

用数码表示数值时，1 位数往往不够用，常常使用多位数。多位数码中每位的构成以及从低位向高位的进位规则称为数制或进位计数制。计算机中常用的数制是二进制、十进制和十六进制，有时也用到八进制。

进位计数制的三要素是数位、基数和位权。数位是指数码在一个数中所处的位置；基数是指在某种进位计数制中，每个数位能使用的数码的个数。进位计数制有一个规则：如果是 N 进制数，必须逢 N 进 1。对于多位数，处在某位上的“1”表示的数值的大小，称为该位的位权。

下面分别介绍与计算机有关的几种进位计数制。

1. 二进制

二进制数有两个数码符号，即“0”和“1”，基数为“2”。二进制数的特点是逢 2 进 1。一个多位数表示的数值等于每位数乘以它的位权。如：

$$(1011.11)_2=1\times 2^3+0\times 2^2+1\times 2^1+1\times 2^0+1\times 2^{-1}+1\times 2^{-2}=(11.75)_{10}$$

2. 十进制

十进制数有十个不同的数码符号，即“0”“1”“2”“3”“4”“5”“6”“7”“8”“9”，基数为“10”。十进制数的特点是逢 10 进 1。一个多位数表示的数值等于每位数乘以它的位权。如：

$$(2356)_{10}=2\times 10^3+3\times 10^2+5\times 10^1+6\times 10^0$$

3. 八进制

八进制数有八个不同的数码符号，即“0”“1”“2”“3”“4”“5”“6”“7”，基数为“8”。八进制数的特点是逢 8 进 1。一个多位数表示的数值等于每位数乘以它的位权。如：

$$(2015)_8=2\times 8^3+0\times 8^2+1\times 8^1+5\times 8^0=(1037)_{10}$$

4. 十六进制

十六进制数有十六个不同的数码符号，即“0”“1”“2”“3”“4”“5”“6”“7”“8”“9”“A”“B”“C”“D”“E”“F”，基数为“16”。十六进制数的特点是逢 16 进 1。如：

$$(3B.6E)_{16}=3\times 16^1+11\times 16^0+6\times 16^{-1}+14\times 16^{-2}=(59.43)_{10}$$

通常，也可以将大写字母放在数字的尾部，表示不同的进制。

(1)B(Binary)表示二进制。

(2)D(Decimal)表示十进制(可省略)。

(3)O(Octal)表示八进制。

(4)H(Hexadecimal)表示十六进制。

信息的存储单位有位(bit)、字节(Byte)、字(Word)。

位也称作比特，是计算机中最小的数据单位，也是一个二进制位，每位的取值只能是“0”或“1”。例如，8 bit 就是 8 位。

字节是计算机中信息组织和存储的基本单位，1 字节为 8 个比特，常用大写字母 B 表示，即 1B=8 bit。因为计算机内部是二进位的制度，所以只能识别出“1”和“0”，而我们又习惯十进位的进位规律，所以计算机就被设定成 2^{10} 的进位，也就是 $1K=2\times 2\times 2\times 2\times 2\times 2\times 2\times 2\times 2\times 2$(10 个 2 相乘，结果是 1024)。计算机存储器的存储容量常用 KB、MB、GB 和 TB 等单位表示，换算规则如下：

$$1\ KB=1\ 024\ B=2^{10}\ B$$

$$1\ MB=1\ 024\ KB=2^{20}\ B$$

1 GB=1 024 MB=2^{30} B

1 TB=1 024 GB=2^{40} B

目前,微型计算机的内存通常为几百 MB 到几十 GB, U 盘的容量通常为几百 MB 到几 GB,硬盘的容量为几百 GB 到几 TB。一个英文字母用 1 字节存储,一个汉字用 2 字节存储。

字是位的组合,并且作为一个独立的信息单位进行存取、运算。一个字由若干字节组成,其比特位数称作字长,不同的机器有不同的字长,如 8 位、16 位、32 位和 64 位等。字长越长,机器一次能够运算的数据位数越多,机器性能越好。目前,微型机的 CPU(Central Processing Unit,中央处理器)的字长一般为 64 位或 128 位,单片机的 CPU 的字长一般为 8 位或 16 位。

4.1.3　计算机的组成单元

冯·诺伊曼计算机主要由五大部分组成,其构架以运算器为中心,如图 4-1 所示。

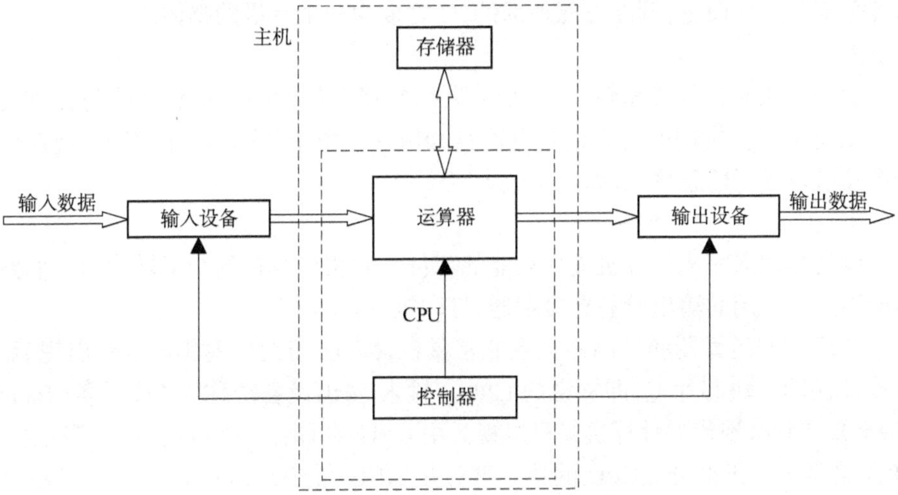

图 4-1　冯·诺伊曼计算机的硬件组成框图

随着计算机的发展,现代计算机已发展为以存储器为中心,如图 4-2 所示。

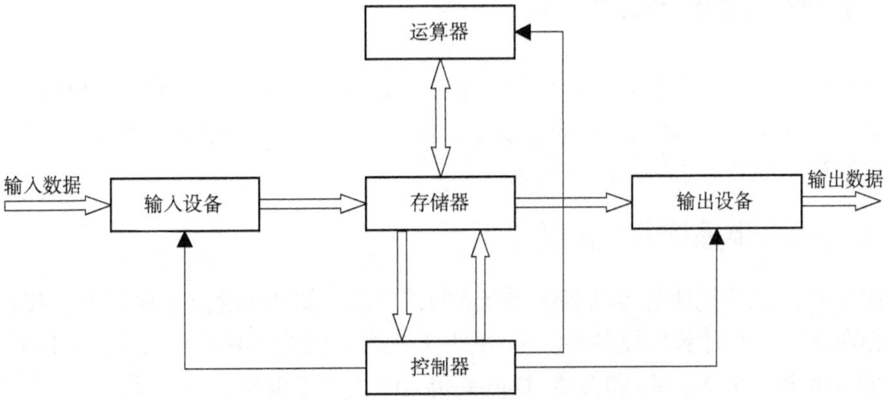

图 4-2　以存储器为中心的计算机组成框图

1. 运算器

运算器是负责算术运算和逻辑运算的部件,运算的中间结果暂存在运算器内。算术运算指的是加减乘除四则运算,逻辑运算指的是对位的运算,运算器中有一个完成算术运算和逻辑运算的算术逻辑运算单元 ALU(Arithmetic Logic Unit),除此之外还要有存放参与运算的操作数和运算结果的寄存器。

2. 存储器

存储器是用来存放程序和数据等各类信息的部件。存储器分为主存储器和辅助存储器。主存储器一般称为内存;辅助存储器有多种,如硬盘、光盘等。在计算机内运行的程序和数据一般存放在主存储器中,运算器从主存储器中调入程序和数据进行处理。辅助存储器可以增大计算机存储的容量。主存储器是计算机运算性能的一个重要指标,主存储器的容量越大,计算机的功能越强。

3. 控制器

控制器是计算机的指挥中枢,用来控制程序和数据的运行并处理运算的结果。它向计算机内各个部件发出命令,调度支配各部件,使之成为一个有机的整体。

4. 输入设备

输入设备是用来向计算机输入信息的部件,它将人们的外界信息转化为计算机能够识别接收的信息形式。常用的输入设备有键盘和鼠标。由于数码电子的发展,现在也有很多的数码产品可以进行信息输入,如电子笔。

5. 输出设备

输出设备是用来完成计算机输出功能的部件。它将计算机的结果转化为人们熟悉的形式输出给用户。常用的输出设备有显示器、打印机等。

由于计算机的运算器和控制器关系非常紧密,因此,当大规模集成电路出现后,这两个部件被设计在同一块芯片上,即常说的 CPU。输入/输出设备统称为 I/O 设备(Input/Output Equipment)。因此,现代的计算机又可以视为由 CPU、存储器、I/O 设备三大部分组成,其中 CPU 和存储器为主机部分。CPU 的核心部分是 ALU 和 CU(Control Unit)。CU 为逻辑控制单元,用于控制计算机各部件的工作。

4.2 计算机控制系统

计算机控制系统就是利用工业控制计算机(简称“工业控制机”)来实现生产过程自动控制的系统。近年来,计算机已成为自动控制技术不可分割的重要组成部分,并为自动控制技术的发展和应用开辟了广阔的新天地。

4.2.1 计算机控制系统的工作原理

为简单和形象地说明计算机控制系统的工作原理,图 4-3 给出了典型的计算机控制系统的工作原理图。在计算机控制系统中,由于工业控制机输入和输出的是数字信号,因此需要有 A/D(Analog-to-Digital)和 D/A(Digital-to-Analog)转换器。从本质上看,计算机控制系统的工作原理可归纳为以下三个步骤。

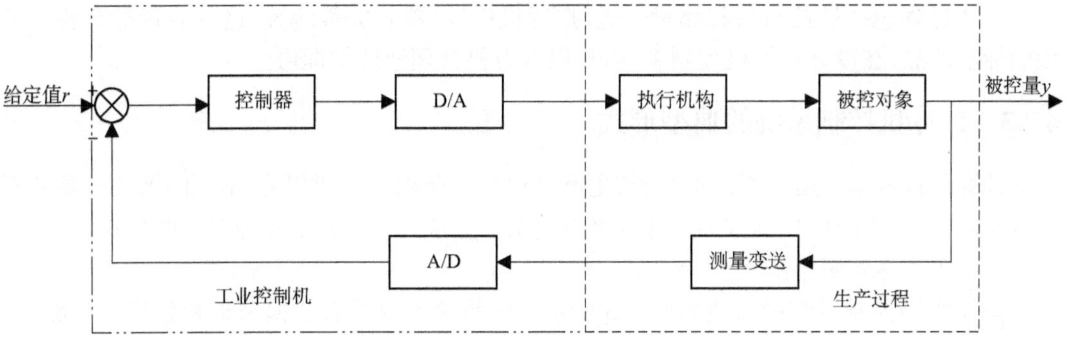

图 4-3　计算机控制系统原理图

（1）实时数据采集：对来自测量变送装置的被控量的瞬时值进行检测和输入。

（2）实时控制决策：对采集到的被控量进行分析和处理，并按已定的控制规律，决定将要采取的控制行为。

（3）实时控制输出：根据控制决策，适时地对执行机构发出控制信号，完成控制任务。

上述过程不断重复，使整个系统按照一定的品质指标进行工作，并对被控量和设备本身的异常现象及时做出处理。

4.2.2　计算机控制系统的组成

计算机控制系统由计算机（工业控制机）和生产过程两大部分组成。图 4-4 给出了计算机控制系统的组成框图。工业控制机是指按生产过程控制的特点和要求而设计的计算机，它包括硬件和软件两个组成部分。

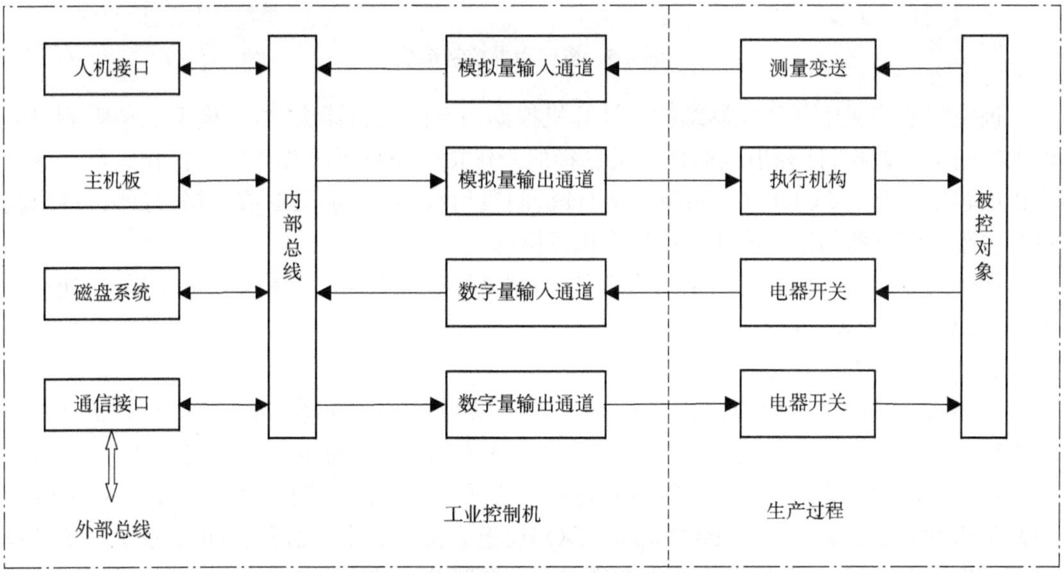

图 4-4　计算机控制系统的组成框图

生产过程包括被控对象和测量变送、执行机构、电器开关等装置，这些装置都有各种类型的标准产品，在设计计算机控制系统时，根据需要合理地选型即可。

4.2.3 计算机控制系统的典型形式

计算机控制系统所采用的形式，与生产过程的复杂程度密切相关，不同的被控对象和不同的要求，应有不同的控制方案。计算机控制系统大致可分为以下几种典型的形式。

1. 操作指导控制系统

操作指导控制系统的构成如图 4-5 所示。该系统不仅具有数据采集和处理的功能，而且能够为操作人员提供反映生产过程工况的各种数据，并相应地给出操作指导信息，供操作人员参考。

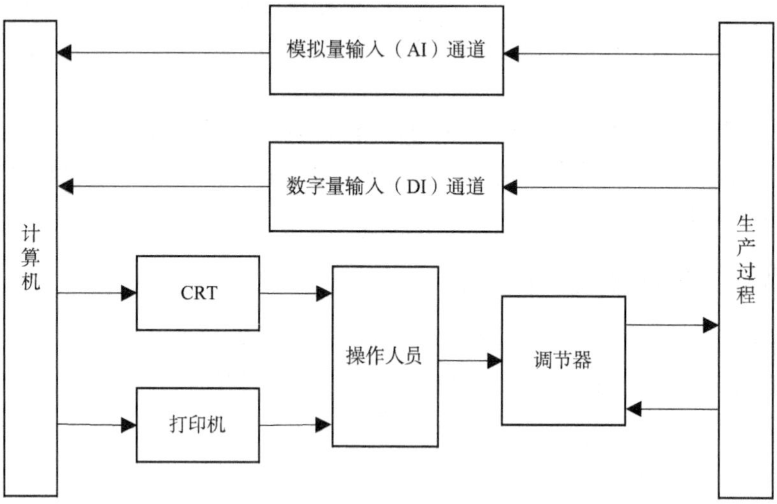

图 4-5 操作指导控制系统

该控制系统属于开环控制结构。计算机根据一定的控制算法（数学模型），依赖测量元件测得的信号数据，计算出供操作人员选择的最优操作条件及操作方案。操作人员根据计算机的输出信息，如 CRT（Cathode Ray Tube，阴极射线器）显示图形或数据、打印机输出信息等去改变调节器的给定值或直接操作执行机构。

操作指导控制系统的优点是结构简单、控制灵活和安全。缺点是要由人工操作，速度受到限制，不能控制多个对象。

2. 直接数字控制系统

直接数字控制（Direct Digital Control，DDC）系统的构成如图 4-6 所示。计算机首先通过模拟量输入（Analog Input，AI）通道和开关量输入（Digital Input，DI）通道实时采集数据，然后按照一定的控制规律进行计算，最后发出控制信息，并通过模拟量输出（Analog Output，AO）通道和开关量输出（Digital Output，DO）通道直接控制生产过程。DDC 系统属于计算机闭环控制系统，是计算机在工业生产过程中最普遍的一种应用方式。

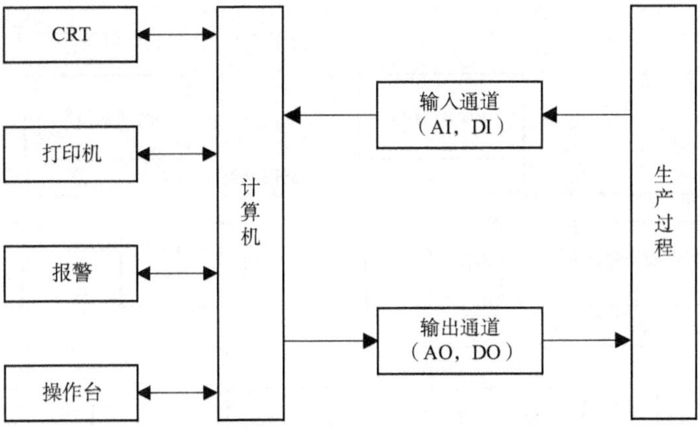

图 4-6　直接数字控制系统

由于 DDC 系统中的计算机直接承担控制任务，所以要求实时性好、可靠性高和适应性强。为了充分发挥计算机的利用率，一台计算机通常要控制几个或几十个回路，那就要合理地设计应用软件，使之完成所有功能。

3. 监督控制系统

在监督控制（Supervisory Computer Control，SCC）中，计算机根据原始工艺信息和其他参数，按照描述生产过程的数学模型或其他方法，自动地改变模拟调节器或以直接数字控制方式工作的微型机中的给定值，从而使生产过程始终处于最优工况（如保持高质量、高效率、低消耗、低成本等）。从这个角度上说，它的作用是改变给定值，所以又称设定值控制（Set Point Control，SPC）。监督控制系统有两种不同的结构形式，分别为 SCC+模拟调节器的控制系统和 SCC+DDC 的分级控制系统。

4. 集散控制系统

集散控制系统（Distributed Control System，DCS），也称分布式控制系统，采用分散控制、集中操作、分级管理、分而治之和综合协调的方法，把系统从上到下分为现场设备级、分散控制级、集中监控级、综合管理级，实现分级分布式控制，其结构如图 4-7 所示。

5. 现场总线控制系统

现场总线控制系统（Fieldbus Control System，FCS）是新一代分布式控制系统，如图 4-8 所示。DCS 的结构模式为："操作站—控制站—现场仪表"三层结构，系统成本较高，而且各厂商的 DCS 有各自的标准，不能互联。FCS 与 DCS 不同，它的结构模式为："工作站—现场总线智能仪表"二层结构，FCS 用二层结构完成了 DCS 中的三层结构功能，降低了成本、提高了可靠性，可实现真正的开放式互联系统结构。

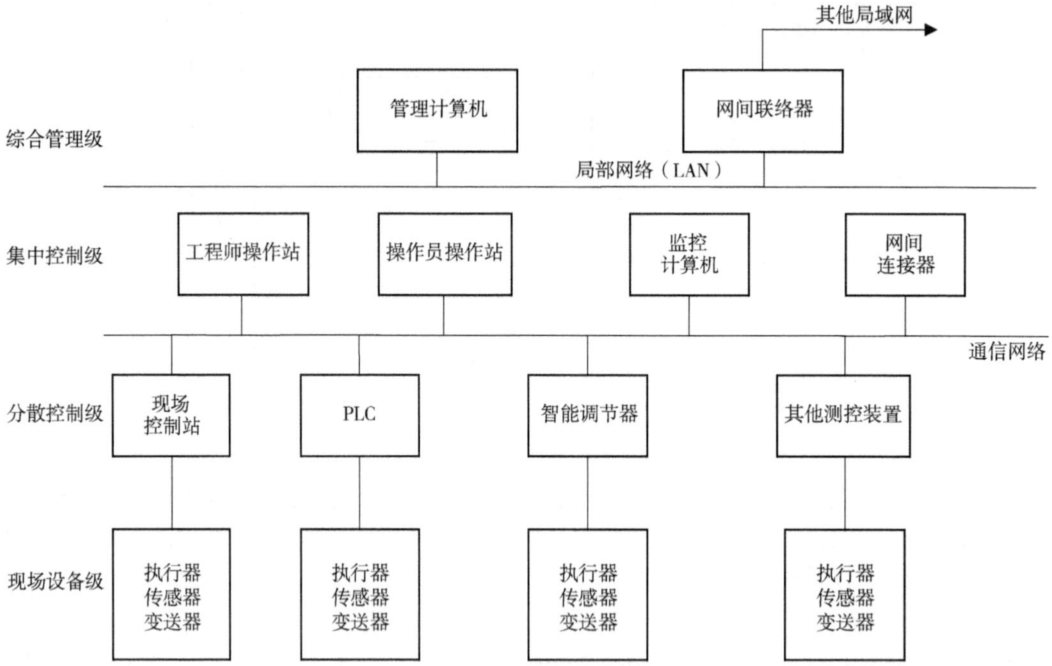

图 4-7　DCS 结构示意图

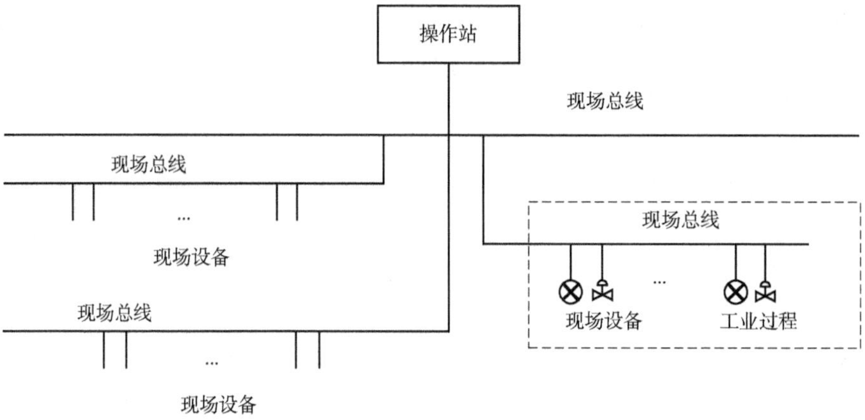

图 4-8　FCS 结构示意图

6. 综合自动化系统

在现代工业生产中，综合自动化系统不仅包括各种简单和复杂的自动调节系统、顺序逻辑控制系统、自动批处理控制系统、连锁保护系统等，也包括各生产装置先进控制、企业实时生产数据集成、生产过程流程模拟与优化、生产设备故障诊断和维护、根据市场和生产设备状态进行生产计划和排产调度系统、以产品质量和成本为中心的生产管理系统、营销管理系统和财务管理系统等，涉及产品物流增值链和产品生命周期的所有过程，为企业提供全面的解决方案。

目前，由企业资源信息管理系统、生产执行系统和生产过程控制系统构成的三层结构，已成为综合自动化系统的整体解决方案，如图 4-9 所示。综合自动化系统主要包括制造业的计算机集成制造系统和流程工业的计算机集成过程系统。

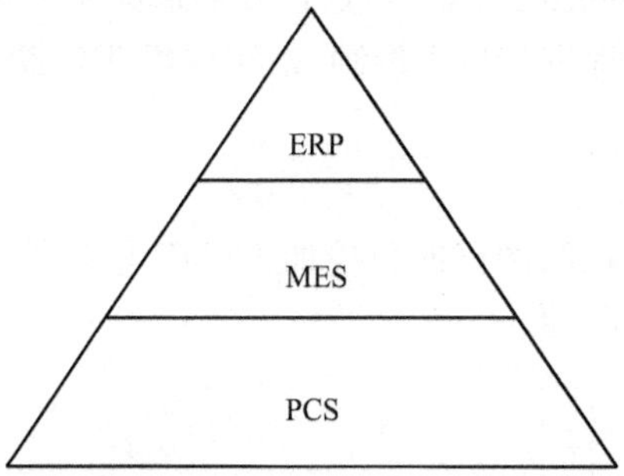

图 4-9　综合自动化系统的三层结构

4.2.4　计算机控制系统的发展趋势

1. 控制系统的网络化

随着计算机技术和网络技术的迅猛发展，各种层次的计算机网络在控制系统中的应用越来越广泛，规模也越来越大，从而使传统意义上的回路控制系统所具有的特点在系统网络化过程中发生了根本变化，并最终逐步实现了控制系统的网络化。

2. 控制系统的扁平化

随着企业网技术的发展，网络通信能力和网络连接规模得到了极大的提高。现场级网络技术使得控制系统的底层也可以通过网络相互连接起来。现场网络的连接能力逐步提高，使得现场网络能够接入更多的设备。新一代计算机控制系统的结构发生了明显变化，逐步形成两层网络的系统结构，使得整体系统出现了扁平化趋势，简化了系统的结构和层次。

3. 控制系统的智能化

人工智能的出现和发展，促进自动控制向更高的层次发展，即智能控制。智能控制是一类无须人的干预就能够自主地驱动智能机器实现目标的过程，也是用机器模拟人类智能的又一重要领域。随着多媒体计算机和人工智能计算机的发展，应用自动控制理论和智能控制技术来构建先进的计算机控制系统，必将极大地推动科学技术的进步和工业自动化系统的水平。

4. 控制系统的综合化

随着现代管理技术、制造技术、信息技术、自动化技术、系统工程技术的发展，综合自动化技术（ERP+MES+PCS）广泛地应用到工业过程，借助于计算机的硬件、软件技术，将企业生产全部过程中人、技术、经营管理三要素及信息流、物流有机地集成并优化运行，为工业生产带来更大的经济效益。

4.3 数字控制技术

数字控制(Numerical Control，NC)是近代发展起来的一种自动控制技术，利用数字化信号对机床运动及其加工过程进行自动控制，是实现机床自动化的重要发展方向。

4.3.1 数字控制原理

首先分析如何用计算机在绘图仪或数控加工机床上重现图 4-10 所示的平面图形，以此来简要说明数字控制的基本原理。

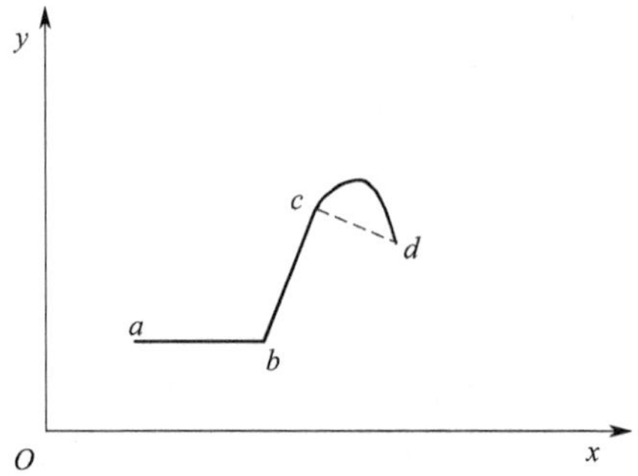

图 4-10　曲线分段

(1)将图 4-10 所示的曲线分割成若干段，可以是直线段，也可以是曲线段，图中分割成了三段，即 $\overline{ab}$、$\overline{bc}$ 和 $\widehat{cd}$，然后把 a、b、c、d 四点坐标记下来并输送给计算机。图形分割的原则是保证线段所连的曲线(或折线)与原图形的误差在允许范围之内。由图可见，显然采用 $\overline{ab}$、$\overline{bc}$ 和 $\widehat{cd}$ 比 $\overline{ab}$、$\overline{bc}$ 和 $\overline{cd}$ 要精确得多。

(2)当给定 a、b、c、d 各点坐标 x 和 y 值之后，如何确定各坐标值之间的中间值？求得这些中间值的数值的计算方法称为插值或插补。插补计算的宗旨是通过给定的基点坐标，以一定的速度连续定出一系列中间点，而这些中间点的坐标值是以一定的精度逼近给定的线段。从理论上讲，插补的形式可用任意函数形式，但为了简化插补运算过程和加快插补速度，常用的是直线插补和二次曲线插补两种形式。所谓直线插补是指在给定的两个基点之间用一条近似直线来逼近，也就是由此定出中间点连接起来的折线近似于一条直线，但并不是真正的直线。所谓二次曲线插补是指在给定的两个基点之间用一条近似曲线来逼近，也就是实际的中间点连线是一条近似于曲线的折线弧。常用的二次曲线有圆弧、抛物线和双曲线等。对图 4-10 所示的曲线来说，显然 ab 和 bc 段用直线插补，cd 段用圆弧插补是合理的。

(3)基于插补运算过程中定出的各中间点，以脉冲信号形式控制 x、y 方向上的步进电机，带动绘图笔、刀具等，从而绘出图形或加工出所要求的轮廓来。这里的每一个脉冲信号代表步进电机走一步，即绘图笔或刀具在 x 或 y 方向移动一个位置。我们把对应于每个脉冲移动的相对位置称为脉冲当量，又称为步长，常用 Δx 和 Δy 来表示，并且总是取 $\Delta x = \Delta y$。

图 4-11 所示的是一段用折线逼近直线的直线插补线段，其中(x_0, y_0)代表该线段的起点坐标值，(x_e, y_e)代表终点坐标值，则 x 方向和 y 方向应移动的总步数的 N_x 和 N_y 分别为

$$N_x = (x_e - x_0) / \Delta x , N_y = (y_e - y_0) / \Delta y$$

如果把 Δx 和 Δy 定义为坐标增量值，即 x_0、y_0、x_e、y_e 均是以脉冲当量定义的坐标值，则

$$N_x = x_e - x_0 , N_y = y_e - y_0$$

所以，插补运算就是关于分配 x 和 y 方向上的脉冲数，使实际的中间点轨迹尽可能地逼近理想轨迹的运算。实际的中间点连接线是一条由 Δx 和 Δy 的增量值组成的折线，只是由于实际的 Δx 和 Δy 的值很小，眼睛分辨不出来，看起来似乎和直线一样而已。显然，Δx 和 Δy 的增量值越小，就越逼近理想的直线段，图 4-11 中均以→代表 Δx 或 Δy 的长度和方向。

实现直线插补和二次曲线插补的方法有很多，常见的有逐点比较法(又称“富士通法”或“醉步法”)、数字积分法(又称“数字微分分析器”，即“DDA 法”)、数字脉冲乘法器(又称“MIT 法”，由麻省理工学院首先使用)等，其中又以逐点比较法使用最广。

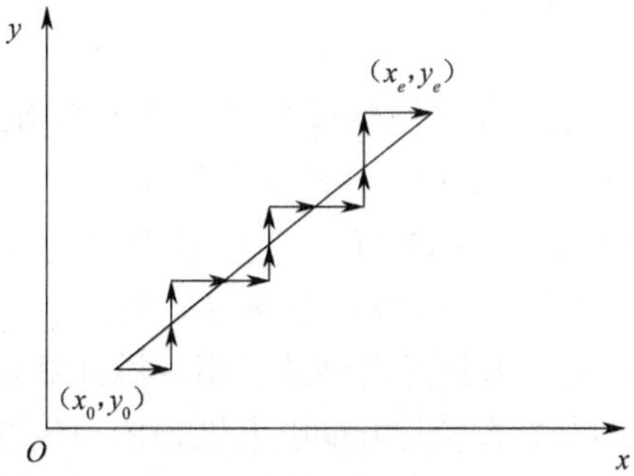

图 4-11　用折线逼近直线段

4.3.2　数字控制方式

数字控制按控制方式来分类，可以分为点位控制、直线切削控制和轮廓切削控制，这三种控制方式都是运动轨迹控制。

1. 点位控制

在一个点位控制中，只要求控制刀具行程终点的坐标值，即工件加工点准确定位，至于刀具从一个加工点移到下一个加工点走什么路径、移动的速度、沿哪个方向趋近都无须规定，并且在移动过程中不做任何加工，只是在准确到达指定位置后才开始加工。在机床加工业中，采用这类控制的主要是孔加工机床，如钻床、镗床、冲床等。

2. 直线切削控制

直线切削控制也主要是控制行程的终点坐标值，不过还要求刀具相对于工件平行某一直角坐标轴做直线运动，且在运动过程中进行切削加工。需要这类控制的有铣床、车床、磨床、加工中心等。

3. 轮廓切削控制

轮廓切削控制的特点是能够控制刀具沿工件轮廓曲线不断地运动,并在运动过程中将工件加工成某一形状。这种控制方式是借助插补器进行的,插补器根据加工的工件轮廓向每一坐标轴分配速度指令,以获得图纸坐标点之间的中间点。这类控制用于铣床、车床、磨床、齿轮加工机床等。

在上述三种控制方式中以点位控制最简单,因为它的运动轨迹没有特殊要求,运动时又不加工,所以它的控制电路只要具有记忆(记下刀具应走的移动量和已走过的移动量)和比较(对所记忆的两个移动量进行比较,当两个数值的差为0时,刀具立即停止运动)的功能即可,根本不需要插补计算。和点位控制相比,由于直线切削控制进行直线加工,其控制电路要复杂一些。轮廓切削控制要控制刀具准确地完成复杂的曲线运动,所以控制电路复杂,且需要进行一系列的插补计算和判断。

4.3.3 数字控制系统

计算机数字控制系统主要分为开环数字控制和闭环数字控制两大类,由于它们的控制原理不同,因此其系统结构差异很大。

1. 开环数字控制

随着计算机技术的发展,开环数字控制得到了广泛的应用,例如各类数控机床、线切割机、低速小型数字绘图仪等,它们都是利用开环数字控制原理实现控制的机械加工设备或绘图设备。开环数字控制的结构如图4-12所示,这种控制结构没有反馈检测元件,工作台由步进电机驱动。步进电机接收步进电机驱动电路发来的指令脉冲做相应的旋转,把刀具移动到与指令脉冲相当的位置,至于刀具是否到达了指令脉冲规定的位置,那是不受任何检查的,因此这种控制的可靠性和精度基本上由步进电机和传动装置来决定。

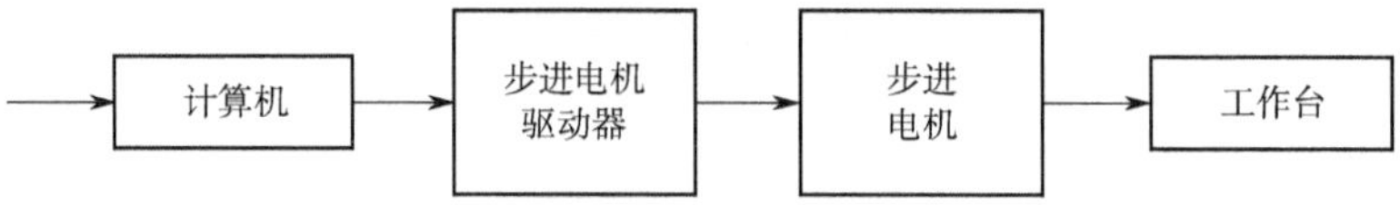

图4-12 开环数字控制结构

2. 闭环数字控制

图4-13(a)给出了一种闭环数字控制的结构图。这种结构的执行机构多采用直流电机(小惯量伺服电机和宽调速力矩电机)作为驱动元件,反馈测量元件采用光电编码器(码盘)、光栅、感应同步器等,该控制系统主要用于大型精密加工机床,但其结构复杂,难以调整和维护,一些常规的数字控制系统很少采用。

将测量元件从工作台移动到伺服电机的轴端,这就构成了半闭环控制系统,如图4-13(b)所示。在这种系统中,工作台不在控制环内,克服了由工作台的某些机械环节的特性引起的参数变动,容易获得稳定的控制特性,其广泛应用于连续控制的数控机床上。

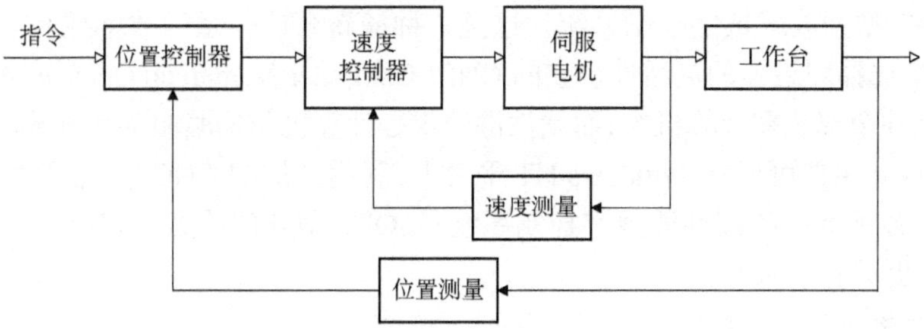

图 4-13　闭环数字控制结构

(a)闭环数字控制　(b)半闭环数字控制

4.3.4　数字控制系统分类

1. 传统数字控制系统

传统数字控制系统,又称为硬件式数字控制,零件程序的输入、运算、插补及控制功能均由专用硬件来完成,这是一种专用的封闭体系结构。其功能简单、柔性与通用性差、设计研发周期长。

2. 开放式数字控制系统

(1)"PC 嵌入 NC"结构的开放式数字控制系统。这是一类基于传统数字控制系统的半开放式数字控制系统。这一类数字控制系统是在不改变原系统基本结构的基础上,在传统的非开放式的 NC(Network Computer,网络计算机)上插入一块专门开发的 PC(Personal computer,个人计算机)模板,使得传统的 NC 带有计算机的特点。该系统借助了 PC 丰富的软硬件资源和多媒体部件,把 PC 和 NC 联系在一起,它既具有原数字控制系统工作可靠的特点,同时它的界面又比原来的数字控制系统开放,极大地提高了人机界面的功能,使数字控制系统的功能得以完美体现,而且使用更加方便。

(2)"NC 嵌入 PC"结构的开放式数字控制系统。这种数字控制系统以 PC 作为系统的核心,由 PC 和开放式的运动控制卡构成。所谓的开放式运动控制卡,就是一个可以单独使用的数字控制系统,具有很强的运动控制和 PLC 控制能力,它还具有开放的函数库可供用户进行自主开发,以构造用户所需要的数字控制系统。这类数字控制系统具有可靠性高、功能强、性能好,操作简单方便,开发周期短,成本低等优点,而且适合各种类型数字控制系统的开发,因而这种数字控制系统目前被广泛应用于制造业自动化控制各个领域。

（3）SOFT 型开放式数字控制系统。这是一种最新开放体系的数字控制系统。它提供给用户最多的选择和最强的灵活性。它的 CNC（Computer Numerical Control Machine Tods，数控机床）软件全部装在计算机中，而硬件部分仅是计算机与伺服驱动和外部 I/O 之间的标准化通用接口。用户可以在 Windows NT 平台上，利用开放的 CNC 内核，开发所需要的各种功能，构成各种类型的高性能数字控制系统。SOFT 型开放式数字控制系统具有较高的性价比，因而更具有生命力。

3. 网络化数字控制系统

网络化数字控制装备是近两年数字控制技术发展的一个新亮点。随着计算机技术、网络技术的广泛运用，数字控制机床走向网络化、集成化已成为必然的趋势，互联网进入制造工厂的车间也只是个时间的问题了。对于面临全球化竞争的现代制造工厂来说，一是要提高数字控制机床的拥有率，二是所拥有的数字控制机床必须具有联网通信功能，以保证信息流在工厂、车间的底层之间及底层与上层之间的通信。数字控制系统生产厂商已在几年前推出了具有网络功能的数字控制系统。在这些系统中，除了传统的 RS-232 接口外，还备有以太网接口，为数字控制机床联网提供了基本条件。目前数字控制的网络化主要采用以太网以及现场总线的方式，随着无线技术的发展，网络化数字控制系统在不久的将来可能会无处不在。

4.4 数据交换技术

在多用户、多任务的计算机系统中实现程序间的数据交换比较方便，操作系统对这种操作是支持的，而在个人计算机上实现程序间的数据交换就比较麻烦。在微机版多任务操作系统出现以前，例如在 MS-DOS 下是通过直接读写内存地址或磁盘文件来实现程序间共享数据的；自从 Windows 及微机版 UNIX、Linux 操作系统面世后，出现了程序之间交换数据的技术、协议或标准，实现程序间的数据交换才比较容易。目前，Windows 提供有 DDE、OLE（包括 OPC）、ODBC 等标准，支持程序之间的数据交换。

4.4.1 DDE 技术

DDE（Dynamic Data Exchange）即动态数据交换。它最早是随着 Windows 3.1 由美国微软公司提出的。目前，微软公司已经停止发展 DDE 技术，仅保持对该技术的兼容和支持。

两个同时运行的程序之间通过 DDE 方式交换数据时是 Client/Server 关系。一旦 Client 和 Server 建立起了连接关系，则当 Server 中的数据发生变化后就会马上通知 Client。通过 DDE 方式建立的数据连接通道是双向的，即 Client 不但能够读取 Server 中的数据，而且可以对其进行修改。

Windows 操作系统中有一个专门协调 DDE 通信的程序 DDEML（DDE 管理库），实际上 Client 和 Server 之间的多数会话并不是直达对方的，而是经由 DDEML 中转的。程序可以同时是 Client 和 Server。

DDE 的方式有冷连接（Cool Link）、温连接（Warm Link）、热连接（Hot Link）。在冷连

接方式下，当 Server 中的数据发生变化后不通知 Client，但 Client 可以随时从 Server 读写数据。在温连接方式下，当 Server 中的数据发生变化后马上通知 Client，Client 得到通知后将数据取回。在热连接方式下，当 Server 中的数据发生变化后马上通知 Client，同时将变化后的数据直接送给 Client。

4.4.2　OPC 技术

随着计算机技术的发展，计算机在工业控制领域发挥着越来越重要的作用。各种仪表、PLC 等工业监控设备都提供了与计算机通信的协议。但是，不同厂家产品的协议互不相同，即使同一厂家的不同设备与计算机之间通信的协议也不同。在计算机上，不同的语言对驱动程序的接口有不同的要求。这样又产生了新的问题：应用软件需要为不同的设备编写大量的驱动程序，而计算机硬件厂家要为不同的应用软件编写不同的驱动程序，这种程序可复用程度低，不符合软件工程的发展趋势，在这种背景下，产生了 OPC 技术。

OPC 是 OLE for Process Control 的缩写，即把 OLE 应用于工业控制领域。

OLE（Object Linking and Embedding）原意是对象连接和嵌入，随着 OLE 2 的发行，其范围已远远超出了这个概念。现在的 OLE 包含了许多新的特征，如统一数据传输、结构化存储和自动化，已经成为独立于计算机语言、操作系统甚至硬件平台的一种规范，是面向对象程序设计概念的进步推广。OPC 建立于 OLE 规范之上，它为工业控制领域提供了一种标准的数据访问机制。

工业控制领域用到大量的现场设备，在 OPC 出现以前，软件开发商需要开发大量的驱动程序来连接这些设备。即使硬件供应商在硬件上做了一些小小改动，应用程序也可能需要重写。同时，由于不同设备甚至同一设备不同单元的驱动程序也有可能不同，软件开发商很难同时对这些设备进行访问以优化操作。硬件供应商也在尝试解决这个问题，然而由于不同客户有着不同的需求，同时也存在着不同的数据传输协议，因此这一问题也一直没有完整的解决方案。自 OPC 提出以后，这个问题终于得到解决。OPC 规范包括 OPC 服务器和 OPC 客户两部分。其实质是在硬件供应商和软件开发商之间建立一套完整的规则。只要遵循这套规则，数据交互对两者来说都是透明的，硬件供应商就无须考虑应用程序的多种需求和传输协议，软件开发商也就无须了解硬件的实质和操作过程。

4.5　工业网络技术

近年来，工业网络技术获得了迅速发展，它不同于以传递信息为目的的邮电通信网络，也不同于以共享资源和处理信息为主要目的局域网络，它传输信息的最终目的是实现物质或能量的运动。它不仅要在工业环境中可靠运行，而且要控制现场的各类生产过程，使工业自动化系统发挥最佳性能。工业网络的能力有限，拓扑结构封闭，而且其承载的协议和数据是专用的。不过，这些解决方案正在被应用更广泛的标准（例如以太网）所取代，这些标准运行 TCP/IP 甚至 Web 协议，而不是专用的接口。工业网络开始走向标准化。

4.5.1 网络拓扑结构

网络中互连的点称为节点或站，节点间的物理连接结构称为拓扑，拓扑学研究节点和节点间连线（称为"链路"）的几何排列。局部网络通常有四种拓扑结构：星状、环状、总线状和树状。

1. 星状结构

图 4-14（a）所示的是星状结构。星状的中心节点是主节点，它接收各分散节点的信息再转发给相应节点，具有中继交换和数据处理功能。当某一节点想传输数据时，它首先向中心节点发送一个请求，以便同另一个目标节点建立连接。一旦两节点建立了连接，则在这两点间就像是有一条专用线路连接起来了一样，可进行数据通信。可见，中心节点的转接技术是星状结构传输信息的核心，其出现故障会危及全网，故要求工作必须绝对可靠，中心节点负担重，成本高，可靠性差是星状结构的最大弱点。

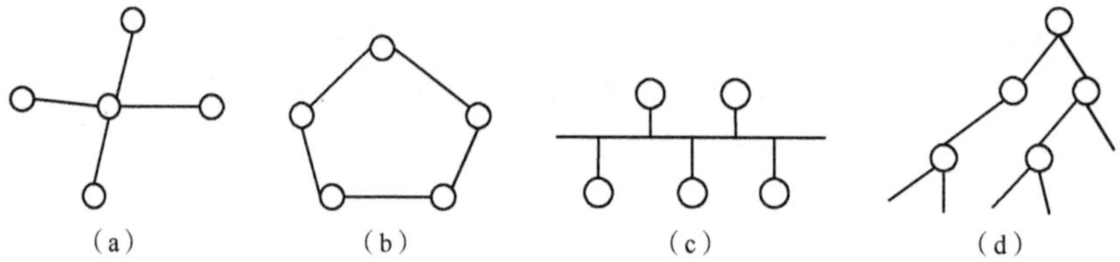

图 4-14 局域网络拓扑结构

（a）星状结构 （b）环状结构 （c）总线状结构 （d）树状结构

星状结构网络的特点如下。

（1）网络结构简单，便于控制和管理，建网容易。

（2）网络延迟时间短，传输错误率较低。

（3）网络可靠性较低，一旦中心节点出现故障将导致全网瘫痪。

（4）网络资源大部分在外围点上，它们相互之间必须经过中心节点中转才能传送信息，资源共享能力较差。

（5）通信电路都是专用线路，利用率不高，故网络成本较高。

2. 环状结构

环状结构如图 4-14（b）所示。各节点通过环接口连于一条首尾相连的闭合环状通信线路中，环路中的数据按事先规定好的方向从一个节点单向传送到另一个节点。任何一个节点发送的信息都必须经过环路中的全部环接口。只有当传送信息的目标地址与环上某节点的地址相等时，信息才被该节点的环接口接收；否则，信息传至下一节点的环接口，直到发送到该信息发送的节点环接口为止。由于信息从源节点到目标节点都要经过环路中的每个节点，故任何节点出现故障均会导致环路不能正常工作，可靠性差。

环状结构网络具有以下特点。

（1）信息流在网络中是沿固定的方向流动的，故两节点之间仅有唯一的通路，简化了路径选择控制。

（2）环路中每个节点的信息收发均由环接口自举控制，因此控制软件较简单。

(3)节点数的增加将影响信息的传输效率,故扩展受到一定的限制。

环状结构网络较适合于信息处理和自动化系统中使用,是微机局部网络中常用的结构之一。特别是IBM公司推出令牌环网之后,环状结构网络被越来越多的人所采用。

3. 总线状结构

总线状结构中(见图4-14(c)),各节点经其接口,通过一条或几条通信线路与公共总线连接。其任何节点的信息都可以沿总线传输,并且能被总线中的任何一节点所接收。由于它的传输方向是从发送节点向两端扩散,类同于广播电台发射的电磁波向四周扩散。因此,总线状结构网络又称为广播式网络。

总线状结构网络的接口内具有发送器和接收器。接收器接收总线上的串行信息,并将其转换为并行信息送到节点;发送器则将并行信息转换成串行信息广播发送到总线上。当总线上发送的信息的目标地址与某一节点的接口地址相符时,传送的信息就被该节点接收。由于一条公共总线具有一定的负载能力,因此总线长度有限,其所能连接的节点数也有限。总线状结构网络具有如下特点。

(1)结构简单灵活,扩展方便。

(2)可靠性高,网络响应速度快。

(3)共享资源能力强,便于广播式工作。

(4)设备少,价格低,安装和使用方便。

(5)由于所有节点共用一条总线,因此总线上的信息传送容易发生冲突和碰撞,故不宜用在实时性要求高的场合。总线信息冲突(通常称为"瓶颈")是总线状结构的重要问题。

4. 树状结构

树状结构是分层结构,适用于分级管理和控制系统。与星状结构相比,由于通信线路总长度较短,故它联网成本低,易于维护和扩展,但结构较星状结构复杂。网络中除叶节点(见图4-14(d))中标有数字1、2、3、4的各点及其连线外,任一节点或连线出现故障均影响其所在支路网络的正常工作。

上述四种网络结构中,总线状结构是目前使用最广泛的结构,也是最传统的主流网络结构。该种结构最适于信息系统、管理系统、办公室自动化系统、教学系统等领域的应用。

实际组建网时,网络的拓扑结构不一定仅限于其中的某一种,通常是几种拓扑结构的综合。

4.5.2　数据通信编码技术

不同系统或不同计算机之间的通信主要采用并行数据通信或串行数据通信两种方式。并行数据通信是指数据的各位同时传送,可以用字并行传送,也可以用字节并行传送,显然,并行传送的速度高,但传送的距离很短,通常小于10米;串行数据通信是数据一位一位地顺序传送,因此不同系统或计算机之间只用很少的几条信号即可完成数据交换。显然,串行传送的速度慢,但传送的距离很长,通常可达几十米至几千米,甚至更远。

发展串行数据通信的目的是在长距离下有效地传送数据,并尽可能减少通信线的条数。串行数据通信可分为异步和同步传送两种。

在数据传输中,数字信号是以串行方式传送的,即一条传输线上所传输的数字状态1或

0是以单位时间内高电平和低电平表示的,一段时间内传输线上高低电平的变换,在逻辑上能表示所传输的一串数据,而在物理上则是一串不同宽度的脉冲,其传输速率是每秒内表示数字状态所用单位时间的数目,在通信中称为波特率。

对于传输数字信号来说,最普遍而最简单的方法是用两个不同的电压表示数字位的两个状态(1或0)。例如,零电压表示0,而恒定的正电压表示1;或者用恒定的负电压表示0,而恒定的正电压表示1,如图4-15所示。该图用四种不同的脉冲代码来传输数字信号10 110 010。

图4-15(a)所示的属于不归零码NRZ,在码元之间没有间隔,所以难以判定一位的结束和另一位的开始,需要有某种方法来使发送端和接收端同步。

图4-15(b)、(c)所示的属于归零码RZ,此两种编码的共同点是每一位的中间有一个跳变,位中间的跳变既作为同步时钟,也作为数据:从高到低的跳变表示1,从低到高的跳变表示0。接收端利用位中间跳变很容易分离出同步时钟脉冲。因此,这两种编码得到广泛应用。由于时钟数据包含于信号数据流中,所以这两种编码被人们称为自同步编码。

通常把图4-15(c)所示的称为曼彻斯特(Manchester)编码,它的改进形式如图4-15(d)所示。用每位开始有无跳变表示0或1,即只要有电压变化(不管其变化方向如何)就表示0,无电压变化就表示1。人们把这种编码称为差动曼彻斯特编码。在使用双纹线作为传输介质的网络中,这种编码是非常方便的。由于变化的极性无关紧要,因此当把设备接到通信网上时,完全可以不考虑哪条线应该接哪个端子。

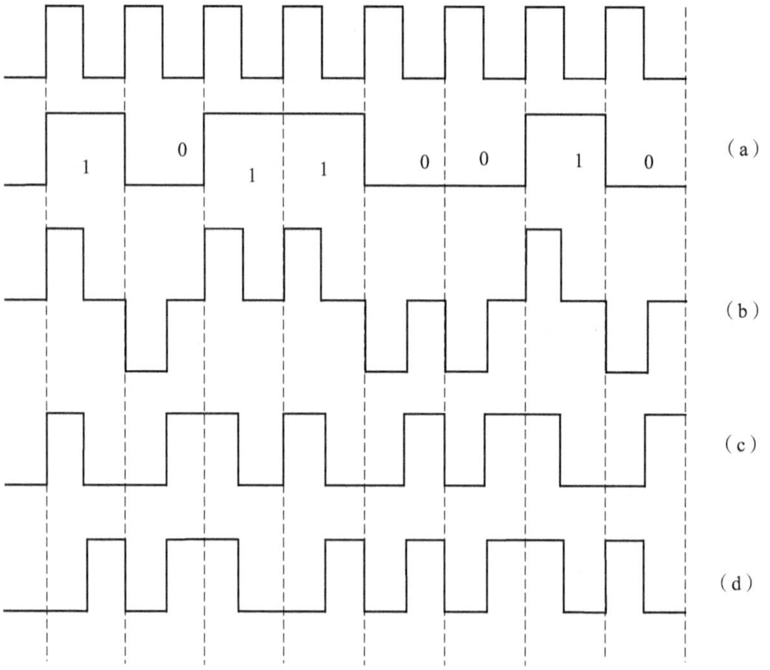

图4-15 数据编码

(a)NRZ (b)RZ (c)曼彻斯特编码 (d)改进曼彻斯特编码

4.5.3　网络协议及其层次结构

在计算机网络中各终端用户之间、用户与资源之间或资源与资源之间的对话与合作必须按照预先规定的协议进行。

分层设计方法对计算机和通信的未来同样重要。某一层的修改不会破坏整个设计或影响其他层的工作，甚至不影响相邻层的工作。相邻层之间通过接口联系。接口是包含在信息处理系统中的同一节点内部的不同功能层次之间的一组规则。

由于每层完成不同的功能，故接口是必不可少的。同一层中的某实体借助于该层协议与该层中另一实体通信。一个单独实体必须既是发送者又是接收者，它使得整个交互过程规范化。这种交互过程借助于刻画该单独实体的动作而构成该层协议。

利用分层方法，可以容易地实现网际联网、网络配置间的连接。利用对应于某分层结构的协议，能在系统的逻辑成分间建立有效的联系而不影响其他层。例如，网络的传输方式可从并行改为串行而不影响除最低层外的其他层。

为了实现计算机系统之间的互联，1977 年国际标准化组织（International Standard Organization，ISO）提出了开放系统互连参考模型（Open System Interconnection/Reference Model，OSI/RM）。这个网络层次结构模型规定了七个功能层，每层都使用它自己的协议。“开放”一词是指一个系统若符合这些国际标准的话，将对世界上遵守同样标准的所有系统开放。OSI 模型的层次结构如图 4-16 所示。下面简单介绍七层的内容。

图 4-16　OSI 模型的层次结构

1. 物理层

物理层（Physical Layer）在信道上传输未经处理的信息。该层协议涉及通信双方的机械、电气和连接规程，如：接插件的型号；每根线的作用；表示 1 用多少伏，0 用多少伏；一位占多宽；传输能否在两个方向同时进行；如何进行初始的连接，如何拆除连接等。RS-232 C、RS-422 A、RS-423 A、RS-485 等均为物理层协议。该层协议已有国际标准，即国际电报电话咨询委员会 1976 年提出的 X.25 建议的第一级。

2. 数据链路层

数据链路层（Data Link Layer）的任务是将可能有差错的物理链路改造成对于网络层来说是无差错的传输线路。它将输入的数据组成数据帧，并在接收端检验传输的正确性。若正确则回送确认信息，若不正确则抛弃该帧，等待发送端超时重发。同步数据链路控制（Sychronous Data Line Control，SDLC）、高级数据链路控制（High-level Data Link Control，HDLC）以及异步串行数据链协议都属于此范围。

3. 网络层

网络层（Network Layer）也称分组层，它的任务是使网络中传输分组。网络层规定了分组（第三层的信息单位）在网络中是如何传输的。

网络层控制网络上信息的切换和路由选择。因此，本层须为数据从源点到终点建立物理和逻辑连接。

该层的国际标准化协议是 X.25 的第三级。

4. 传输层

传输层（Transport Layer）的基本功能是从会话层接收数据，把它们传到网络层并保证这些数据全部正确地到达另一端。

传输层是一个真正的源—目标或端—端层。即在源计算机上的程序与目标机上的类似程序使报头和控制报文进行对话。它负责确保高质量的网络服务。它的一个重要功能是控制端到端数据的完整性。其总的目的是作为网络层和会话层的一个接口，确保网络层为会话层和网络的高级功能提供高质量的服务。

5. 会话层

会话层（Session Layer）控制建立或结束一个通信会话的进程。这一层检查并决定一个正常的通信是否正在发生。如果没有发生，这一层必须在不丢失数据的情况下恢复会话，或根据规定，在会话不能正常发生的情况下终止会话。

用户（即两个表示层进程）之间的连接称为会话。为了建立会话，用户必须提供希望连接的远程地址（会话地址），会话双方首先需要彼此确认，以证明有权从事会话和接收数据，然后两端必须同意在该会话中的各种选择项（例如半双工或全双工）的确定，在这以后开始数据传输。

6. 表示层

表示层（Presentation Layer）实现不同信息格式和编码之间的转换。常用的转换有：正文压缩，例如将常用的词用缩写字母或特殊数字编码，消去重复的字符和空白等；加密、解密；不同计算机间不相容文件格式的转换（文件传输协议）；不相容终端输入输出格式的转换（虚拟终端协议）。

7. 应用层

应用层（Application Layer）的内容视对系统的要求而定。它规定在不同应用情况下所允许的报文集合和对每个报文所采取的动作。

这一层负责与其他高级功能的通信，如分布式数据库和文件传输。这一层解决了数据传输完整性的问题或与发送/接收设备的速度不匹配的问题。

4.5.4 IEEE 802 标准

电气与电子工程师协会（Institute of Electrical and Electronics Engineers，IEEE）是世界上最大的专业学会。成立于 1980 年 2 月的 IEEE 802 课题组（IEEE Standards Project 802）于

1981 年底提出了 IEEE 802 局域网标准,重要的是将数据链路层又划分出两个子层,其与 OSI 的对应关系如图 4-17 所示。

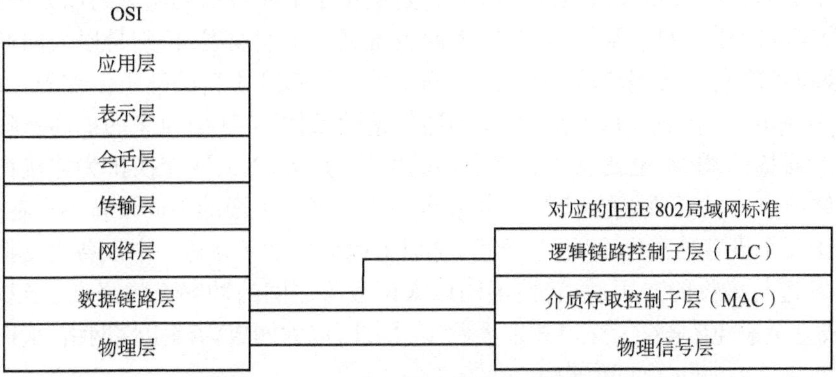

图 4-17　OSI 模型与 IEEE 802 标准的关系

IEEE 802 标准将数据链路层分为逻辑链路控制子层(Logical Link Control, LLC)和介质访问(存取)控制子层(Medium Access Control, MAC)。逻辑链路控制子层主要提供寻址、排序、差错控制等功能。MAC 主要提供传输介质和访问控制方式。IEEE 802 标准包括以下内容。

IEEE 802.1,系统结构和网络互联。

IEEE 802.2,逻辑链路控制。

IEEE 802.3,CSMA/CD 总线访问方法和物理层技术规范。

IEEE 802.4,Token Passing Bus 访问方法和物理层技术规范。

IEEE 802.5,Token Passing Ring 访问方法和物理层技术规范。

IEEE 802.6,城市网络访问方法和物理层技术规范。

IEEE 802.7,为宽带网络标准。

IEEE 802.8,为光纤网络标准。

IEEE 802.9,为集成声音数据网络。

物理信号层(PS):完成数据的封装/拆装、数据的发送/接收管理等功能,并通过介质存取部件(也称“收发器”)收发数据信号。

介质存取控制子层(MAC):支持介质存取,并为逻辑链路控制子层提供服务。它支持的介质存取法包括载波检测多路存取/冲突检测(CSMA/CD)、令牌总线(Token Bus)和令牌环(Token Ring)。

逻辑链路控制子层(LLC):支持数据链路功能、数据流控制、命令解释及产生响应等,并规定局部网络逻辑链路控制协议(Local Network Logic Link Control,LNLLC)。

此外,网络层也有变化。在 IEEE 802 标准中,定义了三种主要的局域网络技术,它们的介质访问控制分别是 CSMA/CD(IEEE 802.3)、令牌总线(IEEE 802.4)和令牌环(IEEE 802.5)。

4.5.5 工业以太网

所谓工业以太网(Industrial Ethernet),就是应用于工业自动化领域的以太网技术,近几年来,随着互联网技术的普及与推广,以太网也得到了飞速发展,特别是以太网通信速率的提高、交换技术的发展,给解决以太网的非确定性问题带来了新的契机。首先,以太网的通信速率从 10 Mb/s 发展到 10 Gb/s。在相同通信量的条件下,通信速率的提高意味着网络负荷的减轻和碰撞的减少,也就意味着确定性的增强;其次,以太网交换机为连接在其端口上的每个网络节点提供了独立的带宽,连接在同一个交换机上面的不同设备不存在资源争夺,这就相当于每个设备独占一个网段;最后,全双工通信技术又为每一个设备与交换机端口之间提供了发送与接收的专用通道,使不同以太网设备之间的冲突大幅降低(半双工交换式以太网)或完全避免(全双工交换式以太网)。因此,以太网成为确定性网络,从而为它应用于工业自动化控制消除了主要障碍。

工业以太网协议有多种,如 HSE、ProfiNet、Ethernet/IP、Modbus TCP 等,它们在本质上仍基于以太网技术(即 IEEE 802.3 标准)。对应于 ISO/OSI 通信参考模型,工业以太网协议在物理层和数据链路层均采用了 IEEE 802.3 标准,在网络层和传输层则采用被称为以太网事实上的标准的 TCP/IP 协议簇(包括 UDP、TCP、IP、ARP、ICMP、IGMP 等协议),它们构成了工业以太网的第四层。在高层协议上,工业以太网协议通常都省略了会话层、表示层,而定义了应用层,有的工业以太网协议还定义了用户层(如 HSE),如图 4-18 所示。

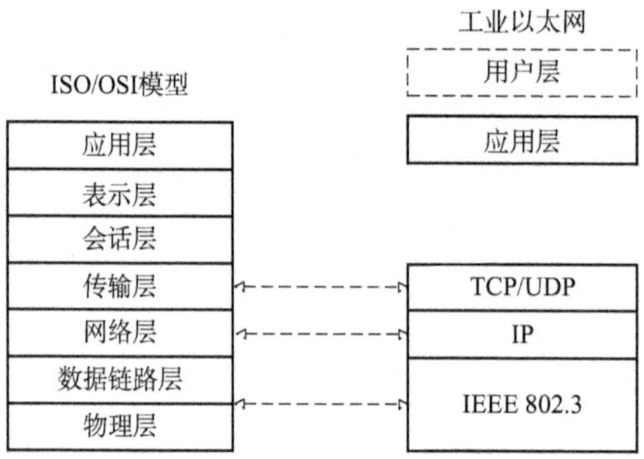

图 4-18 工业以太网通信模型

以太网根据不同系统规模和具体情况,灵活采用星状、环状(包括冗余双环)、线状(或类总线状)结构等网络拓扑结构。工业以太网中使用的通信线缆包括同轴电缆、双绞线和光缆,遵循电气和电子工程师协会(IEEE)指定的相关标准。根据工业环境的状况,工业以太网对环境的适应性要比传统的商业以太网更强,包括设备、通信线缆、连接件在内的防爆性、抗腐蚀性、机械强度、电磁兼容性等等。

工业以太网的关键技术包括工业以太网通信的实时性、工业以太网的网络生存性和可用性、工业以太网的网络安全、工业以太网的传输距离、工业以太网的互可操作性与应用性协议。

4.6　现场总线技术

4.6.1　现场总线的定义

现场总线是指伴随着计算机通信技术发展起来的、应用在工厂自动化领域的一种工业数据通信总线。它主要解决工业现场的智能化仪器仪表、控制器、执行机构等现场设备间的数字通信以及这些现场控制设备和高级控制系统之间的信息传递问题。现场总线具有使用简单、经济、可靠等一系列突出的优点,因而受到了许多标准团体和计算机厂商的高度重视。

按照 1999 年国际电工委员会(International Electrotechnical Commission, IEC)给出的标准定义,现场总线是指安装在制造或过程区域的现场装置与控制制造生产过程的自动装置之间的数字式、串行、多点通信的数据总线。因此,现场总线系统以数字信号的传输替代了普通开关量信号及传统模拟量信号的传输,是连接智能现场设备和自动化控制系统的全数字、双向、多站点的通信系统。

现场总线的出现对自动化领域的技术发展产生了重要影响,是当今该领域技术发展的热点之一,尤其是近三十年来发展迅速,被誉为自动化领域的计算机局域网。现场总线是一种工业数据总线,是自动化领域中的底层数据通信网络。

4.6.2　典型现场总线

目前世界上存在着大约四十余种现场总线,如法国的 WorldFIP、英国的 ERA、德国西门子公司的 PROFIBUS、挪威的 FINT、美国的 DeviceNet 与 ControlNet、国际标准化组织的基金会现场总线(Foundation Fieldbus, FF)等。这些现场总线大都用于过程自动化、医药领域、加工制造、交通运输、国防、航天、农业和楼宇自动化等领域,不到十种总线占有 80%左右的市场。遗憾的是,在这些影响力较大的现场总线中,并没有一种是由中国的企业提出来的。

现场总线技术一直是国际自动化和仪器仪表发展的热点,它的出现既使传统的控制系统结构产生了革命性的变化,又使自控系统朝着智能化、数字化、信息化、网络化、分散化的方向迈进了一步,形成了新型的网络通信的全分布式控制系统——现场总线控制系统。然而,到目前为止,现场总线还没有形成真正统一的标准,目前 IEC61158 认可的八种工业现场总线标准分别是 Fieldbus Typel、PROFIBUS、ControlNet、P-NET、Foundation Fieldbus、SwiftNet、WorldFIP 和 InterBus。除此之外还有多种标准并行存在,并且都有自己的生存空间。同时,支持现场总线的仪表种类还比较少,可供选择的余地也小,且价格偏高,用量也较小。

典型现场总线的比较如表 4-1 所示。

表 4-1　典型现场总线的比较

总线类型	技术特点	主要应用场合	价格	支持公司
FF	功能强大,本安,实时性好,总线供电;但协议复杂,实际应用少	流程控制	较贵	Honeywell、Rosemount、ABB、FOXBORO、横河、山武等
WorldFIP	有较强的抗干扰能力,实时性好,稳定性好	工业过程控制	一般	Alstom

续表

总线类型	技术特点	主要应用场合	价格	支持公司
PROFIBUS-PA	本安,总线供电,实际应用较多;但支持的传输介质较少,传输方式单一	过程自动化	较贵	Siemens
PROFIBUS-DP/EMIS	速度较快,组态配置灵活	车间级通信、工业、楼宇自动化	一般	Siemens
InterBus	开放性好,与 PLC 的兼容性好,协议芯片内核由国外厂商垄断	过程控制	较便宜	独立的网络供应商支持
P-NET	系统简单、便宜,再开发简易,扩展性好;但响应速度较慢,支持厂商较少	农业、养殖业、食品加工业	便宜	PROCES-DATA A/S
SwiftNet	安全性好,速度快	航空	较贵	Boeing
CAN	采用短帧,抗干扰能力强,速度较慢,协议芯片内核由国外厂商垄断	汽车检测、控制	较便宜	Philips、Siemens、Honeywell 等
LonWorks	支持 OSI 七层协议,实际应用较多,开发平台完善,协议芯片内核由国外厂商垄断	楼宇自动化、工业、能源	较便宜	Echelon

4.6.3 现场总线系统的技术特点

现场总线是控制系统运行的动脉、通信的枢纽,因而从技术方面应关注系统的开放性、互操作性、通信的实时性、现场设备的智能性与功能自治性以及对现场环境的适应性等问题。

1. 系统的开放性

系统的开放性体现为通信协议公开,不同制造商提供的设备之间可实现网络互联与信息交换。这里的开放是指对相关规范的一致与公开,强调对标准的共识与遵从。一个开放系统,是指它可以与世界上任一制造商提供的、遵守相同标准的其他设备或系统相互连通,用户可按自己的需要和考虑,将来自不同供应商的产品组成满足自己控制应用需要的系统。现场总线系统应该成为自动化领域的开放互联系统。

目前,位于企业基层的测控系统,许多依然处于封闭、孤立的状态,严重制约了其自身信息交换的范围与功能发展,从用户到设备制造商都强烈要求形成统一标准,从根本上打破现有各自封闭的体系结构,组成开放互联网络,而正是这种需求促进了现场总线技术的诞生与发展。

2. 互操作性

互操作性是指网络中互联的设备之间可实现数据信息传送与交换,如 A 设备可以接收 B 设备的数据,也可以控制 C 设备的动作与所处状态。

3. 通信的实时性

现场总线系统的基本任务是实现测量控制,而有些测量控制任务是有严格的时序和实时性要求的。达不到实时性要求或因时间同步等问题影响了网络节点间的动作时序,有时会造成灾难性的后果。这就要求现场总线系统提供相应的通信机制,提供时间发布与时间管理功能,满足控制系统的实时性要求,现场总线系统中的媒体访问控制机制、通信模式、网络管理与调度方式等都会影响到通信的实时性、有效性与确定性。

4. 现场设备的智能性与功能自治性

现场设备的智能性主要体现在现场设备的数字计算与数字通信能力上。功能自治性则是指将传感测量、补偿计算、工程量处理、控制计算等功能块分散嵌入现场设备中，借助位于现场的设备即可完成自动控制的基本功能，构成全分布式控制系统，并具备随时诊断设备工作状态的能力。

5. 对现场环境的适应性

现场总线系统工作在生产现场，应具有对现场环境的适应性。工作在不同环境下的现场总线系统，对环境适应性有不同要求：在高温、严寒、粉尘环境下能保持正常工作状态，具备抗振动、抗电磁干扰的能力；在易燃、易爆环境下能保证本质安全，有能力支持总线供电；等等。这些是现场总线控制网络区别于普通计算机网络的重要特点。采用防水、防潮、防电磁干扰的壳体封装，采用工作温度范围更宽的电子器件，采用屏蔽电缆或光缆作为传输介质，实现总线供电，满足本质安全防爆要求等都是现场总线系统所采取的提高环境适应性的措施。

课后习题

（1）冯·诺伊曼计算机的组成。

（2）试述计算机控制系统的组成。

（3）计算机控制系统的典型形式有哪些？

（4）简述数字控制的原理，及其控制方式。

（5）试述常用的数据交换技术。

（6）常见的网络拓扑结构有哪些，各有什么特点？

（7）何谓现场总线，典型的现场总线有哪些？

（8）谈谈你对工业以太网的理解。

（9）谈谈你对 IEEE 802 标准的认识。

参考文献

[1] 易建勋. 计算机导论：计算思维和应用技术[M].2 版. 北京：清华大学出版社，2018.

[2] 毛爱华. 计算机组成部件与原理[M]. 广州：华南理工大学出版社，2022.

[3] 孔繁之，王玉峰. 大学计算机基础[M]. 北京：电子工业出版社，2020.

[4] 范其明. 工业网络与现场总线技术[M]. 西安：西安电子科技大学出版社，2020.

[5] 黄风. 工业机器人与现场总线网络技术[M]. 北京：化学工业出版社，2020.

[6] 于海生，丁军航，潘松峰，等. 微型计算机控制技术[M]. 3 版. 北京：清华大学出版社，2017.

[7] 王廷尧. 以太网技术与应用[M]. 北京：人民邮电出版社，2005.

[8] 博尔曼，希尔根坎普. 工业以太网的原理与应用[M]. 北京：国防工业出版社，2011.

第 5 章　智能制造生产装备与技术

智能制造通过生产管理系统、计算机辅助工具和智能装备的集成与互相操作来实现智能化、网络化分布式管理，进而实现企业业务流程、工艺流程及资金流程的协同以及生产资源（材料、能源等）在企业内部及企业之间的动态配置，并且借助各种生产管理工具、软件、系统和智能设备，打通企业从设计、生产到销售、维护的各个环节，实现产品仿真设计、生产自动排程、信息上传下达、生产过程监控、质量在线监测、物料自动配送等智能化生产。

实现智能制造的利器就是数字化、网络化的工具软件和制造装备。智能制造装备是装备制造业的基础，是一种集成和深度融合了先进制造技术、信息技术和智能技术等的制造装备，作为未来高端装备制造业的重点发展方向，是数控装备的延续发展。智能制造装备是带动传统产业升级改造，实现过程智能化、自动化、精密化、绿色化的有力工具，是培育和发展战略性新兴产业的重要支撑。

智能制造装备是具有自感知、自学习、自决策、自执行、自适应等功能的制造装备，是制造装备的核心和前沿，是加快发展高端装备制造业的有力工具。智能制造装备将传感器及智能诊断和决策软件集成到装备中，借助计算机模拟人类专家的智能活动进行分析、推理、判断、决策和控制，把制造自动化的概念更新、扩展为柔性化、智能化和高度集成化，使制造工艺能适应制造环境和制造过程的变化实现优化，通过人与智能机器协作，以扩大、延伸和部分地取代人类专家在制造过程中的脑力劳动。先进性和智能性是其主要特征。本章主要对智能制造的生产装备进行介绍，分别是智能数控机床、智能工业机器人、智能 3D 打印、智能仪器仪表。

5.1　智能数控机床

数字控制（简称“数控”）技术是用数字信息对机械运动和工作过程进行控制的技术，是通过利用高度数字化的传感器控制各种设备操作流程的不同环节以实现控制作业的高度自动化技术，是集传统的机械制造技术、计算机技术、现代控制技术、传感检测技术、网络通信技术和光机电技术等于一体的现代制造业的基础技术，具有高精度、高效率、柔性自动化等特点，对制造业实现柔性自动化、集成化和智能化起着举足轻重的作用。在数控技术中，我们一般对机器工作运动中所处的位移、压力和转速等机械能量以及与机械能流动相关的物理量实施相应范围的限制，而我们进一步将装配了数控系统的机床称为数控机床。

智能机器的应用，主要以人为核心，以机械为辅，智能机床科学合理地运用智能决策、智能执行和自动感知等方法把多种智能功能进行结合，进而实现制造系统为机械加工的优化操作提供有效的可靠性保证。从狭义角度来说，在整体机械加工过程中，智能机器可科学地实现检测、调整、自动感知等，并以此实现整体机械加工生产流程的有效科学运作，最后再进一步实现制造过程低能耗、加工产物高质量等目标。

例如数控机床，可以通过检测温度、加速度和位移等机械物理量，实现通过传感器对机械工作状况和周围环境的改变进行检测，从而进行实时的调整与管理，优化切削用数，控制消除振动等，其能够在很大程度上充分发挥机器的潜能，是一个基于模型设计的闭环加工控制系统。另外，数控机床具有的通信能力也是其另一个主要特点，人们可将它视为车间网络中的一个节点，并通过对节点的管理进行机床与车间系统内部的联系，提高生产效率和效益。

数控机床已经从设备的简单加工发展为整个生产网络的终端加工，在这个过程中生产信息都可以自动收集，各级系统的即时联系也都可以自动完成，从而进一步实现透明化生产。机床的智能化、网络化为生产信息的全球共享、异地构建以及虚拟云企业的形成提供了必要条件，从而在迈向共享经济的新时期，为制造企业创造更大的效益。将来，数字孪生将成为高端机床的不可分割的组成部分，实现虚实形影不离，利用传感器对机床的运行状态实时监控，再通过仿真及智能算法进行加工过程优化，尽可能预测性能变化，实现按需维修。

5.1.1　智能数控机床概述

在工业 4.0 和“互联网+”高速发展的背景下，全新的技术变革也发生在了数控机床的发展世界中，例如对网络优势的有效合理运用形成了一个巨大的技术聚焦区域，数控机床的计算能力获得了无限延伸，对共享经营等新型业务模式的认识以及合理构建与之相适应的新功能也成了重要的未来趋势。从机械加工技术本身来看，数控机床的智能表现在了如下四大方面：智能运行、智能化加工、智能化维修和智能化管理。机床通过使用各种类型的感应器，在机械加工程序中利用了数字监测与补偿等技术，进一步地改善了加工机械的特性。

日本山崎马扎克、大限株式会社等企业也在工业自动化方面开发了不少世界领先的核心技术，如主轴抑振、智能防撞击和图形化诊断等。在云端计算技术方面，斯图加特大学也提供“全球本地化”的云端数控系统，其结构框架如图 5-1 所示。

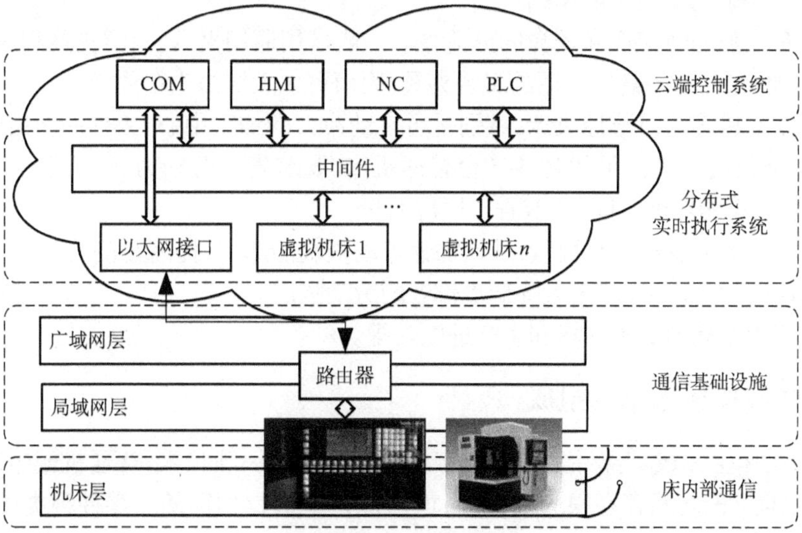

图 5-1　云端控制机床

在传统的数控系统中，人机界面、数据控制中心和 PLC 控制三大功能全部位于云端，而在本地仅留有伺服驱动控制和安全管理的功能，并且还在云端添加了通信、中间件和以太网的连接，然后再利用网络路由器和本地的数控系统通信。因此，在云端也就有了数字孪生系统，并能实现机械的安装、调整和维修，也就从一定意义上便利了机械的应用，即实现所谓的控制器的功能。

顺应大势，机械数控系统也实现了智能和联网，按照现代信息物理科学的思想，智能数控机床开发工作正在进行着，从网络、系统和整个控制系统的角度数控机床的高度智能已经实现。当今世界中的工业自动化目前尚未给出一种广泛合理的实现方法，其发展也是个渐进的、循序渐进的过程，因而才会出现了关于自动化的各种理解方法。

在工业数控系统领域，商业化的真正实现及其创新实践还必须依靠智能和联网的新技术。在未来，数控系统和智能化会更加相互影响、相互渗透。数据的积累、传输和挖掘会产生愈来愈多的智能制造力，共享化、透明化会对制造产业产生重大影响，翻天覆地的变革也会出现在制造产业之中。

5.1.2 智能数控机床的特点

数控机床是实现柔性自动加工的主要设备，也是发展柔性生产和计算机集成制造的基础。其特点主要有以下几点。

（1）能加工一般机床难以加工或不能加工的复杂型面，如复杂型面模具、整体涡轮、发动机叶片等复杂零件。

（2）可获得更高的精度和稳定的质量。数控机床按预先编写的程序自动加工，没有人为干扰，且加工精度还可以利用软件进行校正和补偿，因此可获得高的加工精度和重复精度。

（3）具有高生产率。与普通机床相比，生产率可提高 2~3 倍，对于一些复杂零件的加工，生产率可提高十几倍甚至几十倍。

（4）具有较强的适应性和较高的灵活性。一般借用通用夹具，只需更换程序，即可适应不同零件的加工，几乎不需要专用的工装夹具，因而可大大缩短生产周期。

（5）可以一机多用。数控机床，特别是可自动换刀的加工中心，工件一次装卡几乎能完成全部加工部位的加工。可代替 5~7 台普通机床，既节省了劳动力，也节省了工序间的运输、测量和装卡等的辅助时间，还节省了厂房面积。

（6）可以大大减少在制品数量，从而加速流动资金的周转，提高经济效益。

（7）可以改善生产环境，大大降低操作者的劳动强度。

（8）可实现精确的成本核算和生产进度安排。

5.1.3 智能数控机床结构组成

在数控机床上完成零部件生产是数字控制生产中的一项技术，普通机械生产和数控机床生产的技术流程之间存在很大的差异，但从总体上讲是相同的。零件种类多、变形速度快、批量小、造型繁复、精密要求是机械加工中的一系列难题，而我们将智能数控应用到这一过程中，难题也将迎刃而解。在数控机床机械加工的过程中，加工会根据我们之前所录入的编程信息完成。数控机床则是一个集现代控制和计算机科学于一身的高效、精准、柔性和智能化的现代机械设备，其主体结构由机床主机、数控系统、伺服驱动系统等部件组成，图 5-2 所示的是数控机床的组成部分。其执行部分为机床主机，控制中心为中央数控技术管理系统，其伺服驱动系统是中央数控技术管理系统中的功率放大控制系统。

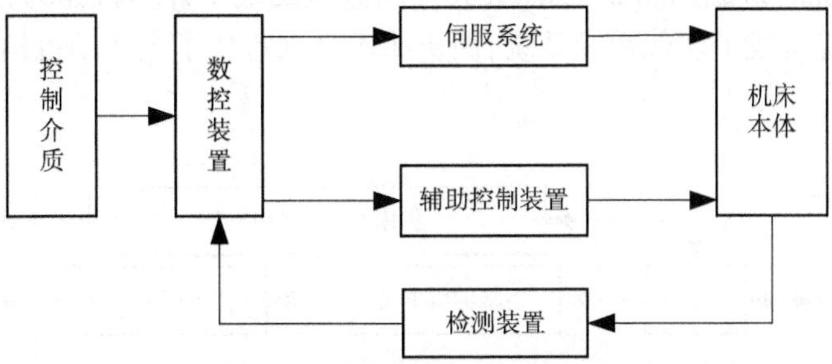

图 5-2　数控机床的组成部分

控制介质是指将数控机床零件加工信息传送到数控装置的程序载体。常用的控制介质有磁盘、移动硬盘、U 盘等，其根据数控装置类型的变化而变化。

数控装置是数控机床的中枢，一般由输入装置、存储器、控制器、运算器和输出装置组成。数控装置接收输入介质的信息，并对其代码加以识别、储存、运算，输出相应的指令脉冲驱动伺服系统，进而控制机床动作。

伺服系统是以机床移动部件的位置和速度为控制量的自动控制系统，又称随动系统、拖动系统或伺服机构。伺服系统是数控机床的执行机构，由驱动装置和执行部件（如伺服电动机）两大部分组成。

辅助控制装置是介于数控装置和机床机械、液压部件之间的强电控制装置，用以保证数控机床的运行，如冷却、排屑、润滑、照明、监测等，既包括液压和气动装置、排屑装置、交换工作台、数控转台和数控分度头，还包括刀具及监控检测装置等。

检测装置的功能是对各个坐标轴的实际位移量、速度参数进行检测，并将其转换成电信号，反馈至数控装置。常用检测装置的检测元件有直线光栅、光电编码器、圆光栅、绝对编码尺。

机床本体是数控机床的主体，主要用于完成各种切削加工的机械部分，一般包括主运动部件、进给运动执行部件、床身、立柱、支承部件等。

在中心数控技术管理系统的引导下，数控机床的各轴可以根据控制系统规定的速度调整动作，从而完成复杂加工轨迹。

5.1.4　智能数控技术

数控机床是机械工业的“工作母机”，是反映一个国家机械工业技术进步水平与程度的重要战略物资。在国家加速转型经济发展方式、机械市场需求出现巨大变革的新常态下，中国机械工业正面对着极大的转型升级压力，目前数控机床技术已由传统制造向智能制造方面发展。但由于智能机械技术尚处在起步阶段，还未能获得根本性的进展和明显的应用效果，主要是智能机械在自认知和自学习技术方面还未能实现革命性的重大突破，结果造成了机械智能型功能的普遍适用性和有效性不足。近年来，大数据、云计算技术和新型人工智能技术已经实现了群体性、革命性的重大突破。新一代人工智能科技和先进生产科技深度融合而产生的新型智能生产科技，形成了新一轮工业革命的核心推动力，必将给数控机床行业带来全新的变化。

现代数控系统的组成如图 5-3 所示，其使用微型的电子计算机作为控制器。机床本体与计算机数控系统构成了现代数控系统，而机床本身则包括了主运动机构、进给传动机构和辅助控制机构。

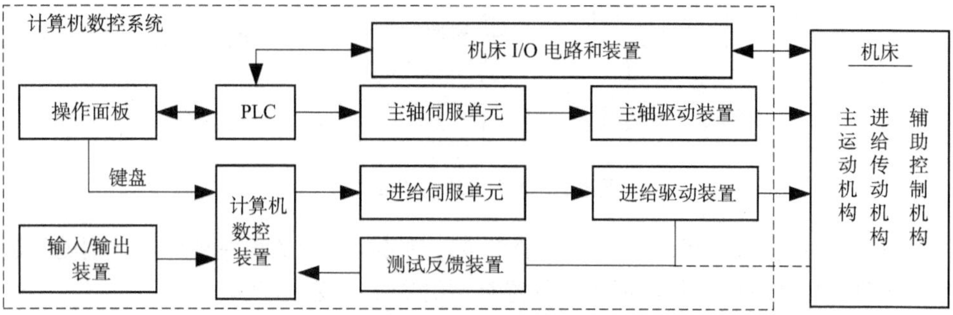

图 5-3　现代数控系统组成

输入/输出装置、计算机数控装置、可编程控制器（PLC）以及主轴伺服单元、进给伺服单元和测试反馈装置等构成了数控系统。其中，电脑数控设备工艺技术是整个数控系统的核心技术，外设工艺技术则重点涉及开发工具科技、程序设计科技和管理手段。

智能数控系统的实现有两个重点，一是智能制造技术，二是智能制造技术和数控系统的结合。制造技术的智能是使制造技术在保证所需要的精度和提高产量的情况下产生尽可能多的柔性，智能制造技术应该可以按照实际状况而相应改善其控制策略，从而实现品质、效能与价值的最佳结合。智能制造是组成单元（部件）的智能，数控制造技术系统的智能程度是进行高效率、精确、高品质制造的关键。高档数控技术及基础装置等重大技术专项的开展将使加工机械的自动化程度明显提升。而构成整个机械加工过程单元（部件）的刀柄、卡具、夹头和工具等的智能化设计与实现技术，则将为开展智能制造技术的应用与示范工作提供强有力的基础。

智能制造机械将是现代智能制造体系的重要基础单元。机床的智能化水平有赖于各模块综合智能化的水平，面对着智能生产的整个流程，智能数控机床需要具备较高的生产管理技术水平和分层信息处理水平，才能调整好各个环节的生产加工机能，从而解决“智能化孤岛”的问题，从总体效率上实现最优化。

5.1.5　智能数控机床应用

就当今世界上的数控技术发展与装备应用分析，数控机床的应用主要有如下几方面。

1. 制造行业

机械制造工业是最先使用数控技术的工业，它承担了为国民经济各领域创造新型技术装置的重要任务。主要应用领域及产品有研究设计和制造工业生产装备用的高性能五轴高速精密立式加工设备、五坐标系机械加工中心（图 5-4）等；汽车配件生产行业中，发电机、变速器、曲轴等柔性机械加工生产线上使用的数控机床和高速机械加工中心，此外还有焊接、组装、喷涂的自动化机器人、板件激光对焊机和激光切割器等；飞机、舰艇、发电行业中加工螺旋桨、发动机、发电机和水轮机叶片零部件用的高速五坐标加工中心、重型车铣复合加工中心等。

图 5-4　五坐标系机械加工中心（图片来自网络）

2. 信息行业

在电子信息产业中，计算机、互联网、通信、遥测和遥控领域的生产装置，都必须使用依靠超精技术、纳米工艺技术的生产设备，如芯片生产的引线键合机、晶片光刻机（图 5-5）等，而这些设备的控制系统也都必须使用数控技术。

图 5-5　ASML 光刻机（图片来自网络）

3. 其他行业

在轻工领域内，如使用多轴伺服控制系统的印染设备、纺织机械、食品包装设备和木工机械等。在建筑产品制造行业，主要有用于石料机械设备切削加工的数控水刀切削机，用于玻璃机械切削加工的数控玻璃雕刻机，用于席梦思机器切削加工的数控绗缝机和用于服饰机器切削加工的数控刺绣机（图 5-6）。

图 5-6 数控刺绣机(图片来自网络)

在工艺品领域内,更多的新工艺品、艺术品设计将会通过更先进的五轴生产中心完成。随着现代数控机床的迅速发展,主要数控机床制造商都在生产中植入了自适应控制、机械加工过程监控、智能检测等实用性控制系统。与以色列 OMATIVE ACM 自适应控制系统相结合,德国西门子公司数控系统具有马达参数自适应计算、负载主动辨识、刀具寿命监测等能力,可对切削工况进行自动监控,避免加工过程中机床、刀具和工件可能出现的损坏,保障设备安全运行;可对主轴负载值、刀具及工件的切削参数值综合计算,将每一步走刀的进给率调节到最优值,提高加工效率;在切削加工过程中可对刀具磨损进行监测,提高刀具利用率。奥地利 WFL 的 Crash Guard 防撞卫士管理系统,运用计算机数字控制机床系统的高数据处理能力,实时监测机械的运行,以保证机器在手动、自助等不同的运动模式下均正常,从而减少操作过程中机械突发事件的出现,提升了运行的安全性和可靠性。德国 GE Fanuc 有限公司的 Proficy 软件通过监测和解析机床设备中错综复杂的基本数据,对机械的运行状况、健康状况等实现了远程检测。德国 ARTIS 监测控制系统是对操作情况实施监测的设备,经过培训,掌握监测信息的特点,完成对加工过程中的断刃、工件损坏、事故等异常情况的即时监测。

现代化是数控机床技术的高级阶段,高度现代化可解放我们的大脑智力。伴随现代科学技术的发展,数控机床领域内将产生更多智能系统、智能组件和智能技术。虽然其高智能程度目前还处在研发时期,但伴随人工智能技术的发展、计算机科学的发展、信号产品微小化与智能化及微处理器工艺技术的进一步完善,构建真正意义上的“自掌握、自发展”的具备人类智能水平的数控系统将不再是梦。

5.1.6 智能数控机床的发展趋势

社会经济的发展为技术进步提供了条件,同时也对技术创新提出了新的要求,也昭示着产业的发展趋势。随着科学技术和制造技术的不断进步,社会对产品多样化的要求越来越强烈,个性化的需求也使得中小批量生产的比重明显增加。这就要求现代数控机床具备高效率、高质量、高柔性和低成本等新一代制造设备的相关特点，以不断满足变化的市场需求。

（1）长时间连续自动加工：相比普通机床的手动测量和操作，数控机床加工零件时，可以完全按照预定的程序自动进行，操作者只需发出起动命令，并进行加工过程的监视。刀具的进给、工件的检测，全部由数控系统完成，操作者无须干预；还可以实现在两班、三班的夜间无人管理下运行。因此，在现代数控机床上，装有各种类型的监控、检测装置，对工件及刀具进行监测，保证数控机床长期工作时的产品质量。

（2）更高速度和精度：现代机械制造业对操作效率提出了更高要求，这也要求数控机床向更高速度和精度发展，以适应生产的需要。现代数控机床都装备了新型的数控系统及伺服系统，并有很高的分辨率和进给速度，现代数控系统已经开发出基于 64 位 CPU 的系统，并采用了精简指令集运算的芯片作为主 CPU，进一步提高了运算速度。

（3）更高生产效率和使用效率：数控机床的沉没成本较大，只有尽量提高利用率，实现一机多能，才能最大限度提高生产效率和使用效率。现代数控机床一般都采用自动换刀、自动更换工件等机构，实现一次装卡完成全部加工工序，减少装卸刀具、装卸与调整工件、维修机床的辅助时间。在同一台机床上不仅能实现粗加工，也能进行精加工，提高了机床的开动率。为了提高数控机床的生产效率，现代数控机床一般采用更大的功率，并选用新型的刀具，以提高切削效率，缩短加工时间。

（4）更高可靠性：提高数控机床可靠性的关键是提高数控系统的可靠性。现代数控机床采用数控机床（Computer Numerical Control，CNC）系统，只要改变软件或控制程序，就可以适应各类机床的不同要求。采用模块化思想，数控系统的硬件设计成多种功能模块，可根据机床数控功能的需要，选择不同的模块，可自行扩展或裁减，组成满意的数控系统。数控系统的模块化、通用化及标准化，便于组织批量生产，保证产品的质量。新型的数控系统，大量采用超大规模的集成电路，采用专用芯片及混合式集成电路，提高了线路的集成度，减少了元器件的数量，降低了功耗，提高了可靠性；采用表面安装工艺（Surface Mount Technology，SMT），实现了三维高密度安装技术，元器件经过严格的筛选，建立由设计、试制到生产的一整套质量保证体系。

（5）操作性能更高：数控机床的人机交互界面一般采用彩色的 LCD 屏幕显示，配合手动操作硬件和软件键，并采用大量的友好的菜单选择操作方式，数控系统还应专门设置 Help 键，对不会使用该系统的操作者，提供在线操作方法的提示。

（6）通信功能更好：为了适应柔性制造单元（Flexible Manufacturing Cell，FMC）、柔性制造系统（Flexible Manufacturing System，FMS）以及进一步联网组成计算机集成制造系统（Computer Integrated Manufacturing System，CIMS）的要求，一般的数控系统都具备 RS-232 和 RS-422 高速远距离串行接口。按照用户级的格式要求，同一级计算机可以进行多种数据交换。高档的数控系统应具有分布式数控（Distributed Numerical Control，DNC）接口，可以实现几台数控机床之间的数据通信，也可以直接对几台数控机床进行控制。

5.2　智能工业机器人

工业机器人是指带有记忆设备和末端执行装置并能够执行某种移动方式或工艺来取代

一般人类劳作方式的通用机械，通常在工业生产中能取代一般工人进行一些单调烦琐和重复性高的长期工作，或者是在危险性高、严酷条件下的长期工作。工业机器人是面向工业生产领域的多关节机械手或多自由度的机器，它能够完全自主地进行工作，并依靠自我动力和控制来完成各项功能。工业机器人既能够直接按人的指令工作，也可依据事先编制的程序运行，而目前最先进的工业机器人还可依照人工智能方法所规定的原则纲领执行相关操作。

智能工业机器人的典型作用有节约劳动力、完成极端条件下的工作以及与人协同作业。为实现这些功能，智能工业机器人通常需要具备以下基本技能：环境精确感知与识别能力、自主决策与规划能力、高精度的运动控制能力、与人及其他设备的协作能力，以及在恶劣环境中的适应与可靠性能力。机器人学所涉及的范围正是所有具备这些典型特点和基本技能的机械设备，其应用主要包括以下三个领域，一是工业机器人的研制、生产与使用。二是工业设备的机器人化，例如在企业里向机床配送物料、夹紧刀具、调整工具、装配作业机器人定位、零件搬运等，都是通过机器人技术进行自动化。三是运用自动化机器人学的基础设计技能，如采用动力控制系统的精确装配、信息流程的精细化传递以及粗细线传递等，将自动化机器人学的作业方案自动生成能力应用于一般作业方案的设计中。

5.2.1 智能工业机器人概述

工业机器人在世界各地的概念并不完全一致，不过其内涵基本相同。国际机器人联合会对工业机器人的定义为：工业机器人是指一个拥有自动操纵计算机的运行与动作等能力，可以完成各类作业的可编程操作机。美国机器人工业协会（Robotics Industries Association，RIA）对工业机器人的定义是：工业机器人是指一种用来装卸物料、零部件、加工工具等的可再编程的多功能机械手，或通过不同程度的调用来实现各类作业目标的特种设备。我国的工业标准、德国行业标准和加拿大人工智能联盟中也有这样的概念，工业机器人拥有自主作业、可编程和多应用等特点，工业生产机器人操作机拥有多个可编程轴。在工业机器人自动化应用中，工业机器人有固定式和活动式两种，图 5-7 即为固定式工业机器人。因此总体而言，工业机器人是综合机械技术、电气技术、控制系统、计算机技术、感应技术、人工智能等先进科学技术成果于一身的现代工业智能化关键装置。

图 5-7　固定式工业机器人（图片来自网络）

工业机器人的技术参数是各工业机器人制造商在产品供货时所提供的技术参数，反映了机器人的适用范围和工作性能。工业机器人的主要技术参数包括自由度、工作空间、承载能力、最大工作速度、定位精度、重复定位精度、分辨率等。

（1）自由度。自由度是指机器人具有的独立坐标轴运动的数目，不包括末端执行器的动作。机器人的自由度一般等于关节数目，机器人常用的自由度一般为 3~6，也就是常说的 3 轴、4 轴、5 轴和 6 轴机器人。自由度越大，机器人动作越灵活，可以完成的动作越复杂，通用性越强，应用范围也越广，但机械臂结构也越复杂，这会降低机器人的刚性，增大控制难度。

（2）工作空间。工作空间也称为工作范围，是指机器人在运动时，其手腕参考点或末端执行器安装点所能到达的所有点所占的空间体积，一般用侧视图和俯视图的投影表示。为真实反映机器人的特征参数，工作空间一般不包括末端执行器本身所能到达的区域。

（3）承载能力。承载能力是指机器人在工作空间内的任何位姿上所能承受的最大质量。机器人的承载能力不仅取决于负载的质量，还和机器人的运行速度、加速度和方向有关。为了安全起见，承载能力是指高速运行时的承载能力。通常情况下，承载能力不仅包括负载质量，也包括末端执行器的质量。

（4）最大工作速度。不同的工业机器人厂家对最大工作速度的规定不同。有的厂家将其定义为工业机器人主要关节上最快的稳定速度；有的厂家将其定义为工业机器人手臂末端所能达到的最快的合成线速度。工作速度越快，相应的工作效率就越高，但是也要花费更多的时间去升速或降速。

（5）定位精度、重复定位精度、分辨率。定位精度和重复定位精度是机器人的两个精度指标。工业机器人的定位精度是指每次机器人末端执行器定位一个位置产生的误差，重复定位精度是指机器人反复定位一个位置产生误差的均值，而分辨率则是指机器人的每个关节能够实现的最小移动距离或者最小转动角度。

5.2.2　智能工业机器人的特点

1. 易用性强

在当前，工业机器人已经应用在各行各业，大到航天器的制造、军事武器与高铁的研制、车辆制造，小到圆珠笔的制造，使用广泛。工业机器人开始由相对成熟的领域扩展至食品、医药等行业。随着机器人的进一步发展，智能工业机器人和常规工业机器人相比较，不仅产品的价位差异比较小，同时功能的人性化度好。所以在某些技术复杂的生产加工流程中，用工业机械设备取代常规机械设备，能够在较大程度上增加效益。

2. 智能化水平高

工业机器人是实现智能生产的重要技术，为了顺应产业的发展趋势，赋予工业机器人高度智慧、扩大工业机器人的使用场景将成为必由之路。而随着计算机控制、感知和识别系统，以及新型人工智能和信息技术的不断进步，加之越来越多的 3D 视觉技术、力感应器被运用到工业机器人上，智能工业机器人技术也将变得更加成熟。

同时，工业机器人也将越来越能理解人们的语言，能够完成生产的组件，避免了烦琐的人工动作。在工业生产中，焊接监控型人工智能技术不但可以完成对空间焊接的自动现场监控，同时还可以完成对焊缝数据的实时调整以及焊接效率的现场监控，从而满足对工业上复杂的焊接过程以及焊缝品质、效果的紧急需要。

另外，随着人类探测技术的发展，在极限空间、深水和核环境中，工业机器人还可借助其智慧完成相关工作。

3. 生产效率和安全性高

机器人机械臂是模仿人类的手形所制造出的机械手臂，它制造商品的耗时是恒定的，在同样的制造时间里，所用机械手的质量也是恒定的，不会忽高忽低。并且每一模的产品完成日期都是一定的，因此生产的成品率和工作效率更高。

工厂使用工业机器人，能够攻克许多安全管理领域的难题。由于不了解生产过程、员工疏忽、疲劳生产等造成的安全生产问题，统统都能够规避。

4. 易于管理，经济效益显著

在生产中应用工业机器人，企业能够非常清晰地了解自身每一天的产出，并且按照自身可以实现的最大生产力去接受订单或者制造商品，而不是盲目预估生产数量或者制造过多商品，造成浪费。工厂对工业机器人进行管理，会比管理工人容易得多，工业机器人能够每天循环上班，实现工厂的最高生产率，而且不必给予加班的工时费用。

对企业而言，还可以减少因职工在长时间高强度工作后产生的劳累、患病而造成的休假等误工的情形。当生产线换用工业机器人生产后，企业的生产部门只需留下少数可以使用或维修工业机器人产品的员工对工业机器人实施维修作业就可以，因此效益也十分的可观。

5.2.3 智能工业机器人结构组成

工业机器人是指一个机动的、高度可控的、带有可编程功能的多功能操作机，一般以机械手臂或机器人的形态存在。

工业机器人主要根据坐标类型、技术开发过程、驱动模式、检测方法、操作模式、技术特性、载荷功能和作业能力规模来分类。总的来说，工业机器人由三大部分和六大核心子系统组成。三大部分分别为机器人机械部分、传感部分和控制部分。六大核心子系统包括机械结构系统、驱动系统、感知系统、机器人—环境交互系统、人机交互系统和控制系统，如图 5-8 所示。

1. 机械结构系统

从机械结构来看，工业机器人总体上分为串联机器人和并联机器人。串联机器人的特点是一个轴的运动会改变另一个轴的坐标原点，而并联机器人的一个轴的运动则不会改变另一个轴的坐标原点。早期的工业机器人都采用串联机构。并联机构的定义为动平台和定平台通过至少两个独立的运动链连接，具有两个或两个以上自由度，且以并联方式驱动的一种闭环机构。并联机构有两个构成部分，分别是手臂和手腕。手臂活动区域对活动空间有很大的影响，而手腕是工具和主体的连接部分。与串联机器人相比较，并联机器人具有刚度大、结构稳定、承载能力强、微动精度高、运动负荷小的优点。在位置求解上，串联机器人的正解容易，但反解十分困难；而并联机器人则相反，其正解困难，反解却非常容易。

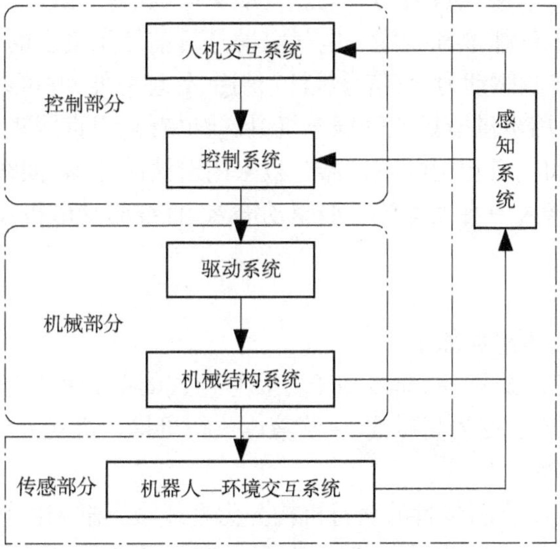

图 5-8　智能工业机器人的结构组成

工业机器人机械结构的一个重要特征是自由度。工业机器人的自由度是指机器人机构能够独立运动的关节数目,代表机器人动作的灵活性,通常作为机器人的技术评价指标之一。6 轴机器人已经具有完整的空间定位能力,因此自由度大于 6 的机器人为冗余机器人,多余的自由度可用来改善机器人的灵活性,提高机器人的运动学和动力学性能,提高机器人的避障能力。

工业机器人机械结构的组成关节通常使用旋转关节,一般由电机通过减速器驱动。作为核心零部件的重要组成,减速器是工业机器人能够可靠、精确运行所不能或缺的部分。减速器有多种类别,分别有谐波齿轮减速器、摆线针轮减速器、RV 减速器、精密行星减速器等。

作为工业机器人核心零部件的精密减速器,与通用减速器相比,具有传动链短、体积小、功率大、质量小和易于控制等特点。精密减速器使机器人的伺服电机在一个合适的速度下运转,并精确地将转速降到工业机器人各部位需要的速度,提高机械体刚性的同时输出更大的力矩。

目前,国外机器人减速器的主要制造厂商是日本哈默纳科系统公司(Harmonic Drive)和日本纳博特斯克株式会社(Nabtesco)(原日本帝人株式会社),前者主要生产谐波齿轮减速器,后者主要提供 RV 减速器。国内机器人减速器生产企业主要有苏州绿的谐波传动科技有限公司、山东帅克机械制造股份有限公司、浙江恒丰泰减速机制造有限公司和陕西秦川机械发展股份有限公司等。

2. 驱动系统

驱动系统是向机械结构系统提供动力的装置。根据动力源不同,驱动系统的传动方式分为液压式、气压式、电气式和机械式四种。早期的工业机器人采用液压驱动。由于液压系统存在泄漏、噪声和低速不稳定等问题,并且功率单元笨重和昂贵,目前只有大型重载机器人、并联加工机器人和一些特殊应用场合的工业机器人采用液压驱动。气压驱动具有速度快、系统结构简单、维修方便、价格低等优点。但是气压装置的工作压强低，不易精确定位，一般仅用于工业机器人末端执行器的驱动。气动手抓、旋转气缸和气动吸盘作为末端执行器可用于中小负荷的工件抓取和装配。电气驱动是目前使用最多的一种驱动方式，其特点是电源取用方便，响应快，驱动力大，信号检测、传递、处理方便，并可以采用多种灵活的控制方式，驱动电机一般采用步进电机或伺服电机，目前也有采用直接驱动电机的，但是造价较高，控制也较为复杂，和电机相配的减速器一般采用谐波减速器、摆线针轮减速器或者行星齿轮减速器。并联机器人中有大量的直线驱动需求，直线驱动电机在并联机器人领域已经得到了广泛应用。

1）液压驱动装置

液压驱动装置的具体组成如下。

（1）油源。通常把由油箱、滤油器和压力表等构成的单元称为油源。它通过电机带动液压泵，把油箱中的低压油变为高压油，供给液压执行机构。机器人液压驱动装置的油液工作压力一般为 7~14 MPa。

（2）执行机构。液压驱动装置的执行机构分为直线液压缸和回转液压缸。回转液压缸又称液压马达，其转角为 360° 或以上；转角小于 360° 的称为摆动液压缸。工业机器人运动部件的直线运动和回转运动，绝大多数都直接由直线液压缸和回转液压缸驱动产生，称为直接驱动方式。有时由于结构安排的需要，也可以用直线液压缸或同步液压缸经转换机构而产生回转或直线运动。

（3）控制调节元件。控制调节元件有控制整个液压驱动装置压力的溢流阀，控制油液流同的电磁阀、单向阀，调节油液流量（速度）的单向节流阀、单向行程节流阀。

（4）辅助元件。辅助元件包括蓄能器、管路及管接头等。

2）气动驱动装置

气动驱动装置的具体组成如下。

（1）气源。气动驱动可直接使用压缩空气站的气源或自行设置气源，使用的气体压力约为 0.5~0.7 MPa，流量为 200~500 L/h。

（2）控制调节元件。控制调节元件包括气动阀（常用的有电磁气阀、节流阀及减压阀）、快速排气阀、调压器、制动器、限位器等。

（3）辅助元件与装置。辅助元件与装置包括分水滤气器、油雾器、储气罐、压力表及管路等。通常把分水滤气器、油雾器和调压器做成组装式结构，称为气动三联件。

（4）动力机构。机器人中用的是直线汽缸和摆动汽缸。直线汽缸分单作用式和双作用式两种，多数用双作用式，也有的用单作用式，如手爪机构。摆动汽缸主要用于机器人的回转关节，如腕关节。

（5）制动器。由于汽缸活塞的速度较高，因此要求机器人准确定位时，需采用制动器。制动方式有反压制动，常用的制动器有气动节流装置、液压阻尼或弹簧式阻尼机构。

（6）限位器。限位器包括接触式和非接触式限位开关、限位挡块式锁紧机构。

3）电动驱动装置

图 5-9 所示的为电动驱动装置的主要组成部分：位置比较器、速度比较器、信号和功率放大器、减速器以及构成闭环伺服系统不可缺少的位置和速度检测元件。

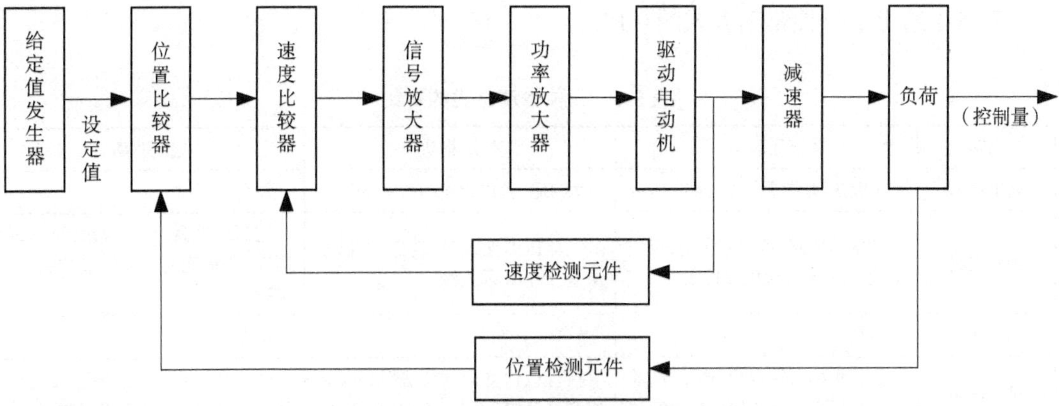

图 5-9　电动驱动装置组成部分

工业机器人常用的驱动电动机有直流伺服电动机、交流伺服电动机和步进电动机。直流伺服电动机的控制电路较简单，价格较低廉，但电动机电刷有磨损，需定时调整及更换，既麻烦又影响性能，电刷还会产生火花，易引爆可燃物质，有时不够安全。交流伺服电动机结构较简单，无电刷，运行安全可靠，但控制电路较复杂，价格较高。步进电动机以电脉冲使其转子产生转角，控制电路较简单，也不需要检测反馈环节，因此价格较低廉，但步进电动机的功率不大，不适用于大负荷的工业机器人。

机器人的直流伺服电动机、步进电动机多数应用脉冲宽度调制（Pulse Width Modulation, PWM）伺服驱动器来控制机器人的动作，它的调速范围宽，低速性能好，响应快，效率高。直流伺服电动机的 PWM 伺服驱动器的电源电压固定不变，用大功率晶体管作为具有固定开关频率的开关元件，通过改变脉冲宽度来改变施加在电动机电枢端的电压值，以实现改变电动机转速的目的。

交流伺服电动机的交流 PWM 变频调速伺服驱动器中的速度调节器对给定速度信号与电动机的速度反馈信号进行比较，产生的给定电流信号同电动机的转子位置信号共同控制电流函数发生器，产生相电流给定值，经过电流调节器后送至大功率晶体管基极驱动电路，驱动晶体管产生相电流，以控制交流伺服电动机的转速。图 5-10 所示的为机械手臂的电液伺服系统原理图。

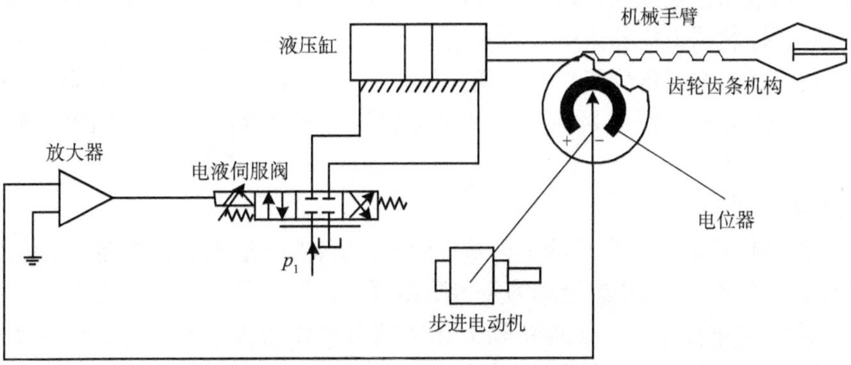

图 5-10　机械手臂的电液伺服系统原理图

表 5-1 给出了三种驱动方式的对比。

表 5-1 三种驱动方式的对比

内容	液压驱动	气压驱动	电气驱动
输出功率	很大;压力范围为 50~1 400 N/cm²	大;压力范围为 40~60 N/cm²	较大
控制性能	控制精度高,可无级调速,反应灵敏,可实现连续轨迹控制	气体压缩性大,精度低,阻尼效果差,低速不易控制	控制精度高,反应灵敏,可实现高速、高精度的连续轨迹控制,伺服特性好
响应速度	很高	较高	很高
结构性能及体积	执行机构可标准化、模块化,易实现直接驱动;功率/质量比大;体积小、结构紧凑;密封问题大	执行机构可标准化、模块化,易实现直接驱动;功率/质量比较大;体积小、结构紧凑;密封问题小	伺服电动机易于标准化;结构性能好、噪声低;需要配置减速器;结构紧凑;无密封问题
安全性	防爆性能较好,用液压油做传动介质,在一定条件下有火灾风险	防爆性能好,高于 1 000 kPa 时应注意设备的抗压性	设备自身无爆炸和火灾危险,直流有刷电机在换向时有火花,环境的防爆性能较差
对环境的影响	传动介质泄露对环境有污染	排气时有噪声	很小
效率与成本	效率中等(0.3~0.6),液压元件成本较高	效率低(0.15~0.2),气源方便,结构简单,成本低	效率为 0.5 左右,成本高
在工业机器人中的应用范围	适用于重载、低速驱动,电液伺服系统适用于喷涂机器人、重载点焊机器人和搬运机器人	适用于中小负载、快速驱动、精度要求较低的有限点位程序控制机器人,如冲压机器人、机器人本体的气动平衡及装配机器人的气动夹具	适用于中小负载,要求具有较高的位置控制精度,速度较高的机器人,如伺服喷涂机器人、点焊机器人、弧焊机器人和装配机器人等

3. 感知系统

机器人感知系统由内部传感器模块和外部传感器模块组成,是将机器人内部状态信息(如位置、姿态、线速度、角速度、加速度、角加速度、平衡)和外部环境信息,转变为机器人系统自身或机器人相互之间能够理解和应用的数据、信息和知识的系统,包括各种机器人专用的传感器、信号调理电路、模数转换器、处理器构成的硬件部分和传感器识别、校准、信息融合与数据库所构成的软件部分。除了需要感知与自身工作状态相关的机械量,如位移、速度和力等外,视觉感知也是工业机器人感知的一个重要方面。视觉伺服系统将视觉信息作为反馈信号,用于控制调整机器人的位置和姿态。机器视觉系统还在质量检测、识别工件、食品分拣、包装等各个方面得到了广泛应用。机器人都装有许多不同的传感器用来为机器人提供内部或环境信息,如图 5-11 所示。智能传感器的使用提高了机器人的机动性、适应性和智能化水平。

1)机器人内部传感器

机器人内部传感器是以自己的坐标系统确定位置的,一般安装在机器人本体上,主要包括位移和位置传感器、速度传感器和力觉传感器等。

(1)位移和位置传感器。工业机器人运动关节的位置控制是机器人最基本的控制要求,而对位置和位移的检测也是最基本的感知要求。根据工作原理和组成的不同,位置和位移传感器具有多种形式。

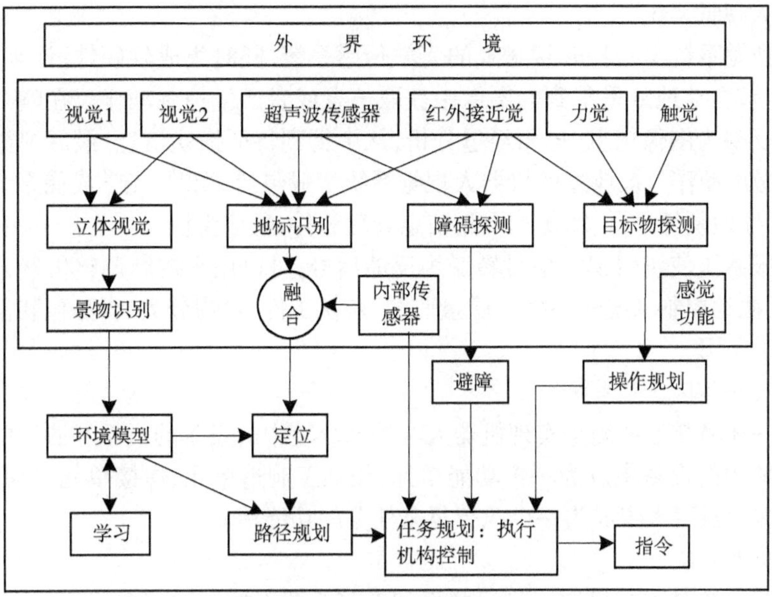

图 5-11　机器人感知技术

（2）速度传感器。速度传感器是工业机器人中比较重要的内部传感器之一。在工业机器人中主要测量的是机器人关节的运行角速度。目前，使用广泛的速度传感器有测速发电机和增量式光电编码器两种。

（3）力觉传感器。力觉传感器是指工业机器人的指、肢和关节等部件对运动中所受力或力矩进行感知的装置。工业机器人在进行装配、搬运和研磨等作业时需要对工作力和力矩进行控制。例如，装配时需完成将轴类零件插入孔里、调整零件的位置、拧紧螺钉等一系列的步骤，在拧紧螺钉过程中需要有确定的拧紧力矩；搬运时机器人手爪对工件需要有合理的紧握力；研磨时需要有合适的砂轮进给力以保证研磨质量。目前广泛使用的是电阻应变片式六维力和力矩传感器。

2）机器人外部传感器

目前的工业机器人中，绝大多数是没有外部传感器的，但对于面向未来智能制造的智能工业机器人，要求必须具有自矫正能力和适应环境变化的能力，因此需要多种外部传感器。目前主要的外部传感器有触觉传感器和接近度传感器。

（1）触觉传感器。研制满足要求的触觉传感器是机器人发展中的关键之一。随着微机电技术的发展和各种新的有机材料的出现，多种多样的触觉传感器出现，按照功能大致可分为接触觉传感器、力-力矩觉传感器、压觉传感器和滑觉传感器等。

（2）接近度传感器。接近度传感器是检测物体接近程度的传感器。接近度传感器在生产过程和日常生活中广泛应用，它除了可用于检测计数，还可与继电器或其他执行元件组成开关，以实现设备的自动控制和操作人员的安全保护，特别是工业机器人发现前方有障碍物接近时，可限制机器人的运动范围，以避免与障碍物发生碰撞等。

其他的外部传感器还有声觉传感器、温度传感器等。

3)机器人视觉系统

机器人视觉系统是一种非接触式的光学传感系统,同时集成软硬件、计算机技术、光和电子技术,能够自动地从采集到的图像中获取信息或者产生控制动作。在整个过程中被测对象的信息反映为图像信息,进而经过分析,从中得到特征描述信息,最后根据获得的特征进行判断和做出动作。最典型的机器人视觉系统一般包括:光源、光学成像系统、相机、图像采集卡、图像处理硬件平台、图像和视觉信息处理软件、通信模块。

视觉伺服系统使机器视觉信号转变为反馈信号,可以用来控制调整机器人的位置与姿势,同时机器视觉控制系统还在生产质量监测、辨认工件、食物分类、食品包装设计等的各个方面都获得了应用。

4. 机器人—环境交互系统

机器人—环境交互系统是实现机器人与外部环境中的设备的联系和协调的系统。机器人与外部环境中的设备集成为一个功能单元,如加工制造单元、焊接单元、装配单元等。当然也可以是多台机器人集成为一个执行复杂任务的功能单元。

5. 人机交互系统

人机交互系统是人与机器人进行联系和参与机器人控制的装置。例如,计算机的标准终端、指挥控制台、信息提示面板、危险信息报警器等。

6. 控制系统

控制系统的任务是根据机器人的作业指令以及由传感器反馈回来的信号,控制机器人的执行机构去完成规定的运动和功能。如果机器人不具备信息反馈特征,则为开环控制系统;如果机器人具备信息反馈特征,则为闭环控制系统。根据控制原理,控制系统可分为程序控制系统、适应性控制系统和人工智能控制系统。根据控制运动的形式,控制系统可分为点位控制和连续轨迹控制。

如图5-12所示,开环控制系统没有反馈,利用执行机构直接控制被控对象。在一个开环控制系统中,系统输入信号不受输出信号的影响,控制结果不会反馈回来影响当前的控制系统,一个开环控制系统只是单方向利用控制执行机构来获得预期的结果。

图5-12 开环控制系统

在开环控制系统中,对于系统中的每一个输入信号,必有一个固定的工作状态和一个系统输出量与之对应。开环控制系统的特点是控制器按照给定的输入信号对被控对象进行单向控制,而不对被控量进行测量并反向影响控制作用,因此这种开环控制系统不具有修正由扰动而引起的被控量(实际输出)偏离预期值的能力。由于开环控制系统的抗扰动能力差,因此其使用起来有一定的局限性。

闭环控制系统又称闭环反馈控制系统,如图5-13所示,控制系统把位置控制指令送到系统的比较器,再跟反映工业机器人实际位置的反馈信号进行比较,得到位置差值,将其差值加以放大,驱动伺服电动机旋转,控制工业机器人关节运动。工业机器人新的运动位置经检测再次送到比较器与位置指令比较,产生误差信号,误差信号控制工业机器人运动,这个过程一直持续到误差信号为零为止。

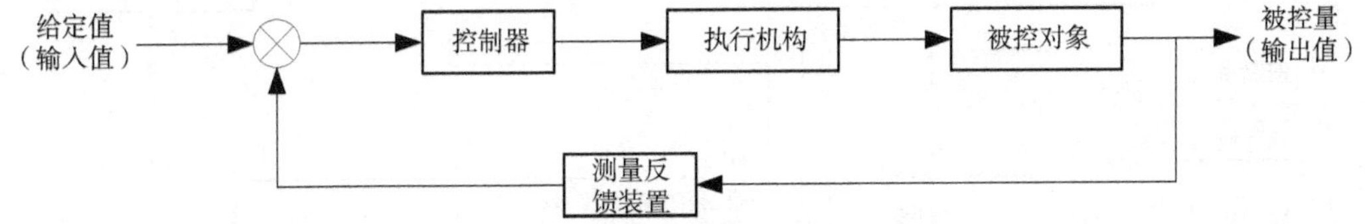

图 5-13　闭环控制系统

与开环控制系统不同，闭环控制系统增加了对实际输出的测量，并将实际输出与预期输出进行比较，也就是反馈。

与开环控制系统比较，闭环控制系统有许多优点，例如，有更强的抗外部干扰的能力和衰减测量噪声（由于测量实际输出而产生的噪声，可以看作一种干扰）的能力。

控制系统一般包括控制器、被控对象、执行机构、反馈装置、比较环节等。

（1）比较环节是将输入的指令信号与系统的反馈信号进行比较，以获得输出与输入间的偏差信号的环节，通常由专门的电路或计算机来实现。

（2）控制器通常是 PLC、计算机或者 PID（Proportional-Integral-Derivative，比例—积分—微分）控制电路，主要任务是对元件输出的偏差信号进行变换处理，以控制执行元件按要求动作。

（3）执行机构的作用是按控制信号的要求，将输入的各种形式的能量转化成机械能，驱动被控对象工作。机电一体化系统中的执行元件一般指各种电机或液压、气动伺服机构等。

（4）被控对象是指被控制的机构或装置，是直接实现系统目的的主体，一般包括负载及其传动系统。

（5）测量反馈装置是指能够对输出进行测量，并将其转换成比较环节所需要的量纲的装置，一般包括传感器和转换电路。

5.2.4　智能工业机器人技术

1. 本体设计关键技术

机器人控制是机器人与工作物体和周围环境一起构成的，工业机器人分为执行系统、驱动系统、控制系统和感知系统四个组成部分，它们之间的关系如图 5-14 所示。工业机器人的控制系统和自动化产品主要涉及伺服电机、减速器、控制器和传感器等。

2. 工业机器人伺服电机

伺服电机是工业机器人的动力系统，一般安装在机器人的关节处，是工业机器人运动的心脏。伺服电机是自动控制装置中被用作执行元件的微特电机，其功能是将电信号转换成转轴的角位移或角速度。机器人用伺服电机要求控制器与伺服之间的总线通信速度快，伺服的精度高，对基础材料也有加工要求。特别是像机器人末端执行器（手爪）应采用体积、质量尽可能小的电机，尤其是需要快速响应时，伺服电机必须具有较高的可靠性和稳定性，能经受得起苛刻的运行条件，可进行十分频繁的正反向和加减速运行，并能在短时间内承受过载。目前，工业机器人使用的较多的是交流伺服系统。图 5-15 是机器人用伺服电机的图片。

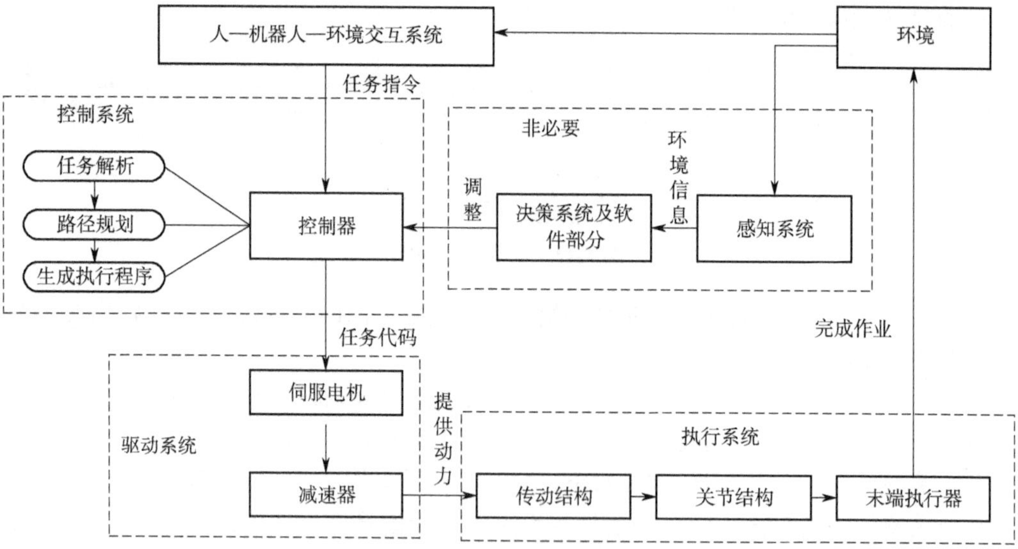

图 5-14 工业机器人工作原理框图

图 5-15 机器人用伺服电机(图片来自网络)

机器人的关节驱动离不开伺服系统,关节越多,机器人的柔性和精准度越高,所要使用的伺服电机的数量就越多。机器人对伺服系统的要求较高,必须满足响应快速、起动转矩高、动转矩惯量比大、调速范围宽,要适应机器人的形体,做到体积小、重量轻、加减速运行等条件,且需要高可靠性和稳定性。

1)电机

(1)轻量型。

机器人对驱动电机的尺寸和重量非常敏感,轻量化是其关键技术之一。研究高磁性材料、一体化整体设计和加工装配工艺优化等技术,提高伺服电机的效率,减小电机尺寸,降低电机重量,对机器人电机至关重要。

(2)高速。

在减速比不能较大调整的情况下,电机的最高转速将直接影响机器人末端执行器的速度和工作节拍。同时,减速比太低会影响电机的惯量匹配。因此,提高电机的最高转速也是机器人电机的关键核心技术之一。

(3)直驱、中空。

随着协作机器人的不断成熟和推广，机器人结构的轻量化、紧凑化要求也不断提高，发展高扭矩密度的直接驱动电机、盘式中空电机等机器人专用电机也是未来的发展趋势。

2)伺服技术

(1)快速反应，精准定位。伺服系统的响应时间直接决定着电机的速度和启停性能，影响工业机器人的工作效率和节拍。

(2)非传感弹性碰撞技术。安全是评价机器人稳定性的一个关键因素，由于增加力或力矩传感器将会导致系统设计更加复杂，且成本也较高，因此采用编码器、电机磁场耦合等非传感弹性碰撞技术，就能够在不修改系统本身设计、不提高本体成本的情况下，在一定程度上改善机器人的稳定性。

(3)多驱合一、驱控一体化。利用集成技术，将机器人驱动与控制用的多核 CPU 和多关节驱动器与控制器整合在一起，实现多驱合一、驱控一体化，可有效提高系统性能，并大大降低机器人体积与成本。

(4)在线自适应抖振抑制技术。工业机器人悬臂结构极易在多轴联动、重载及高速启停时产生抖动。机器人本体刚度要与电机伺服刚度参数相匹配，刚度过高，会造成振动，刚度过低，会造成启停缓慢。机器人在不同的位置和姿态，以及在不同的工装负载下刚度都不一样，很难通过提前设置伺服刚度值以满足所有工况的需求。研究在线自适应抖振抑制技术，采用免参数调试的智能控制策略，同时兼顾刚度匹配、抖振抑制的需求，可以抑制机器人末端抖动，提高末端定位精度。

3. 工业机器人减速器

机器人关节减速器要求具有传动链短、体积小、功率大、质量轻和易于控制等特点。大量应用在关节型机器人上的减速器主要有两类：RV 减速器和谐波减速器。精密减速器将伺服电机的转速降到合适的转速，在提高机械本体刚性的同时输出更大的转矩。一般情况下，RV 减速器应用在 20 kg 以上的机器人关节，如机身、腰部（机器臂支撑部分）、大臂等重负载位置；而谐波减速器应用在 20 kg 以下的机器人关节，如小臂、腕部和手部等轻负载位置。

(1)谐波减速器。谐波齿轮传动由三个基本构件组成，即一个有内齿的刚性齿轮，一个带有外齿的柔性齿轮和一个波发生器，如图 5-16 所示。这三个基本构件中任意固定一个，其余一个为主动件，一个为从动件（如刚性齿轮固定不变，波发生器为主动件，柔性齿轮为从动件）。

波发生器与输入轴相连，它由一个椭圆形凸轮和一个薄壁的柔性轴承组成，柔性轴承容易产生径向变形，在未装入凸轮之前环是圆形的，装上之后为椭圆形。柔性齿轮有薄壁杯形、薄壁圆筒形或平嵌式等多种。薄壁圆筒形柔性齿轮的开口端外面有齿圈，它随波发生器的转动而产生径向弹性变形，筒底部分与输出轴连接。刚性齿轮是一个刚性的内齿轮。谐波齿轮减速器多以刚性齿轮固定，外部与箱体连接。

当波发生器装入柔性齿轮后，迫使柔性齿轮的剖面由原先的圆形变成椭圆形，其长轴两端附近的齿与刚性齿轮的齿完全啮合（一般有 30%左右的齿处在啮合状态），而短轴两端附近的齿则与刚性齿轮完全脱开，周长上其他区段的齿处于啮合和脱离的过渡状态。当波发生器沿某一方向连续转动时，柔性齿轮的变形不断改变，使柔性齿轮与刚性齿轮的啮合状态也不断改变，啮入—啮合—啮出—脱开—再啮入……，周而复始地进行，柔性齿轮的外齿数少于刚性齿轮的内齿数，从而实现柔性齿轮相对刚性齿轮沿波发生器相反方向缓慢旋转。

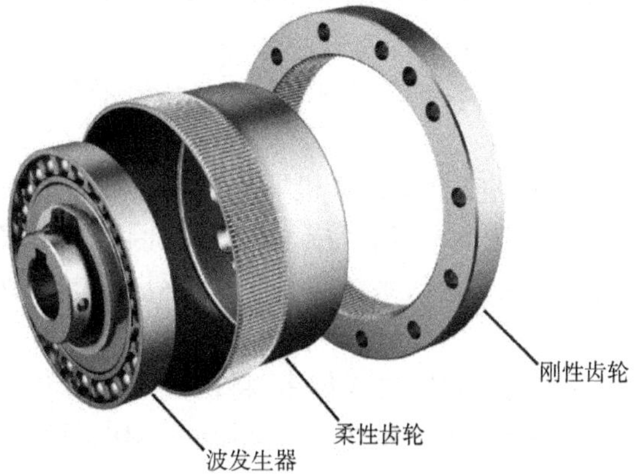

图 5-16　谐波减速器结构图（图片来自网络）

谐波减速器的特点是结构简单、体积小、重量轻。与传动比相当的普通减速器相比，体积和重量均减少 1/3 左右或更多。传动比范围大，单级谐波减速器传动比为 50~300，优选 75~250 的数值；双极谐波减速器传动比为 3 000~60 000。同时啮合的齿数多，传动精度高，承载能力大，运动平稳、无冲击、噪声小。谐波减速器齿轮间的啮入、啮出是随着柔性齿轮的变形逐渐进入和退出刚性齿轮齿间的，啮合过程中以齿面接触，滑移速度小，且无突然变化。谐波减速器传动效率高，可实现高增速运动，还可实现差速传动。如果让波发生器和刚性齿轮主动，柔性齿轮从动，就可以构成一个差动传动机构，从而实现快、慢速工作状况的转换。

（2）RV 减速器。与谐波传动相比，RV 传动不仅具有较高的疲劳强度、刚度及较长的寿命，而且回差精度稳定。而且不像谐波传动，随着使用时间的增长，运动精度会显著降低。故高精度机器人传动多采用 RV 减速器，且有逐渐取代谐波减速器的趋势。RV 减速器结构示意如图 5-17 所示，主要有太阳轮（中心轮）、行星轮、转臂（曲柄轴）、转臂轴承、摆线轮（RV 齿轮）、针齿、刚性盘（针齿壳）与输出盘等零部件组成。

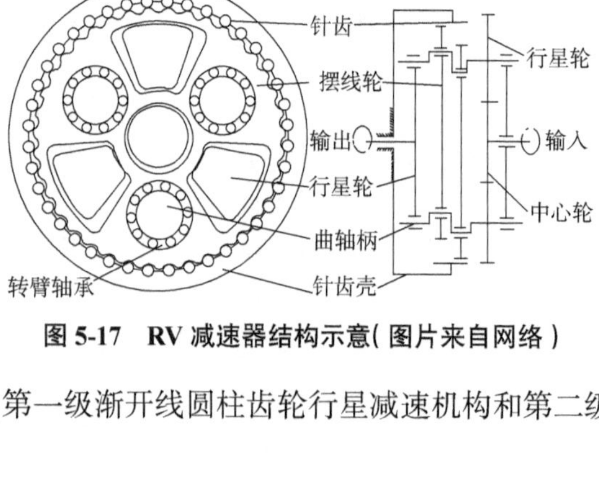

图 5-17　RV 减速器结构示意（图片来自网络）

RV 传动装置是由第一级渐开线圆柱齿轮行星减速机构和第二级摆线针轮行星减速机

构两部分组成，是一个封闭差动轮系。执行电机的旋转运动由齿轮轴或太阳轮传递给两个渐开线行星轮，进行第一级减速；行星轮的旋转通过曲柄轴带动相距 180° 的摆线轮，从而生成摆线轮的公转。同时，由于摆线轮在公转过程中会受到固定于针齿壳上针齿的作用力而形成与摆线轮公转方向相反的力矩，进而造成摆线轮的自转运动，完成第二级减速。运动的输出通过两个曲柄轴使摆线轮与刚性盘构成平行四边形的等角速度输出机构，将摆线轮的转动等速传递给刚性盘及输出盘。

RV 减速器的特点是传动比范围大，传动效率高，扭转刚度大，远大于一般摆线针轮减速器的输出机构的扭动刚度。在额定转矩下，弹性回差小。传递同样的转矩和功率时，RV 减速器较其他减速器体积小。

4. 工业机器人控制器

机器人控制器是根据指令以及传感信息控制机器人完成一定的动作或作业任务的装置，它是机器人的心脏，决定了机器人的性能。

从机器人控制算法的处理结构来看，控制器可分为串行和并行两种结构类型。

1）串行处理结构

所谓的串行处理结构是指机器人的控制算法由串行机来处理的结构，这种类型的控制器的控制方式，从计算机结构、控制方式来划分，又可分为单 CPU 结构集中控制、二级 CPU 结构主从控制和多 CPU 结构分散控制等方式。

（1）单 CPU 结构集中控制方式。这种方式用一台功能较强的计算机实现全部控制功能。早期的机器人，如 Hero-I 及 Robot-I 等，就采用这种方式，但控制过程中需要许多计算（如坐标变换），因此这种控制方式速度较慢。

（2）二级 CPU 结构主从控制方式。一级 CPU 为主机，发挥系统管理、机器人语言编译和人机接口功能，同时也利用它的运算能力完成坐标变换、轨迹插补，并定时地把运算结果作为关节运动的增量送到公用内存，供二级 CPU 读取；二级 CPU 完成全部关节位置数字控制。

这种控制方式下，两个 CPU 总线之间基本没有联系，仅通过公用内存交换数据，是一个松耦合的关系。因此，采用增加 CPU 的形式将本身的功能进行分散化非常困难。日本在 20 世纪 70 年代生产的 Motoman 机器人（五个关节，采用直流电动机驱动）的计算机系统就属于主从式。

（3）多 CPU 结构分散控制方式。目前，工业机器人普遍采用上、下位机二级分布式结构。上位机负责整个系统的管理以及运动学计算、轨迹规划等。下位机由多 CPU 组成，每个 CPU 控制一个关节运动，CPU 与主控之间的联系是通过总线形式的紧耦合实现的。采用这种控制方式的控制器的工作速度和控制性能明显提高，其共有特征是针对具体问题而采用的功能分散结构，即每个处理器承担固定任务。目前，世界上大多数商品化机器人控制器都是这种控制方式。

2）并行处理结构

并行处理技术是提高计算速度的一个重要且有效的手段，能满足机器人控制的实时性要求。关于机器人控制器并行处理技术，人们研究较多的是机器人运动学和动力学的并行算法及其实现。机器人动力学算法计算速度的提高为实现复杂的控制算法（如计算力矩法、非线性前馈法、自适应控制法等）提供了条件。开发并行算法的途径之一就是改造串行算法,使之并行化,然后将算法映射到并行结构,一般有两种方式:一是考虑给定的并行处理器结构,根据处理器结构所支持的计算模型,开发算法的并行性;二是首先开发算法的并行性,然后设计支持该算法的并行处理器结构,以达到最佳并行效率。

构造并行处理结构的机器人控制器的计算机系统一般采用开发机器人控制专用超大规模集成电路(Very Large Scale Integration, VLSI)设计和利用通用的微处理器构成并行处理结构两种方式。专用 VLSI 能充分利用机器人控制算法的并行性,依靠芯片内的并行体系结构解决机器人控制算法中出现的大量计算问题,能大幅提高运动学、动力学方程的计算速度。但由于芯片是根据具体的算法来设计的,当算法改变时,芯片则需要重新设计,因此采用这种方式构造的控制器通用性不好,不利于系统的维护与开发。可利用 Transputer、DSP (Digital Signal Processing,数字信号处理技术)等有并行处理能力的芯片式计算机构成并行处理网络。利用通用的微处理器构成并行处理结构可实现复杂控制策略在线实时计算,且通用性好,算法改变时只需改变算法实现程序并重新部署即可,无须重新设计硬件系统。

5. 云机器人技术

云机器人的核心是云智能,支撑机器人云智能实现的关键是大数据、知识与模型在云端的融合应用。机器人可以使用各种传感器感知外部环境,在运行中将产生大量的数据,机器人作为智能物理装备,其本体具有感知、计算和执行能力,并与环境、人之间存在信息反馈与动作执行等交互操作,如图 5-18 所示。

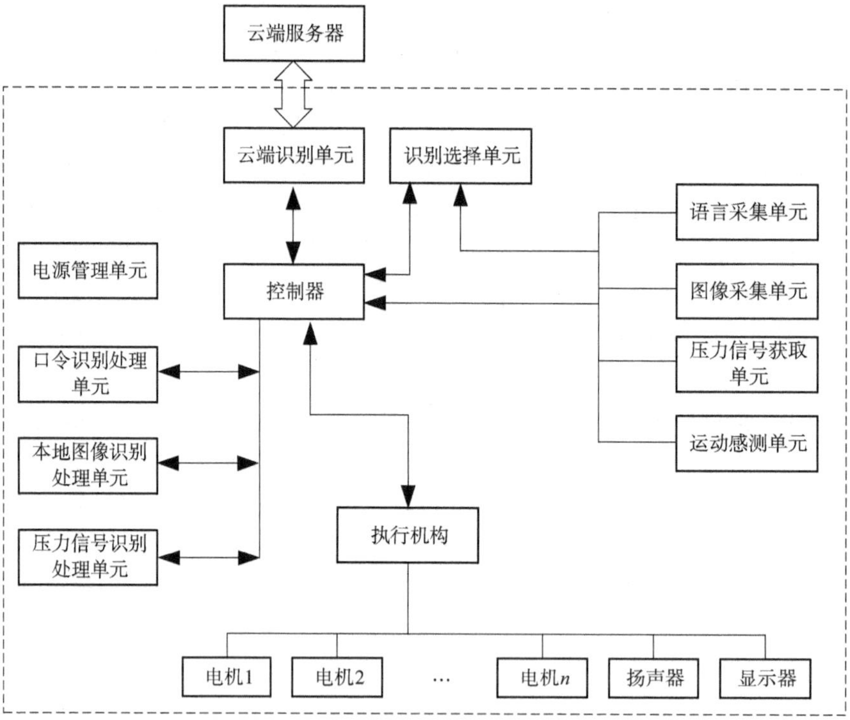

图 5-18 云机器人技术

在需要现场实时控制与管理的应用场合,由“云端”执行的过程,可充分利用大数据、并行计算和新一代人工智能技术,有利于实现复杂作业设计、调度规划、分布式管理等。机器人是集环境感知、轨迹规划和运动控制于一体的综合智能体，类型和结构差异较大，如何在保障物理安全和可靠的同时实现更灵活的虚拟化和云端接入，仍是一个巨大挑战，云机器人的构建、管理、运行与维护等关键技术仍有待深入研究。

目前，以视觉、听觉和感知为代表的研究领域是工业机器人研究的重点领域，而工业机器人智能则是系统方面的重要问题，因为工业机器人是多种专业技术交叉融合的产品，它的智能涉及很多领域，不仅限于视觉或触觉。比如以往靠人力分拣煤炭中的矸石，而赋予工业机器人分拣的能力后，机械人也可以对煤块和矸石等做出识别，在煤块中挑出矸石。

工业生产自动化机器人在被赋予更高智能水平后的使用领域将会越来越广泛，未来在某个方面工业生产自动化机器人一定会取代人，比如在生产流程中，按品类筛选产品的分拣人员、打磨设备的工作人员、检验产品的质量检验员等都可能会被工业生产自动化机器人替代。

从正面的角度看，由于人们将逐渐被工业机器人所替代，这能够督促人们寻找更好的职业领域，促进人们提升能力，学习更复杂的专业知识，而这些变化对世界发展都是很有意义的。而工业机器人自动化的过程，是把制造过程变成更有意义的过程，这也是工业机器人自动化的强大力量。

6. 工业机器人的编程

对于重复操作型机器人，其面对的作业任务比较简单，一般采用示教编程方式编程。对于动作复杂、操作精度要求高的工业机器人（如装配机器人），采用工业机器人语言编程方式编程。

1）示教编程方式

示教编程分为手把手示教编程和示教盒示教编程。

（1）手把手示教编程：在实际工作时，工业机器人的控制系统重复再现示教后存储轨迹和操作技能。这种编程方式主要用于喷漆、弧焊等要求连续轨迹控制的工业机器人中。这种编程方式也能实现点位控制，此时控制系统只记录轨迹终点，移动速度按各段轨迹对应的功能数据输入。

（2）示教盒示教编程：这种编程方式下，操作者利用示教盒上的各种功能按钮来驱动工业机器人的各关节（或轴），使其按作业需要的顺序单轴运动或多关节协调运动，完成位置和功能的示教编程。

2）语言编程方式

机器人的编程语言种类丰富。每个生产商都会设计自己的机器人语言。许多机器人语言是以常用语言，如 COBOL、BASIC、C 和 FORTRAN 为基础派生而来的，也有一些机器人语言是经过特殊设计的，与其他常用语言无直接联系。

机器人语言根据其设计和应用的不同有着不同的复杂性级别，其级别范围从机器级到人工智能级不等。高级语言的执行方式有两种，即解释方式和编译方式。

解释程序一次执行一条语句，并且每条语句有一个标号。每当遇到一条程序语句时，解释器对它进行翻译，即将这条语句转化为处理器能够理解并执行的机器语言，并依次执行每一条语句，一直执行到最后一条语句或发现错误为止。解释程序的优点是能够连续执行直到发现错误，这样用户就可以一部分一部分地执行并进行程序调试。这样，调试程序可以更快、更简便地执行。但由于要翻译每条程序语句,因此执行速度较慢且效率不高。许多机器人语言,如 Unimation 的 VAL、Adept 的 V^{+}和 IBM 的 AML 都是基于解释方式执行的。

编译程序在程序执行前,通过编译器将整个程序编译成机器语言(生成目标代码)。由于处理器在程序执行时执行的是目标代码,因此程序执行得更快且效率更高。但由于必须编译整个程序,所以如果程序中某个地方存在错误,则程序不会执行,因此调试编译程序比较困难。有些语言(如 AL)比较灵活,允许用户用解释方式进行调试,用编译方式执行。

机器人语言有很多分类方法,根据作业描述水平的高低,通常可分为以下三级。

(1)动作级编程语言。动作级编程语言是以机器人的运动作为描述中心的,通常由指挥机器人从一个位置到另一个位置的一系列命令组成。其每一个命令(指令)对应一个动作。

动作级编程语言的代表是 VAL 语言。它的语句比较简单,易于编程,缺点是不能进行复杂的数学运算,不能接收复杂的传感器信息,仅能接收开关型传感器的信号,与其他计算机通信的能力差。

动作级编程可分为关节级编程和终端执行器级编程。前者是一种在关节坐标系中工作的初级编程方法,其程序给出各关节位移的时间序列,可以用汇编语言、简单的编程指令实现,也可以通过示教盒示教或键入示教实现,这种编程方法多用于直角坐标型机器人和圆柱坐标机器人。后者是一种在作业空间内直角坐标系工作的编程方法,其程序给出机器人终端执行器的位姿和辅助机能的时间序列,包括力觉、触觉、视觉等机能以及作业量、作业工具的选定等。这种语言的指令由系统软件解释执行,可提供简单的条件分支,可应用子程序,并提供较强的感受处理功能和工具使用功能,具有并行功能。

(2)对象级编程语言。对象级编程语言弥补了动作级编程语言的不足,它是通过描述操作物体间关系使机器人执行动作的语言。典型的代表语言有 AML、AUTOPASS 等。

(3)任务级编程语言。任务级编程语言是比较高级的机器人语言,它允许使用者根据工作任务所要求达到的目标直接下命令,不需要规定机器人所做的每一个动作的细节,只要按照某种原则给出最初的环境模型和最终工作状态,机器人可自动推理、计算,最终自动生成动作。美国普渡大学开发的机器人控制 C 程序库 RCCL 就是一种任务级编程语言,它使用 C 语言和一组 C 函数来控制机械手的运动,把工作任务与程序直接联系起来。

5.2.5 智能工业机器人应用

随着工业机器人自动化水平的提高,工业机器人的使用范围也愈来愈广泛,无论是在一般的工业领域或是较新型的应用领域中都可以见到工业机器人的应用。工业机器人通常都是机电合一的自动化设备,在少人或没有人的地方取代人从事复杂性作业,解放了人力。产品应用主要包括弧焊、点焊、装配、工件搬运、涂装、检验、码垛、上料、磨碎抛光、激光制造等项目,它能大大提高生产效率,并可更加精确地进行规定操作,在制造业中得到应用。

我国汽车行业和电子产品领域使用工业机器人最多,图 5-19 所示的就是工业机器人在汽车制造中的应用,而且随着人们生活条件的改善,人们的美好生活需要日益增长。未来工业机器人更和人们日常生活密切相关,如在粮食加工、健康生活等方面,机器人的使用会越来越多。工业机器人不但提高了企业产品的品质和工作环境的效能,还在极大程度上减轻了工作劳动者的工作量,既减少了企业对劳动资本的投入,也减轻了劳动者的工作压力,扩大了企业的市场份额并提高了人们的生活水平。

图 5-19　工业机器人在汽车制造中的应用（图片来自网络）

工业机器人既是智慧中国制造业生产方式的重要基础装置，也是改变人们生活方式的关键切入点，对它的研究与工业化应用的能力是反映一个大国技术创新能力、高级制造业生产技术水平的标志。我国大力发展工业机器人产品，对体现我国制造业生产技术创新资源优势，促进中国制造业生产方式转变提升，推进制造强国建设，提高我国人民生活水平有着重大意义。

1. 在码垛方面的应用

在各个企业的码垛作业中，智能化水平很高的自动机器人得到广泛应用。码垛作业劳动强度高，浪费人力，员工不但必须承担很大的负担，而且效率低下。搬运机器人可以按照搬运物体的性质以及移动物体的归类位置，在维持其形状和属性不变的前提下，实现有效的分类移动，从而使装箱机器人在一小时内可以完成数百块的码垛作业。工业机器人在生产线上料、集装箱的移动等作业中起到极其关键的作用。图 5-20 所示的是码垛机器人工作时的场景。

图 5-20　码垛机器人工作时的场景（图片来自网络）

2. 在焊接方面的应用

焊缝自动化人工智能主要承担的是焊缝工作，对于不同的工程类型，焊接作业有存在着不同的要求，所以常用的焊缝自动化人工智能主要是有点焊技术自动化机器人、弧焊机器人、激光自动化人工智能等。车辆生产行业是焊缝自动化人工智能使用最为普遍的行业，其在焊缝难度、焊缝数量、焊缝品质等方面都具备了人工焊缝无可比拟的优越性。特别是在汽车消声器、履带车底盘以及座椅骨架等的焊缝工作中，常采用焊缝自动化人工智能，对车辆上的部分零件进行搭接或者角接，提高车辆的整体稳定性。例如日本丰田车辆就使用了点焊工艺机器人，相比于传统的焊接技术，点焊工艺机器人改善了焊缝质量，同时改善了整个焊缝流水线，从而极大缩短了整条生产线长度。

当前，在众多的制造产业中，对焊缝位置精准度要求也愈来愈高，基本设置了电弧感应器以及激光传感器等高科技的设备，可以针对焊缝进行全自动的焊缝成效跟踪。在实际焊接工艺中，焊缝自动化人工智能能够对焊缝位置和连接顺序进行自动控制。

由此可知，焊接自动化机器人已是将来发展的主要趋势，大部分的高精确性的相关工作都必须借助连接自动化机器人来进行，从而实现工作目标。

3. 在装配方面的应用

在现代工业中，汽车零部件的装配是一项工作量很大的工作，需要大批的科技劳动者，而过去的人力装配方式由于出错率较高，工作效率低下而逐步被工业机器人所取代。装配机器人融合了各种现代先进技术，包括通信技术、自控技术、微电子技术等，其最大优点在于装配精确、操作灵活性大、坚固耐用程度高。图 5-21 所示的是装配机器人在汽车生产线上工作时的场景。

图 5-21 装配机器人在汽车生产线上工作时的场景(图片来自网络)

由于电子安装工作复杂细致，许多工厂都采用了组装机器人来完成。组装机器人由研究人员按照实际组装过程，制定合理的程序，并运用在具体的安装工作中。

4. 在检测方面的应用

机器人有多维度的附加作用，它可以在特定位置上取代人们完成工作任务，例如对核污染区域等高危或未知地区开展探索，还能对人们不能达到的部位进行检测，如患者患病部位的检测、工业瑕疵的检测、在地震救援时的生命检测。图5-22所示的是高铁检测机器人工作时的场景。

相对于传统的工业生产用机械设备,工业机器人具有很多的优点。例如工业机器人具有简单易用、自动化水平高、制造效能和稳定性高、便于管理和效益突出等优点,使它能够在高危环境下开展生产作业。

图5-22 高铁检测机器人工作时的场景(图片来自网络)

5.2.6 智能工业机器人发展趋势

目前,工业机器人的自动化程度在逐年提高,应用领域也在逐年扩大。未来工业机器人会向着高度智能化、人机协作、模块化、网络化方向发展。

(1)高度智能化。高度智能化是工业机器人未来的主要发展方向,随着传感能力、感知能力的不断提升,机器人能够准确地检测、判断各种复杂的信息。随着执行与控制、自主学习与智能发育等技术的进步,机器人将从预编程、示教再现控制、直接控制、遥操作等被操纵作业模式,逐渐向自主学习、自主作业方向发展。

(2)人机协作。人机协作机器人是工业机器人中的新成员,与传统工业机器人相比,在安全性方面更加出色。它主要工作在需要与工人相配合的生产线中,工人和机器人完全共享同一个工位,无须做围挡和隔离,这是最理想的人与机器人协作模式,这种工作模式需要工业机器人更加具有柔性,并集成视觉、压力等方面的多种高精度智能传感器。不断提高安全性、定位精度和运行速度是人机协作机器人未来发展的方向。

(3)模块化。通过标准化模块组装、制造工业机器人将成为趋势。当前,各个国家都在研究、开发和发展模块化组合式机器人,工业机器人由标准化的伺服电机、传感器、手臂、手腕与机身等工业机器人标准化组件拼装制成,大部分零部件可以通用。

(4)网络化。随着多机器人协同、控制、通信等技术的进步,机器人从独立个体向相互联网、协同合作方向发展。例如,大型生产线会需要大量机器人一起完成工作任务,所以工业机器人的设计和控制不仅要实现单一的自身控制,而且能够实现多台机器人互相配合、协调工作。

工业机器人全面代替人进行生产劳动是实现智能制造的必由之路。未来将有更多先进技术与工业机器人技术相融合,进一步提升工业机器人工作效率,降低生产成本。

5.3 智能 3D 打印

3D 打印(又称"增材制造")是塑料科技、黏结科技与印刷科技结合发展的重要成果,3D 打印采用了计算机辅助设计与加工技术的引导,通过逐层累积料的方法生产立体零部件。只要打印机使用的材料具有足够的性能,生产的产品在打印机的尺寸允许范围内,3D 打印机就可以生产大部分零件或产品。传统的生产方式生产个性化产品效率低下的关键原因在于制造专门的模具、工具或设备费用高昂,这些费用必须在一个大的生产量上进行摊销。3D 打印的优势在于只要将数字模型传入打印机,就可以生产出相应产品,而不必首先制造昂贵的生产级模具或工具,所以该技术能更好地适应个性化定制市场需求。

使用如 3D 打印机等桌面制作装置和软件即可进行个人产品的自我动手创作,也可通过互联网采用协同创新的方式制造产品。3D 打印技术与物联网、虚拟现实、大数据挖掘等新型信息化科技的深入结合,催生出可以实现消费者个性化定制需求的全新生产模式。利用新型技术(虚拟现实、大数据分析、物联网)可以在生产商品之前进行用户行为特征分析,进而获得大量的用户数据,然后开展客户图像分析,形成用户标签系统和分析模型,准确认知客户特性,快速洞察用户需求。

5.3.1 3D 打印概述

3D 打印是一项以数字模型为核心,采用塑胶及粉末状金属等可黏合物质,通过逐层印刷的方法来构成物品的方法。目前,这项技术已应用于汽车模型制作、工业产品设计、鞋类设计、装饰品设计、艺术品创作等方面。图 5-23 所示的是小型 3D 打印机。

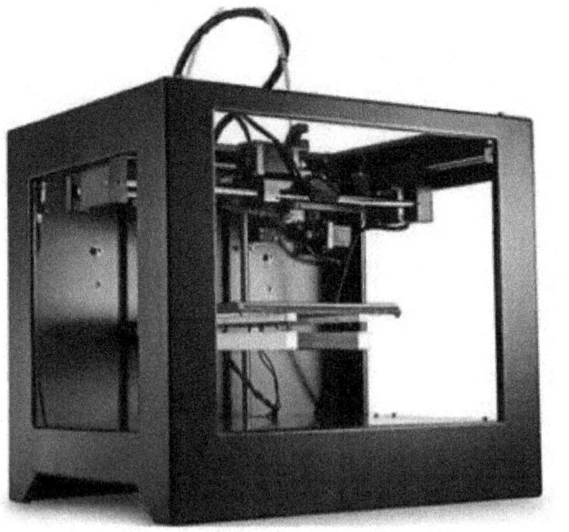

图 5-23 小型 3D 打印机(图片来自网络)

3D 打印机里装满了液态或粉末状的打印材料，通过计算机控制将打印材料层层叠起来，最后可以将机器上的三维画变为现实物品。和一般的去除材料加工方法不同，3D 打印机遵循的是加法原理，能够直接把机器上的设计转换为模型，可以直接生产零部件或模型，不再使用普通的工件、夹具等机械。因为这种方法把多维设计变成单纯的由一个产品文化设计的二维叠加，降低了产品设计和生产的复杂性，而且能够生产常规手段不能生产的奇异构造，如封闭的腔体、多层嵌套使用等。其优势是缩短产品开发周期、简化开发流程、降低研发成本、个性化产品定制、小批量生产。

5.3.2 3D 打印技术特点

1. 适合复杂结构的快速制造

与传统的切削等去材加工相比，3D 打印技术通过若干二维平面的堆积成型制造三维实体，大大降低了制造复杂度。理论上，只要在计算机上设计出结构模型，就可以应用该技术在没有刀具、模具及复杂工艺的条件下快速地将设计变为实物。产品制造过程几乎与零件的结构复杂性无关，可实现自由制造，这是传统方法无法比拟的。可制造出传统方法难加工甚至是无法加工的复杂结构，在航空航天、汽车、模具及生物医疗等领域具有广阔的应用前景。

2. 适合个性化定制

与传统大规模生产需要做大量的工艺技术准备以及大量的工装设备和刀具等制造资源准备相比，3D 打印技术在快速生产和灵活性方面极具优势，适合武器装备、珠宝及人体器官等个性化定制生产、小批量生产以及产品定型之前的验证性产品制造，可大大降低个性化、定制生产和创新设计的成本。

3. 适合非常规尺寸和高附加值产品的制造

目前，由于低生产速率、设备尺寸限制以及制造精度等方面的限制，3D 打印技术在常规尺寸及大规模生产方面，不具备效率优势。由于生产效率较低、材料和工艺成本较高，3D 打印技术目前主要适用于高附加值产品制造（如大尺寸、微纳尺寸等非常规尺寸产品制造）、个性化产品制造以及产品大规模生产前的研发与设计验证等环节的产品制造。

5.3.3 3D 打印机的组成

3D 打印机是以一个数字模型文档为基准，采用粉末状金属材料或树脂等可黏结物质，通过逐层印刷的加工方法来构成物件的产品。因为 3D 打印机将原来烦琐的三维制作过程转变为大量二维制作的叠加，因此能够在没有模具等加工设备的情况下制作几乎任何复杂的零件，从而大大提高了制造质量和生产柔性度。3D 打印机设备的操作区域可划分成软件部分、机械部分和电子设备部分。

（1）软件部分：3D 打印机能够利用机器程序将 3D 模具划分出多个层次，而这些层的厚度大致相当于 3D 打印机的整体高度。

（2）机械部分：机械部分是根据打印机指示出现的设定区域，是由电动机、支撑、同步轮、热传递带等所形成的空间轴，而软件部分所出现的打印位置即据此确定。

（3）电子设备部分：电子设备部分可理解为软件部分与机械部分的纽带，包括对应用软件系统生成的指示和数据缓存等,如对电源的监控、环境温度的监控等,而应用软件系统生成的位置指示则由电子设备部分直接对机械部分进行,从而实现精确打印的目的。

任何的快速成型生产过程都是以CAD(Computer Aided Design,计算机辅助设计)数字模型来进行控制的,由于CAD的数字模型需要处理出所有高速成型系统中所能进行的数据格式,同时在原型生产前的制造过程中,也必须完成叠层方向的切片加工。所以,在整个高速成型工艺进行前的原型生产过程中必须做好大量的资料准备和处理工作,而资料的充分准备和正确的运用就决定了原型生产的效果、品质和准确度。在整个高速成型工艺的进行过程中,资料的准备工作是必要的,而资料的运用管理也是十分必要和关键的。

目前,3D打印设计方法主要有两个,如图5-24所示。一个是按照生产的需要或直接按照二维样片图纸在CAD软件平台上建立生产三维模型,通常也简称概念设计。另一个是在模拟生产中利用扫描机对现有的生产实物进行扫描,获取三维模型。

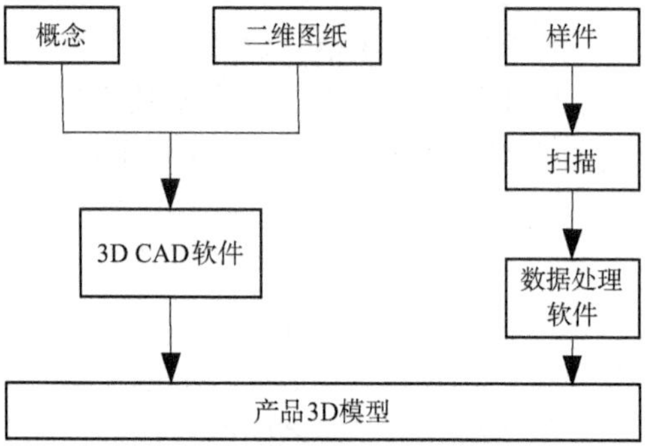

图5-24 3D打印设计方法

5.3.4 3D打印相关技术

1. 3D打印技术

有代表性的3D打印技术主要有熔丝沉积成型、立体光固化成型、电子束自由成型制造、激光选区烧结、分层实体制造等。

(1)熔丝沉积成型(Fused Deposition Modeling, FDM)技术。熔丝沉积又称熔融沉积,它将丝状热熔性材料加热融化,通过带有一个微细喷嘴的喷头挤喷出来。热熔材料融化后从喷嘴喷出,沉积在制作面板或者前一层已固化的材料上,温度低于固化温度后开始固化,通过材料的层层堆积形成最终成品。

该技术的优点为系统构造原理和操作简单、成本低、材料利用率高、去支撑简单等,在3D打印技术中,FDM技术的机械结构最简单,设计也最容易,制造成本、维护成本和材料成本也最低,因此也是在家用的桌面级3D打印机中使用最多的技术;其缺点是成型件的表面有明显的条纹,沿成型轴垂直方向的强度比较低,需要设计与制作支撑结构。目前随着技术的发展和产品的需要,多喷头FDM和气压式FDM出现,可以实现多种材料的混合打印。

(2)立体光固化成型(Stereo Lithography Appearance, SLA)技术。立体光固化成型技术是将特定波长与强度的激光聚焦到光固化材料表面,使之由点到线、由线到面按顺序凝固,完成一个层片的绘图作业，然后升降台在垂直方向移动一个层厚的高度，再固化另一个层片，从而层层叠加构成一个三维实体。SLA 技术最早由美国的查尔斯·赫尔博士提出，并在 1986 年申请获得专利，经过几十年的发展，立体光固化成型技术已成为目前众多的基于材料累加法的 3D 打印技术中发展最成熟、在工业领域使用最为广泛的技术之一。

立体光固化成型技术是利用紫外激光逐层扫描液态的光敏聚合物（如丙烯酸树脂、环氧树脂等）实现液态材料的固化，逐渐堆积成型的技术。它的成型原理是，以液态光敏树脂为加工材料，计算机控制紫外激光束按加工零件的分层截面信息逐层对光敏树脂进行扫描，使其产生光聚合反应，每次固化形成零件的一个薄层截面；每一层固化完毕之后，工作平台移动一个层厚的高度，然后在原先固化好的树脂表面再涂敷一层新的液态树脂，以便进行下一层扫描固化；新固化的一层牢固地黏合在前一层上，如此重复直至零件原型制造完毕。这种技术可以制作结构复杂的零件，零件精度及材料的利用率高，原材料的利用率接近 100%，尺寸精度高（±0.1 mm），表面质量优良，可以制作结构十分复杂的模型。缺点是能用于成型的材料种类少，工艺成本高，制成品在光照下会逐渐解体。

（3）电子束自由成形制造（Electron Beam Freeform Fabrication，EBF）技术。电子束自由成型制造技术是一种采用电子束作为热源，利用离轴金属丝制造零件的工艺。采用该增材制造工艺制造的近净成形零件需要通过减材工艺进行后续的精加工。EBF 最初为美国国家航空航天局兰利研究中心开发，其合同商 Sciaky 是当前该工艺开发方面的领先公司，目前已经加入 DARPA（Defense Advanced Research Projects Agency，美国国防高级研究计划局）"创新金属加工-直接数字化沉积（CIMP-3D）"中心的研究。该工艺的研究主要用于航空航天领域。

EBF 原理为在真空环境中，高能量密度的电子束轰击金属表面形成熔池，金属丝材通过送丝装置送入熔池并熔化，同时熔池按照预先规划的路径运动，金属材料逐层凝固堆积，形成致密的冶金结合，直至制造出金属零件或毛坯。EBF 工艺可替代锻造技术，大幅降低成本和缩短交付周期。它不仅能用于低成本制造和飞机结构件设计，也为宇航员在国际空间站或月球或火星表面加工备用结构件和新型工具提供了一种便捷的途径。EBF 技术可以直接成形铝、镍、钛或不锈钢等金属材料，而且可将两种材料混合在一起，也可将一种材料嵌入另一种，例如可将一部分光纤玻璃嵌入铝制件中，从而使传感器的区域安装成为可能。

该技术具有成形速度快、材料利用率高、无反射、能量转化率高等特点，成形环境为真空，特别利于大中型钛合金等高活性金属零件的成型制造，但精度较差，需要后续表面加工。

（4）激光选区烧结（Selective Laser Sintering，SLS）技术。激光选区烧结技术利用激光照射有选择地分层烧结固体粉末，由计算机控制层叠堆积成型。整个工艺装置由粉末缸和成型缸组成，一般的步骤是：在激光束开始扫描前，粉末缸活塞上升，由水平铺粉刮刀将金属粉末材料在成型缸的基板上均匀铺上一层，然计算机根据原型的切片模型控制激光束在该层截面上扫描，使粉末温度升至熔点从而烧结加工出当前层的轮廓。粉末加工完成一层后，使工作活塞下降一个层厚的距离，铺粉刮刀在加工好的层面上铺上新的金属粉末，激光束再选择性地熔化粉末。接着不断重复铺粉、烧结的过程，如此层层加工，直至使整个模型成型。整个加工过程在抽真空或通有气体保护的加工室中进行，以避免金属在高温下与其他气体发生反应。

SLS工艺的优点是适用面广，不仅能制造陶瓷、石蜡等材料的零件，还可以打印金属材料和多种热塑性塑料（如尼龙、聚碳酸酯、聚丙烯酸酯类、聚苯乙烯、聚氯乙烯、高密度聚乙烯等）的零件，打印时无须支撑，打印的零件机械性能好、强度高；缺点是材料粉末比较松散，烧结后成型精度不高，且高功率的激光器价格昂贵。

（5）分层实体制造（Laminated Object Manufacturing，LOM）技术。分层实体制造涉及的设备系统主要有计算机、材料存储及送进机构、热黏压机构、激光切割系统、可升降工作台、数控系统和机架等。其工作原理为：首先在工作台上制作基底，工作台下降，纸滚筒送进一个步距的纸材，工作台回升，热压滚筒滚压背面涂有热熔胶的纸材，将当前叠层与原来制作好的叠层或基底粘贴在一起，切片软件根据模型当前层面的轮廓控制激光器进行层面切割，逐层制作，当全部叠层制作完毕后，再将多余废料去除。LOM常用材料主要是硬纸、金属箔、塑料薄膜、陶瓷膜等薄层材料。分层实体制造除了可以制造模具、模型外，还可以直接制造结构件或功能件。该技术具有原材料价格便宜、制作尺寸大、无须支撑结构、操作方便等优点，同时也具有工件表面有台阶纹、工件的抗拉强度和弹性差、易吸湿膨胀等缺点。

2. 金属材料的3D打印技术

利用激光材料、电子束等热源3D打印金属材料结构，是通过将金属材料粉末颗粒或金属材料丝按照规定的加工路线一层层堆焊重叠，最后产生目标零部件的过程，其本质就是焊缝。金属材料3D打印的零件内部必然产生气洞、裂缝、金属材料夹杂物、未熔融组合等焊接缺陷，因此金属材料3D打印技术研发的关键课题之一就是缺陷管理关键技术。

由于3D打印成型后的金属零件具有结构组织与力学性能的各向异性，外观品质、尺寸精确度和一致性也不同于传统的淬火、锻压方法制造的零件，所以3D打印塑件的动力学特性与尺寸精确度也是另一项研发重点。此外，怎样提升打印效果，减少批量投入以降低成本，也是亟待解决的问题，下文是对这部分的进一步阐述。

（1）在材料方面，寻找新的可印刷高性能智能材料或改进现有可印刷材料的性能至关重要。

（2）在智能结构功能方面，多功能结构的探索有望成为大势所趋。目前，大多数智能结构只能执行单一功能。多功能智能结构的发展将提高3D打印机的性能并扩大其应用范围。例如，已经提出了具有自愈能力和受激变形能力的智能结构、整合刺激响应变形和电导功能的智能结构以及整合自我监测和自我修复功能的结构。此外，已经提出了能对多种刺激做出反应的智能结构，使同一个智能结构应用于多种场景成为可能。

（3）从制造的角度来看，新的3D打印方法和设备的开发值得进一步研究，适用于新型高性能智能材料的制造方法将大大促进对智能结构的研究。目前已经提出了一种用于原位制造的3D打印方法，该方法可以在工作位置直接打印对象，从而提高制造效率并使在如月球等恶劣环境下的现场直接制造成为可能。另外，在开发新型3D打印设备时，安装质量监控装置可以对打印过程进行实时监控和修正，从而提高打印精度，减少缺陷。

（4）在应用方面，现有的智能结构往往会出现形似神不似的问题。因此，在提出相关概念之后，需要在现实生活中找到实际的应用场景。这就要求智能结构的驱动力和位移能力应该增加，响应速度应该进一步提高。此外，智能结构的耐久性需要更多的研究。目前，大多数温度响应材料不能承受高温，智能结构中常用的一些材料（如水凝胶）在恶劣条件下无法有效发挥作用。并且，必须建立对各种智能结构的智能行为进行高精度定量分析的理论模型。对智能结构的跨尺度研究也应该开展，不但要关注智能结构的微观结构对功能的影响，也要拥有宏观大尺寸智能结构的打印能力。

（5）激光熔融沉积成形技术对粉末粒径的适应性较强，从小至数十微米大到数百微米均能够使用。细粉状材料适于印刷精密构件，粗粉状材料适于打印制造大规格和大加工余量的复杂构件，但粉末粒径过小时送粉后稳定性就会变坏，不利于成型，而粉末粒径过大，则必须使用较高功率，过大的热输入将影响某些材料的热力学性能。对激光熔融沉积成形来说，使用粗粉状材料的印刷效果要显著优于使用细粉状材料，能节省印刷时间，减少印刷成本。激光和电子束选区熔化成形，比较理想的粉末粒径是 25~45 μm，粉末粒径过大或过小将会提高打印部件的表面粗糙度和内部孔隙率。

可见，打印零件时要根据印刷技术差异、零件工艺的差异来选用不同粒径的粉末。粉末圆球度差、稳定性低是影响 3D 打印机制件质量的主要原因。如果粉末圆球度较差，甚至出现过大数量的“卫星粉”，将干扰输粉时铺粉的稳定性，从而降低了打印件的外观品质，并造成严重问题，尤其是在输粉时，圆球度较差的粉末凝聚不良，粉末焦点容易散乱，从而降低了打印效率，也提高了产生问题的可能性。

粉末中的陶质夹杂物和气孔，会在打印件内产生高温熔点夹杂物和气孔。所以，应该深入研究 3D 打印件粉末生产的关键技术，以进一步提高粉末产品质量，并应该系统研究粉末品质和打印质量之间的关系，以形成对 3D 打印件粉末分类与品质控制的统一标准。另外，细粉价格是影响 3D 打印件价值的主要因素，尤其是钛合金细粉，售价居高不下，提高了选区熔化打印件的价格，也不利于该技术的推广应用。所以，在改善粉剂质量的同时，也应该研究怎样增加粉剂的回收率，包括粉剂的收回与再使用。

目前，3D 打印的材料有限，打印速度与大批量生产相较也太慢。任何技术都有一个不断成熟的过程，随着 3D 打印技术的不断成熟，更多、更精密的材料被开发且成本不断降低，打印精度、速度大幅度提高，都会为 3D 打印在工业领域的应用带来巨大的机会。

5.3.5　3D 打印技术应用

目前，3D 打印技术正在蓬勃发展，应用范围也进一步扩展，不仅用来进行设计、模型生产、工程施工、精密设备与高端设备制造等，还运用在建筑、车辆船舶、核电、航天、教育、医疗、电视媒体、地理信息服务等行业中，还运用在了珠宝设计、制鞋、服饰制造等许多与生活息息相关的行业中，带来了巨大效益。如原本需数周时间进行的模型生产，在数小时内就可以完成，极大提升了开发和生产的价值，尤其在多功能领域（如医用关节和牙齿、航空航天零部件等）发展前景广阔。而目前生产的包括了表皮、肌腱、毛细血管碎片等的简单活体组织，将成为新一轮的医疗变革先锋。3D 打印技术可以显著降低生产成本，提升对原材料和能量的利用效率，从而降低对环境的冲击。图 5-25 所示的为 3D 打印头盔时的点阵结构。

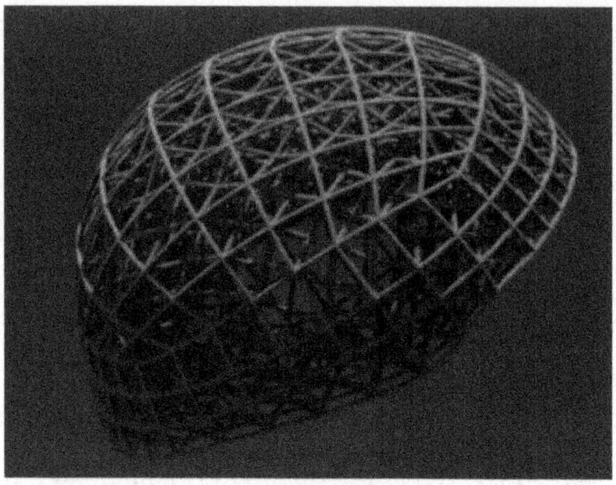

图 5-25 3D 打印头盔点阵结构(图片来自网络)

3D 打印属于快速成型工艺,是一项以数字模型软件为平台,利用粉末状金属或树脂等的黏合物质,采用逐层印刷的方法来加工构成物件的工艺。更具体地来说,假如将一个物体剖分成非常多的层,3D 打印机就可以逐层逐层地将薄层印刷出来,上一层覆于下一层之上,再使其融合到一起,直到物体完全成型。3D 打印是利用数字材料打印机来完成的,由于适用于模型制作、设计等方面而被大量用来制作模具,现正逐步进行一些产品的直接生产,也开始有利用这种加工工艺印制而成的零部件了。

增材生产的经济效益主要可以从两个角度来认识,一个是产品经济效益,另一个是制品生命周期经济效益。产品经济效益的关键在生产成本上,如增材生产能降低原物料耗费,减少运输费用,最小化模具生产成本,减少装配成本以及自动化的成本。而制品生命周期效率则表现在增材生产的新产品的销售和使用成本上,包括降低因重量而产生的燃油成本,更高的机械性能和可靠性,更长的生命周期,新商品发布时产品反应速度更快从而降低了库存和具有吸引力的新商品价值等。

3D 打印在各个领域的应用将会越来越多,甚至可能会为某些行业带来颠覆性的变革,例如已经有欧洲企业试图采用 3D 打印来打印汽车零配件,这样可以实现更为个性化的汽车生产,同时它可能会让汽车的组装零配件数量大幅度下降。汽车制造业的生产之所以复杂,管理要求之所以高就是因为将成千上万的零配件组装为整车的过程极为复杂,而配件数量的下降也将指数级降低组装过程的难度。对 3D 打印应用最多的当然还是小批量生产的行业,如打印一个航空航天设备的配件,打印人体骨骼、牙齿等。

在医疗领域,使用 3D 打印制药技术生产出的药片内存在着大量的小孔,有很大的内曲面积,因而可以在短时期内快速地被少许的热水溶化。这种特点也为部分有吞咽困难的患者送来了福音。这个设计主要关注病患对药物数量的要求,能够更有效地解决因为药物库存而导致的大量药物发潮变质、过期等问题。更进一步而言,3D 打印制药技术最关键的突破就是通过它可以逐步完成医生为病患定制药物的梦想。

5.3.6 3D 打印技术发展趋势

(1)向日常消费品制造方向发展。3D 打印技术在科学教育、工业造型、产品创意、工艺美术等领域有着广泛的应用前景和巨大的商业价值。

(2)向功能零件制造发展。金属直接成形技术采用激光或电子束直接熔化金属粉,逐层堆积金属。该技术可以直接制造复杂结构金属功能零件,制件力学性能可以达到锻件性能指标。功能零件制造的发展方向是进一步提高零件的精度和性能,同时研究陶瓷零件的 3D 打印技术和复合材料的 3D 打印技术。

(3)向装备智能化发展。目前 3D 打印设备在软件功能和后处理方面还有许多问题需要优化。例如:成形过程中需要加支撑;软件智能化和自动化水平需要进一步提高;制造过程、工艺参数与材料的匹配需要智能化;加工完成后的粉料或支撑的去除等。这些问题直接影响设备的使用和推广,装备智能化是其走向普及的保证。

(4)向组织与结构一体化制造发展。实现从微观组织到宏观结构的可控制造。例如在制造复合材料时,同步完成复合材料组织设计制造与外形结构设计制造,在微观到宏观尺度上实现同步制造,实现结构体的"设计—材料—制造"一体化。支撑生物组织制造、复合材料等复杂结构零件的制造,给制造技术带来革命性发展。

3D 打印技术代表制造技术的发展趋势,使产品从大规模制造向定制化制造发展,满足社会多样化需求,目前 3D 打印产业的产值占全球制造业市场的份额不高,但是其间接作用和未来前景难以估量。3D 打印技术的优势在于制造周期短,能满足单件个性化需求,可用于大型薄壁件制造、钛合金等难加工易热成形零件制造、结构复杂零件制造,在航空航天、医疗等领域产品开发阶段、计算机外设发展和创新教育上具有广阔发展空间。

3D 打印技术的应用,为许多新产业和新技术的发展提供了快速响应制造技术。例如在生物假体与组织工程上的应用,为人工定制化假体制造、三维组织支架制造提供了有效的技术手段;为汽车车型快速开发和飞机外形设计提供了快速制造技术,加快了产品设计速度。国外 3D 打印技术在航空领域已有超过 12%的应用量,而我国的应用量则非常低。3D 打印技术尤其适合于航空航天产品中的零部件单件小批量的制造,具有成本低和效率高的优点,在航空发动机的空心涡轮叶片、风洞模型制造和复杂精密结构件制造方面具有巨大的应用潜力。因此,3D 打印技术是创新型国家建设的锐利工具。

5.4　智能仪器仪表

第一代仪器仪表以指针式仪表为主,这些仪表的基本结构是电磁式和力学式的,它们基于电磁测量原理和力学转换原理用指针来显示最终测量值。第二代仪器仪表是数字式仪表,这类仪表以其响应的快速和测量的高精度得到了广泛的应用,如数字频率计、数字功率计、数字万用表等。此类仪表的基本原理是将模拟量转化为数字信号进行测量,并以数字形式显示或打印最终结果。第三代仪器仪表国际上通称微机化仪表(Microcomputer Instruments)。这类仪表内含微处理器(大多使用单片微机),功能丰富,使用灵巧,国外书刊中常将其简称为智能仪表(Intelligent Instruments)。仪表内含的微机是控制中枢,其功能由软硬件结合完成。这类仪表一般都装有通用接口,与外部微机之间通过通用接口总线联系,从而实现在线信号检测、采集与存储,以及离线处理与分析。此类仪表较前两类仪表有了根本性的变化,但从实用上讲仍属于基地式仪表(Based Instruments)。

智能仪器仪表是制造行业迈向智能建设的基础，是智能制造的“眼”和“手”，仪器仪表的智能化程度从某种程度也决定了智能制造的智慧化程度。当前，受国家鼓励政策和制造业竞争日趋激烈等影响，制造业智能化升级风潮渐起，这一趋势无疑将对智能仪器仪表的发展产生深远的影响，促进智能仪器仪表行业的快速发展。

5.4.1 智能仪器仪表概述

纵观智能仪器仪表的发展历史，可以发现仪器仪表作为实现信息的获取、转换、存储、处理和揭示物质运动规律的必备工具，其每次进步与突破在很大程度上可以反映出一个国家生产力的发展情况。

智能仪器仪表是计算机技术与测量仪器相结合的产物，是以计算机科学、微电子学、微机械学和材料科学等为理论基础，完成信息传感、信号检测、信号处理、信号通信及过程控制等任务，具有自学习、自校正、自适应等功能的装置与系统。智能仪器仪表含有微处理器，能进行数据的存储与计算、逻辑判断、自动化操作等，其结构原理如图 5-26 所示。

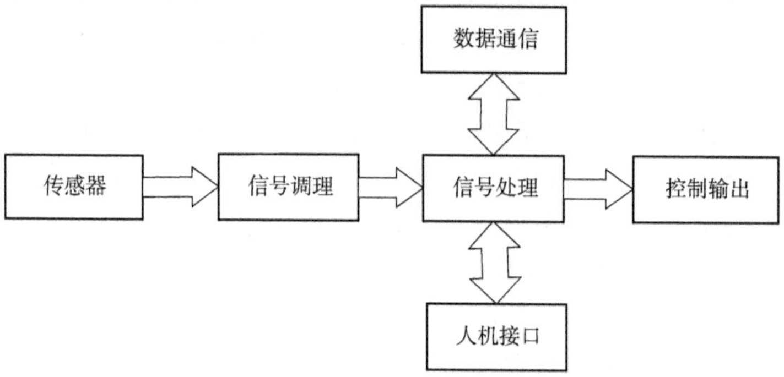

图 5-26 智能仪器仪表结构原理

5.4.2 智能仪器仪表功能特点

智能仪器仪表的基本功能包括：可进行多通道、多参数巡回检测；能进行数据分析和处理；能提供多种形式的输出数据，可方便地与网络、外设及其他设备进行数据交换；可作为自动控制的信息反馈装置，把检测与控制结合起来；可通过改变程序或采用可编程的方法增减仪器功能和规模来适应不同的环境和对象；具备自校准、自诊断、触发电平自动调整、量程自动调整和报警等功能。

与传统仪器仪表相比，智能仪器仪表具有以下主要功能特点。

1. 操作自动化

仪器的整个测量过程，如键盘扫描，量程选择，开关启动闭合，数据的采集、传输与处理以及显示打印等，都用单片机或微控制器来控制操作，实现测量过程的全部自动化。

2. 具有自测功能，智能化程度高

自测功能包括自动调零、自动故障与状态检验、自动校准、自诊断及量程自动转换等。智能仪器仪表不仅可以对被测信号进行测量、存储和运算，其具备的故障自诊断功能还能自动检测出发生故障的部位甚至发生故障的原因，大大地改善了仪器的自动化水平。仪器的自动检测，主要是在仪器启动时运行，也可以在仪器工作中运行，在很大程度上方便了仪器的维护。有些仪器采用专家系统技术，可根据控制指令和外部信息自动地改变工作状态，并进行复杂的计算、推理。

3. 具有数据处理功能

智能仪器仪表由于采用了单片微机或微控制器，使得许多原来用硬件逻辑难以解决或根本无法解决的问题，现在可以用软件非常灵活地加以解决。例如，传统的数字万用表只能测量电阻、交直流电压、电流等，而智能型的数字万用表不仅能进行上述测量，而且还具有对测量结果进行诸如零点平移、取平均值、求极值、统计分析等复杂的数据处理的功能，不仅使用户从繁重的数据处理中解放出来，也有效地提高了仪器的测量精度。

4. 具有友好的人机对话能力

智能仪器仪表使用键盘代替传统仪器仪表中的切换开关，操作人员只需通过键盘输入命令，就能实现某种测量功能。与此同时，智能仪器仪表还通过显示屏将仪器仪表的运行情况、工作状态以及对测量数据的处理结果及时反馈给操作人员，使仪器仪表的操作更加方便直观。

5. 具有可编程控操作能力

一般智能仪器仪表都配有通用接口总线、RS-232 C、RS-485 等标准的通信接口，可以很方便地与 PC 机和其他仪器一起组成用户所需要的多种功能的自动测量系统，以完成更复杂的测试任务。

6. 开发性强，可靠性高

智能仪器仪表采用多样化的通用接口，编制各种各样的软件进行匹配，这可有效地拓展用途，提高使用效率。数字信号处理技术的发展极大增强了仪器仪表的信号处理能力，软件的高速处理可以很快地解决很多硬件难以处理的问题，同时编程软件技术的不断修改升级，又可以在不更新硬件系统的环境下，轻松地以软件实现仪器仪表的升级换代。在不增加硬件设备的情况下，以软件代替硬件，通过开发不同的应用软件使检测系统实现不同的功能，使得智能仪器仪表的研制开发费用低、周期短。硬件功能软件化可简化硬件电路，减少元器件，降低故障发生率，提高仪器仪表的可靠性。

7. 性能好，精度高

利用微处理器的运算和逻辑判断功能，按照一定的算法可以消除漂移、增益变化、干扰等因素引起的误差，提高仪器仪表的测量精度，同时还有利于传感器的非线性校正和动态特性补偿，改善仪器仪表的性能。

5.4.3　智能仪器仪表结构组成

智能仪器仪表实际上是一种专用的微机自动检测系统，由硬件和软件两部分组成，其硬件结构如图 5-27 所示。

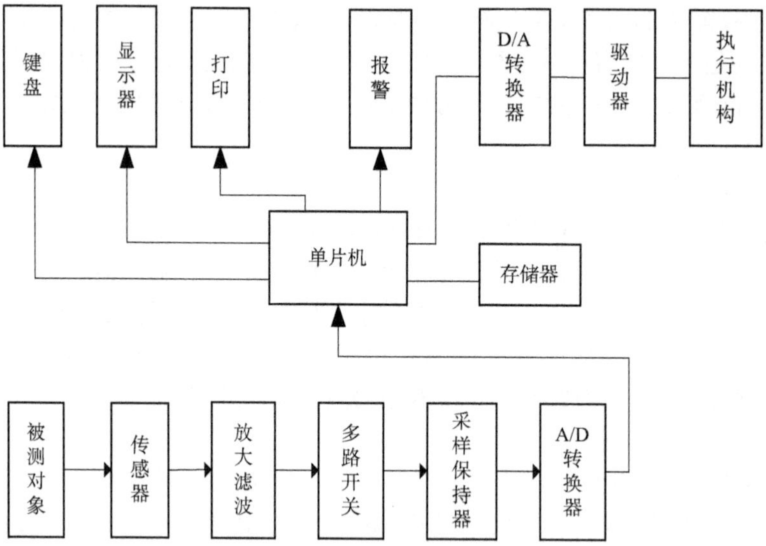

图 5-27　智能仪器仪表硬件结构

1. 硬件部分

由于被测对象多为非电量，须利用传感器将测到的非电量转换为电信号，而大多数传感器产生的信号都很微弱，通常只有 μV 或 mV 量级，所以必须用高输入阻抗的运算放大器对它们进行放大，使其达到一定的幅度（通常为几伏），还要进行滤波，选取信号中一定频率范围的成分去掉各种干扰和噪声。若信号的大小与 A/D 转换的输入范围不一致，须进行电平转换，必要时要加程控增益放大器对信号分段放大以保证转换精度。一般被测对象为几路或几十路，须采用多路开关对被测信号进行切换，使各路信号共用一个 A/D 转换器。若模拟信号变化比较缓慢，可以直接加到 A/D 转换器的输入端，如果信号变化较快，为了保证 A/D 转换的正确性，要加采样保持器。转换后的数字信号送入单片微机，单片微机根据仪器所设定的初值进行相应的数据运算和处理，可将结果显示和打印。单片微机还可对运算结果与存储器中存放的理想值进行比较，采用适当的控制算法，向执行部件输出控制信号，如被测炉温超过上限值，给出报警信号，同时控制风扇驱动装置，进行散热，将温度降到理想值。

此外，智能仪器仪表还可以与计算机组成分布式测控系统，由单片微机作为下位机采集各种测量信号和数据，通过串行通信接口将信息传送给上位机，进行更复杂的数据处理或进行全局监控。

2. 软件部分

软件部分主要包括监控程序、接口管理程序和数据处理程序三大部分。监控程序面向仪器的键盘和显示器，帮助实现从键盘输入数据或进行功能设置、控制，完成显示器对处理后的数据以数字、字符、图形等形式显示的任务；接口管理程序主要完成数据采集、数据存储、通信等任务；数据处理程序主要完成数据滤波、运算、分析等任务。

5.4.4 智能仪器仪表技术

1. 嵌入式系统

按照历史性、本质性、普遍性要求，嵌入式系统应定义为嵌入对象系统中的专用计算机系统。嵌入性、专用性与计算机系统是嵌入式系统的三个基本要素。对象系统则是指嵌入式系统所嵌入的宿主系统。

嵌入式系统的特点是由定义中的三个基本要素衍生出来的。不同的嵌入式系统其特点会有所差异。与“嵌入性”相关的特点：由于是嵌入对象系统中，必须满足对象系统的环境要求，如物理环境（小型）、电气/气氛环境（可靠）、成本（价廉）等要求。与“专用性”相关的特点：软、硬件的裁剪性；满足对象要求的最小软、硬件配置等。与“计算机系统”相关的特点：嵌入式系统必须是能满足对象系统控制要求的计算机系统，与前两个特点相呼应，这样的计算机必须配置有与对象系统相适应的接口电路。另外，在理解嵌入式系统定义时，不要将其与嵌入式设备相混淆。嵌入式设备是指内部有嵌入式系统的产品、设备，例如内含单片微机的家用电器、仪器仪表、工控单元、机器人、手机、PDA（便携式数据终端）等。

2. SoC（System on Chip）技术

长期以来 IC（Integrated Circuit，集成电路）芯片都是通用的，如微机芯片、各种存储器、各种逻辑元件、各种 D/A 转换器及 D/A 转换器等。用户只能根据手头拥有的芯片的功能去设计自己的产品。这是由生产水平决定的，因为只有大量生产的芯片，其成本才可以降低，才会有好的经济效益。而由用户定制的 ASIC（Application Specific IC，专用集成电路），则由于成本太高而很难得到推广。近年来，由于 LSI（Large Scale Integrated Circuit，大规模集成电路）生产工艺的成熟，CAD 技术的进步，加之许多 IC 芯片已发展成熟，如微机芯片、存储器、D/A 转换器等，都可能用来充当 ASIC 的基础，使 ASIC 的经济效益日益提高，因此 ASIC 在 VLSI（Very Large Scale Integrated Circuit，超大规模集成电路）市场上的竞争已日趋激烈。ASIC 技术使电子产品（包括智能仪器仪表）的结构更加紧凑，性能更加良好，保密性更强。

随着芯片制造业的发展，单个芯片所能提供的晶体管数已经大大超过大多数电子系统的需求，因此单芯片系统成为可能。当今制造工艺已经做到在一个芯片上集成 10~1 000 M 个晶体管，而一个普通的 8051 芯片所包含的门电路数目大约在 10 k 左右，即使较为复杂的 MPEG-2 视频/音频解码器所含的门电路数目也不过在 200 k 左右，如果芯片仅仅完成传统的电路集成功能，则远远没有充分利用先进的芯片制造工艺。发挥这些新技术新工艺带来的几乎无限的计算能力就变成了一项重大的挑战。

任何一个电子系统设计几乎都会用到一些已经存在的 IP 模块，如微处理器、存储器等，传统的 IC 设计方法关注的是如何创建一个全新的设计并进行有效的验证。复杂的 IP 模块、嵌入式软件、不断增长的晶体管数量，这些都成了传统方法日益沉重的负担。在 20 世纪 90 年代，单芯片系统的概念 SoC（System on Chip）提出，是指以嵌入式系统为核心，集软、硬件于一体，并追求产品系统最大包容的集成器件，是目前嵌入式应用领域的热门话题。它的目标就是为了克服多芯片集成系统所产生的一些困难，通过提高芯片集成的系统功能获得更高的系统性能，解决芯片管脚数“爆炸”测试困难和成本高等一系列问题，总之，SoC 技术是半导体工艺发展的产物。

3. 数据采集技术

（1）A/D 转换技术。目前所用的 ADC（A/D 转换器）都已集成化。ADC 集成芯片种类繁多，从原理来看，常用的有双积分型 ADC、逐次比较型 ADC 和并行型 ADC。从转换速度来看，有转换一次需 10 毫秒以上的慢速 ADC，需几十至几百微秒的中速 ADC，及只需几秒或小于 1 微秒的高速及超高速 ADC。从 ADC 输出的数字量最大位数（即分辨率）来看，以二进形式的输出的有 8 位、10 位、12 位、14 位、16 位、24 位等，以 BCD（Binary-Coded Decimal，二进码十进数）码形式输出的有三位半及四位半及更高分辨率的，一般，位数越高，分辨率和精度越高，但价格也越贵。从 ADC 芯片内部结构看，有单独的 A/D 转换器，如 ADC0801、AD673 等；有在芯片内除有 A/D 转换器外还具有地址码锁存、译码及模拟多路开关的转换器，如 ADC0809、AD7581 等；目前已生产出功能更强的 A/D 转换器芯片，如 AD363，其内部有 16 路模拟多路开关、数据放大器、采样/保持器及 12 位 A/D 转换器。从 ADC 数字输出端来看，有的芯片具有三态输出锁存器，如为 8 位分辨率，则输出端可直接连到微型计算机的数据总线上，十分方便，如为 10 位以上分辨率的 ADC 芯片，则还必须增加读取控制逻辑，把 10 位以上的数据分两次读入 CPU；在有的 ADC 芯片上没有数据输出锁存器，则需通过并行接口送入 CPU。从输出接口来看，有并行接口 ADC 和串行接口 ADC。

（2）D/A 转换技术。D/A 转换器（DAC）模拟输出通道中的关键器件，它将计算机内的数字量转换为连续变化的电流或电压。DAC 芯片种类繁多，其输入数字量的位数多为 8 位、10 位或 12 位，转换时间由 0.5 纳秒到几十微秒不等。近年来，由于集成电路技术的不断完善，DAC 的性能日益提高，与微型计算机的连接也越来越方便。DAC 按内部结构分，可以分为电流源型 DAC、电阻转换器型 DAC、电容转换器型 DAC、脉宽调制型 DAC 等；按输出信号分，可以分为电流型 DAC 和电压型 DAC；按接口方式分，可分为串行 DAC 和并行 DAC。

4. 数据传输技术

1）内部总线

（1）I^2 C 总线。I^2C（Inter-IC）总线十多年前由飞利浦（Philips）推出，是在微电子通信控制领域广泛采用的一种新型总线标准。它是同步通信的一种特殊形式，具有接口线少、控制方式简化、器件封装形式小、通信速率较高等优点。在主从通信中，可以有多个 PC 总线器件同时接到 I^2 C 总线上，通过地址来识别通信对象。

（2）SPI 总线。串行外围设备接口（Serial Peripheral Interface，SPI）总线技术是摩托罗拉（Motorola）推出的同步串行接口。Motorola 生产的绝大多数 MCU（Micro Control Unit，微控制器）都配有 SPI 硬件接口，如 68 系列 MCU。SPI 总线是一种三线同步总线，因其硬件功能很强，所以与 SPI 有关的软件就相当简单，使 CPU 有更多的时间处理其他事务。

（3）SCI 总线。串行通信接口（Serial Communication Interface，SCI）也是由 Motorola 推出的。它是一种通用异步通信接口（Universal Asynchronous Receiver/Transmitter，UART），与 MCS-51 的异步通信功能基本相同。

2）外部总线

（1）RS-232 C 总线。RS-232 C 是美国电子工业协会（Electronic Industry Association，EIA）

制定的一种串行物理接口标准。RS 是英文“Recommended Standard”（推荐标准）的缩写，232 为标识号，C 表示修改次数。RS-232-C 总线标准设有 25 条信号线，包括一个主通道和一个辅助通道，在多数情况下主要使用主通道，一般双工通信仅需几条信号线就可实现，如一条发送线、一条接收线及一条地线。RS-232-C 标准规定的数据传输速率为每秒 50、75、100、150、300、600、1 200、2 400、4 800、9 600、19 200 波特。RS-232-C 标准规定，驱动器允许由 2 500 pF 的电容负载，通信距离将受此电容限制，例如，采用 150 pF/m 的通信电缆时最大通信距离为 15 m；若每米电缆的电容量减小，通信距离可以增加。传输距离短的另一原因是 RS-232 属单端信号传送，存在共地噪声和不能抑制共模干扰等问题，因此一般用于 20 m 以内的通信

（2）RS-485 总线。在要求通信距离为几十米到上千米时，广泛采用 RS-485 总线标准。RS-485 采用平衡发送和差分接收，因此具有抑制共模干扰的能力。加上总线收发器具有高灵敏度，能检测低至 200 mV 的电压，故传输信号能在千米以外得到恢复。RS-485 采用半双工工作方式，任何时候只能有一点处于发送状态，因此，发送电路须由使能信号加以控制。RS-485 用于多点互联时非常方便，可以省掉许多信号线。应用 RS-485 可以联网构成分布式系统，其允许最多并联 128 台设备。

（3）IEEE 488 总线。上述两种外部总线是串行总线标准，而 IEEE 488 总线是并行总线接口标准。IEEE 488 总线用来连接系统，如计算机、数字电压表、数码显示器等设备及其他仪器仪表，均可用 IEEE 488 总线装配起来。它按照位并行、字节串行双向异步方式传输信号，连接方式为总线方式，仪器设备直接并联于总线上而不需中介单元，但总线上最多可连接 15 台设备。最大传输距离为 20 m，信号传输速度一般为 500 kb/s，最大传输速度为 1 Mb/s。

（4）USB 总线。通用串行总线（Universal Serial Bus，USB）是由 Intel、Compaq（康柏）、Digital、IBM、Microsoft（微软）、NEC 及 Northern Telecom 等七家世界著名的计算机和通信公司共同推出的一种新型接口标准。它基于通用连接技术，实现外设的简单快速连接，达到方便用户、降低成本、扩展 PC 连接外设范围的目的。它可以为外设提供电源，而不像普通的使用串、并口的设备需要单独的供电系统。另外，快速是 USB 技术的突出特点之，USB 的最高传输率可达每秒 480 Mb/s，而且 USB 还能支持多媒体。

3）系统总线

（1）ISA 总线。ISA（Industrial Standard Architecture，工业标准体系结构）总线标准是 IBM 1984 年为推出 PC/AT 机而建立的系统总线标准，所以也叫 AT 总线。它是对 XT 总线的扩展，以适应 8/16 位数据总线要求。它在 80 286 至 80 486 时代应用非常广泛，以至于现在奔腾机中还保留有 ISA 总线插槽。ISA 总线有 98 只脚。

（2）EISA 总线。EISA（Enhanced Industrial Standard Architecture，扩展工业标准体系结构）总线是 1988 年由 Compaq 等九家公司联合推出的总线标准。它是在 ISA 总线的基础上使用双层插座，在原来 ISA 总线的 98 条信号线上又增加了 98 条信号线，也就是在两条 ISA 信号线之间添加一条 EISA 信号线。在使用中，EISA 总线完全兼容 ISA 总线信号。

（3）VESA 总线。VESA（Video Electronics Standard Association，视频电子标准协会）总线是 1992 年由 60 家计算机附件板卡制造商联合推出的一种局部总线，简称为 VL（VESA

Local Bus)总线。它的推出为微机系统总线体系结构的革新奠定了基础。该总线系统考虑到 CPU 与主存和缓存的直接相连,通常把这部分总线称为 CPU 总线或主总线,其他设备通过 VL 总线与 CPU 总线相连,所以 VL 总线被称为局部总线。它定义了 32 位数据线,且可通过扩展槽扩展到 64 位;使用 33 MHz 时钟频率,最大传输率达 132 Mb/s,可与 CPU 同步工作。它是一种高速、高效的局部总线,可支持 386SX、386DX、486SX、486DX 及奔腾微处理器。

(4)PCI 总线。PCI(Peripheral Component Interconnect,外围组件互连)总线是当前最流行的总线之一,它是由 Intel 推出的一种局部总线。它定义了 32 位数据总线,可扩展为 64 位。PCI 总线主板插槽的体积比 ISA 总线插槽还小,其功能与 VESA、ISA 相比,有极大的改变,支持突发读写操作,最大传输速率可达 132 Mb/s,可同时支持多组外围设备。PCI 局部总线不能兼容现有的 ISA、EISA、MCA(Micro Channel Architecture,微通道体系结构)总线,但它不受制于处理器,是基于奔腾等新一代微处理器而发展的总线。

(5)PXI 总线。PXI(PCI Extensions for Instrumentation,面向仪器系统的 PCI 扩展)是一种由 PXI 联盟发布的坚固的基于 PC 的测量和自动化平台。PXI 结合了 PCI 的电气总线特性与 Compact PCI(紧凑 PCI)的坚固性、模块化及 Eurocard 机械封装的特性,发展成适合试验、测量与数据采集场合应用的机械、电气和软件规范。制订 PXI 规范的目的是将台式 PC 的性价比优势与 PCI 总线面向仪器领域的必要扩展完美地结合起来,形成一种主流的虚拟仪器测试平台。

5.4.5 智能仪器仪表应用

近年来,仪器仪表在食品检验、环境监测、生物医药等应用领域释放出广阔的发展空间,仪器仪表制造业总收入保持着良好的增长态势。然而,在我国经济进入新常态的背景下,仪器制造业也面临着不容忽视的问题。

智能化测量控制仪表的发展尤为迅速。国内市场上已出现了多种多样的智能化测量控制仪表,例如,智能节流式流量计,能够进行程序控温的智能多段温度控制仪,能够实现数字 PID 和各种复杂控制的智能调节器,以及智能气相色谱仪等。

1. 智能节流式流量计

智能涡街流量计,主要用于工业管道介质流体的流量测量,如气体、液体、蒸汽等多种介质。其特点是压力损失小,量程范围大,精度高,在测量工况体积流量时几乎不受流体密度、压力、温度、黏度等参数的影响。无可动机械零件,因此可靠性高,维护量小。仪表参数能保持长期稳定。涡街流量计采用压电应力式传感器,可靠性高,可在−20 ℃ ~+250 ℃的温度范围内工作。有模拟标准信号输出,也有数字脉冲信号输出,容易与计算机等数字系统配套使用,是一种比较先进、理想的流量仪表。

智能涡街流量计(图 5-28)在流体中设置三角柱形旋涡发生体,流体从旋涡发生体两侧交替地产生有规则的旋涡,这种旋涡称为卡门旋涡,旋涡列在旋涡发生体下游非对称地排列。涡街流量计便是依据卡门旋涡原理进行封闭管道流体流量测量的新型流量计。因其具有良好的介质适应能力,无须温度压力补偿即可直接测量蒸汽、空气、气体、水、液体的工况体积流量,配备温度、压力传感器可测量工况体积流量和质量流量,是节流式流量计的理想替代产品。

图 5-28　智能涡街流量计(图片来自网络)

2. 智能温度控制仪

温度控制仪是调控一体化智能温度控制仪表,如图 5-29 所示,它采用了全数字化集成设计,具有温度曲线可编程或定点恒温控制、多重 PID 调节、输出功率限幅曲线编程、手动/自动切换、软启动、报警开关量输出、实时数据查询、与计算机通信等功能,将数显温度仪表和 ZK 晶闸管电压调整器合二为一,集温度测量、调节、驱动于一体,仪表直接输出晶闸管触发信号,可驱动各类晶闸管负载。其应用于电力部门使用的各种高低压开关柜、干式变压器、箱式变电站,试验室的电炉控制及其他与温度相关的使用领域。

图 5-29　智能温度控制仪(图片来自网络)

温度控制仪通过温度传感器自动对环境温度进行采样、即时监控,当环境温度高于控制设定值时控制电路启动,可以设置控制回差。如温度还在上升,当升到设定的超限报警温度点时,启动超限报警功能。当被控制的温度不能得到有效的控制时,为了防止设备受损还可以通过跳闸的功能来阻止设备继续运行。

3. 智能调节器

图 5-30 为 YR-GAD 系列人工智能 PID 调节器,它采用人工智能控制算法,该控制器算法包含滞后性强、控制速度比较缓慢的控制系统(如电炉的加热控制),控制响应速度迅速

的系统（如调节阀对压力、流量、液位等物理量的控制系统）和加热/冷却双输出（双 PID 调节）三种不同控制模式的算式，在这些复杂工况中均能实现无超调、无欠调的良好控制效果，人工智能调节器/过程控制器控制算法、整机品质达到国际先进水平。

图 5-30　人工智能 PID 调节器（图片来自网络）

人工智能 PID 调节器支持傻瓜式操作，具有 0.2%的测量精度，可支持 36 种信号输入，适用于温度、压力、流量、液位、湿度等工业过程量的监测，能配合各种执行器对电加热设备和电磁、电动调节阀进行 PID 调节和控制。人工智能 PID 调节器支持 4 路报警功能、2 路控制输出、2 路 DC24 V 馈电，支持采用标准 MODBUS 协议的 RS 485 通信接口；输入端、输出端、电源端光电隔离；100-240VAC/DC 或 20-29VAC/DC 开关电源供电；标准卡入式安装；工作环境温度 0~50 ℃且相对湿度 5%~85% RH 无凝结。

4. 智能气相色谱仪

智能网络化气相色谱仪是运用高速单片微机应用、最新色谱数据处理技术、总线技术、TCP/IP 模块应用、集成的电子信息技术结合成熟的气相色谱检测技术、优化气路技术而设计制造的气相色谱仪。其性能可靠、运行稳定，整体功能指标已经达到国内领先水平，是国产仪器首次超越国际顶级色谱仪技术水平的尝试。

GC1860 智能网络型气相色谱仪，如图 5-31 所示，具有开机自检系统，智能识别仪器电路故障，并显示故障部位，具备数据断电保护功能，各种方法参数能在断电情况下长期保存。GC1860 智能网络型气相色谱仪在色谱仪器及数据管理方面进行了开创性的革新，采用技术先进的 10/100 M 以太网通信接口，可以实现对仪器的远程控制和远程数据传输处理及监管，在实验室中通过一台计算机可以控制数十台气相色谱仪，可以按用户需求在一个实验室中对相隔数千米甚至数百千米的车间中的气相色谱仪进行控制和数据分析。GC1860 智能网络型气相色谱仪，可根据需要连接到单位主管及上级主管，便于实行监管。通过 GC1860 型智能网络型气相色谱仪，国家职能部门，如技术监督、药监、卫生防疫或疾控部门可以远程实时监控下辖企业的相关分析数据，让食品药品质量监管不再有盲区，GC1860 智能网络型气相色谱仪还可以通过互联网连接到生产厂家，实现远程诊断、远程程序更新等。

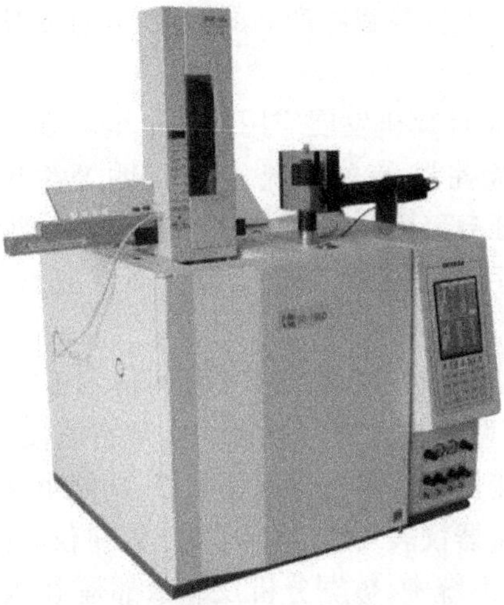

图 5-31　GC1860 智能网络型气相色谱仪（图片来自网络）

国际上智能测量仪表更是品种繁多，例如，美国 HONEYWELL（霍尼韦尔）公司生产的 DSTJ-3000 系列智能变送器，能进行差压值状态的复合测量，可对变送器本体的温度、静压等实现自动补偿，其精度可达到 ±0.1% FS；美国 FLUKE（福禄克）公司生产的超级多功能校准器 5520 A，内部采用了 3 个微处理器，其短期稳定性达到 1 ppm，线性度可达到 0.5 ppm；美国 FOXBORO（福克斯波罗）公司生产的数字化自整定调节器，采用了专家系统技术，能够像有经验的控制工程师那样，根据现场参数迅速地整定调节器。这种调节器特别适用于对象变化频繁或非线性的控制系统。由于这种调节器能够自动整定调节参数，可使整个系统在生产过程中始终保持最佳品质。

5.4.6　智能仪器仪表发展趋势

仪器仪表历来是改造传统工业、提高产业能级、增强企业竞争力的重要基础，是科学技术发展和科技创新的重要支柱。随着微电子技术、计算机技术、精密机械技术、网络技术、纳米技术等高新技术的迅猛发展，各行业对智能仪器仪表提出了更高的要求。为满足制造业用户的智能制造需求，仪器仪表行业正在从自动化向智能化方向高速迈进，微型化、多功能化、智能化、网络化等趋势正日益凸显。

（1）微型化。微型化主要是指将电子技术、微机械技术、信息技术等综合应用在仪器的生产中，从而使得仪器的体积更小、功能更齐全。微型化的智能仪器仪表能够有效完成信息采集、线性化处理、数字信号处理、控制信号的输出和放大、与其他仪器的接口交互、与人交互等功能。随着机械技术的不断发展，微型智能仪器技术不断革新，并且逐渐趋于成熟，使仪器仪表的成本不断降低，应用领域更为广泛。微型智能仪器仪表不但具有传统仪器仪表的功能，而且其低成本、高性能的优势使其在自动化、航空航天、生物、医疗领域起到独特的作用，从而开辟更广阔的市场。

（2）多功能化。智能仪器仪表本身的一大特点就是多功能化，一些厂家在进行智能仪器仪表生产时，在其中设计了具有脉冲发生器、频率合成器和任意波形发生器等功能的函数发生器,这样可在很大的程度上提高智能产品的性能,并且使其在各种测试功能上都有很强大的解决方案。

(3)智能化。人工智能是计算机发展应用的一个全新方向,利用计算机模拟、延伸和扩展人的智能,可以应用于智能控制、专家系统、定理证明等各方面,节省更多的人力、财力及物力,减轻工作人员繁重的任务。因此,智能仪器仪表在进一步的发展中将会更加人工智能化,以代替人类进行相应的劳动,无须人们进行操作而自主地完成检测或控制工作,能在很大程度上节约人力及物力。

(4)网络化。随着科学技术的迅猛发展,互联网技术正在逐渐向工业控制和智能仪器仪表系统设计领域渗透。互联网技术能帮助人们实现智能仪器仪表的智能化信号传输、分析功能,以及对设计好的智能仪器仪表进行远程升级、功能重置和系统维护。

此外,虚拟仪器是智能仪器仪表发展的新阶段。测量仪器的主要功能有数据采集、数据分析和数据显示。在虚拟的系统中,数据分析及显示都是由 PC 来完成的,只要有相应的数据采集硬件,将其与 PC 进行组合会形成测量仪器,这种基于 PC 的测量仪器便称为虚拟仪器。并且,虚拟仪器具有一个很大的优点,就是在虚拟仪器中,利用同一个硬件系统,只要对软件系统进行不同程度的编程,将会得到不同的测量仪器,因此软件系统是虚拟仪器的核心。

5.5 本章小结

智能制造是一种全新的制造模式,其核心在于制造、产品和服务的全面交叉渗透,通过互联网、移动通信、大数据、云计算等多种技术与机器人、智能设备等实现产品、设备、人和服务的互联互通。在这个过程中,智能化是数控机床发展的高级阶段,能够实现高度自动化。随着技术水平的发展和需求的提高,数控机床出现越来越多智能功能、智能部件以及智能系统。工业机器人通过高效率、可互换的末端执行装置(手爪)以及与数控机床等设备对接的集成化辅助机械装置、流水线等,提高了动作效率,扩展了作业空间,替代了大量的生产人力,满足了产能要求。3D 打印技术以其制造灵活性和原材料大幅节省的优势成为五大颠覆性技术之一,解决了传统制造技术无法解决的高难度、个性化设计制造的难题,成为推动智能产业发展的关键技术。智能仪器仪表不仅能解决传统仪器仪表不易解决或不能解决的问题,还能简化仪器仪表电路,提高仪器仪表可靠性,更容易实现高精度、高性能、多功能。要全面进入智能制造时代,还需要深入研究,突破支撑智能制造产业发展的核心关键技术,助力我国实现智能制造目标。

课后习题

(1)数控机床主要由哪些部分组成?

(2)传统数控机床与智能数控机床的区别与联系?

(3)简单列举一下智能数控技术的应用领域。

(4)工业机器人主要由哪些部分组成?

（5）工业机器人与智能工业机器人的区别与联系？
（6）简单列举一下智能工业机器人的应用场合。
（7）3D 打印机由哪几部分组成？
（8）什么是智能仪器仪表？智能仪器仪表的主要特点是什么？

参考文献

[1] 姚锡凡，周传军. 智慧制造理论与技术[M]. 北京：科学出版社，2020.
[2] 张鹏，冯淼，张涛然，等. 智能制造装备设计与故障诊断[M]. 北京：机械工业出版社，2021.
[3] 戴庆辉，等. 先进制造系统[M].2 版. 北京：机械工业出版社，2010.
[4] 李文斌，王宗彦，闫献国. 现代制造系统[M]. 武汉：华中科技大学出版社，2016.
[5] 中国电子技术标准化研究院. 智能制造标准化[M]. 北京：清华大学出版社，2019.
[6] 刘强. 智能制造概论[M]. 北京：机械工业出版社，2021.
[7] 李琼砚，路敦民，程朋东. 智能制造概论[M]. 北京：机械工业出版社，2021.
[8] 李培根，高亮. 智能制造概论[M]. 北京：清华大学出版社，2021.
[9] 龙绪明. 电子智造工程技术与实践[M]. 北京：电子工业出版社，2020.
[10] 周祖德，娄平，萧筝. 数字孪生与智能制造[M]. 武汉：武汉理工大学出版社，2020.
[11] 葛英飞. 智能制造技术基础[M]. 北京：机械工业出版社，2019.
[12] 李伯虎，柴旭东，张霖，等. 智慧制造云[M]. 北京：化学工业出版社，2020.
[13] 马玉山. 智能制造工程理论与实践[M]. 北京：机械工业出版社，2021.
[14] 周祖德，孟伟，陈冰. 数字制造装备与过程的智能控制[M]. 武汉：武汉理工大学出版社，2020.
[15] 刘凌，付福兴. 智能制造：原理、案例、策略一本通[M]. 北京：电子工业出版社，2020.
[16] 朱文海，施国强，林廷宇. 从计算机集成制造到智能制造：循序渐进与突变[M]. 北京：电子工业出版社，2020.
[17] 张小红，秦威. 智能制造导论[M]. 上海：上海交通大学出版社，2019.
[18] 王道平，殷悦. 智能制造概论[M]. 北京：人民邮电出版社，2021.
[19] 杨贺来. 数控机床[M]. 北京：清华大学出版社，北京交通大学出版社，2009.
[20] 杨正泽，李向东. 高档数控机床和机器人[M]. 济南：山东科学技术出版社，2018.
[21] 孙巍伟，卓奕君，唐凯，等. 面向工业 4.0 的智能制造技术与应用[M]. 北京：化学工业出版社，2022.
[22] 陈国华. 工业机器人与智能制造[M]. 西安：西安电子科技大学出版社，2020.
[23] 刘军，郑喜贵. 工业机器人技术及应用[M]. 北京：电子工业出版社，2017.
[24] 史玉升. 3D 打印技术概论[M]. 武汉：湖北科学技术出版社，2016.
[25] 孙宏军，张涛，王超. 智能仪器仪表[M]. 北京：清华大学出版社，2007.
[26] 庞春颖. 智能仪器设计与应用[M]. 北京：电子工业出版社，2013.
[27] 方彦军. 智能仪器技术及其应用[M]. 武汉：武汉大学出版社，2022.

第 6 章　智能制造生产应用

智能制造的应用层位于智能制造产业链的下游阶段，包括以机器视觉、3D 打印、人工智能和新一代信息通信等为技术构成的自动化生产线和智能工厂。本章通过介绍位于智能制造应用层的系统集成技术和自动化生产解决方案两种关键技术，以及自动化生产线和智能工厂两大关键产品来具体体现智能制造在制造业生产中的应用。同时，通过列举出智能制造在几大主要行业中的具体案例来体现智能制造应用层的技术产品在实际生产中的运用。

6.1　系统集成技术

智能制造是未来制造业发展的必然方向，它是一个复杂的系统工程，既是一种技术，更是一种系统、模式与生态环境。随着智能制造的发展，系统集成技术在制造业智能化进程中的重要作用不断显现，推动了制造业向智能化水平迈进。

系统集成的出现，同时解决了传统制造业生产中资源的互通问题以及对生产线的实施控制问题，优化了设备的维护技术。未来的智能制造必将向着集成化、智能化以及低碳化等方向不断发展。

近年来传统制造业面临转型，其中一系列的问题亟待解决，系统集成技术在解决当前阶段制造业所存在的各种问题上发挥了重要的作用。当一项单独的技术无法有效处理问题时，可以运用系统集成技术将这一独立的技术或软件与其他技术结合，形成一个整体的系统，解决单一技术和系统所存在的局限性问题，从而提高解决问题的效率，同时更便于企业进行管理。

6.1.1　系统集成的概念

系统集成，是利用计算机网络技术和综合布线的结构化系统，将一个个独立分离的设备以及信息等集合到一套协调统一的整体系统中，从而发挥整体效益，便于高效集中地管理资源。集成后，各个原本独立的系统或者设备之间的交互性以及可操作性是系统集成的关键。从广义上来说，系统集成就是设备、人员以及系统软件等方面的集成作业。而从狭义上来说，系统集成就是系统平台的集成。它运用诸如网络集成、软件界面集成等多种集成技术，在纵向持续深化、横向不断整合的基础上，为客户提供各项优秀的解决方式，解决厂商各种与协议、设备以及系统、工作人员有关的一切面向集成的问题，最终构建先进、开放的资源共享系统，满足客户需求。

系统集成有以下几个显著特点。

（1）系统集成要以满足用户的需求为根本出发点，在产品问题上，选择与用户需求最为接近的产品及技术，而不一定是最好的。

（2）系统集成不仅仅是简单地为客户提供设备系统服务，它同时也是供应商进行设计与调试的技术能力的一种体现。

（3）系统集成不只是技术方面的工程，同时还涉及管理和商务等方面，具有一定的综合性。在以技术的运用为核心的基础上，仍然需要管理和商务等领域的能力来为项目进行保驾护航。

（4）在系统集成中，集成系统的性能和性价比尤为重要，性能和性价比的高低是衡量一个系统集成项目最终是否成功实施的重要因素。

总而言之，智能制造系统集成是以实现智能制造为目标，在网络化、自动化的基础上，以数字化为手段，通过采用新兴的信息通信技术，将工业生产中的各项系统和设备进行集成，从而帮助企业实现纵向集成、横向集成的各类智能化解决方案的总称。

6.1.2　系统集成的分类与方式

按照传统的分类方式，系统集成可以分为设备系统集成和应用系统集成，而根据不同场景的应用，这两种集成方式又可以进行进一步划分。

1. 系统集成的分类

1）设备系统集成

设备系统集成又称为硬件系统集成。该系统集成方式通过运用综合布线、通信互联以及多媒体应用等技术，对有关设备进行合理调配，从而集成相关应用，目的主要是在组织机构内搭建一个合理高效的信息化管理支持平台。根据实际需求的不同，设备系统集成又可细分为如下三种常用的集成方式。

（1）智能建筑系统集成。关于智能建筑系统集成的定义主要有两种。其一，智能建筑系统集成采用综合布线、楼宇自控、安全防范等多项技术，将建筑设施中的相关设备进行集成与调试，最终达成搭建建筑主体内建筑智能化管理系统的目的，其子系统还包括监控系统、停车管理、消防系统等，各个子系统分别实现对应的功能；其二，智能建筑系统集成是在传统建筑的基础上，建立在智能建筑环境及系统集成平台上的综合布线系统。

（2）计算机网络系统集成。计算机网络系统集成在制造业中应用最为广泛，即通过结构化的综合布线系统和计算机网络技术将分离的设备集成到统一协调的系统中，便于资源的共享以及管理。在硬件系统组成方面，计算机网络系统集成的硬件系统往往包括网络通信设备、计算机设备以及其他辅助设备。

（3）安防系统集成。安防系统集成主要利用综合布线技术、安全防范技术以及网络安防技术等对设备进行集成，从而实现安防管理平台的构建，其技术最大的特点是系统管理的安全性。安防系统集成的子系统与智能建筑系统集成有许多交叉之处，包括门禁系统、防盗报警系统、远程会议系统等，与智能建筑系统集成的区别是，安防系统集成在某些情况下可以作为智能建筑系统集成的子系统，而非一个独立的系统。

（4）通信协议与接口集成。设备系统集成的首要任务是实现设备之间的通信。各个设备可以通过采用统一的通信协议和接口进行数据交换和协同工作。常用的通信协议包括 MODBUS、OPCUA、CAN 等。借助这些协议，设备可以在相同的网络环境下进行数据交换和通信。

2)应用系统集成

应用系统集成主要根据用户对应用系统的需求,提供技术解决方案以及运作方案,它必须以用户需求为核心,全面、高效地达成目标。在必要的情况下,甚至可以通过构建服务器来提升用户访问效率,保障通信效率,深入层面广泛,是系统集成的高级阶段,因此又称为行业信息化解决方案集成。

除了上述分类方式,智能制造系统集成,还可以按照业务类型的不同对集成的类型进行进一步划分,主要分为整体解决方案以及局部解决方案。整体解决方案的产品和成果主要体现在数字化车间和智能工厂,而局部解决方案主要是对整体解决方案的细致拆分。

对于局部解决方案,根据工业领域两大制造类型,系统集成按照其工业生产流程可以分为离散型制造系统集成和流程型制造系统集成两大类,如图 6-1 所示。两种不同的制造形式的集成均包括对研发环节数字化、制造环节数字化、物流环节智能化、企业管理信息化以及工业互联服务五大环节中各个系统的集成,但由于架构方式的不同,对两种不同制造流程的集成存在一定的差异,主要体现在研发环节数字化、制造环节数字化以及企业管理信息化三个方面。

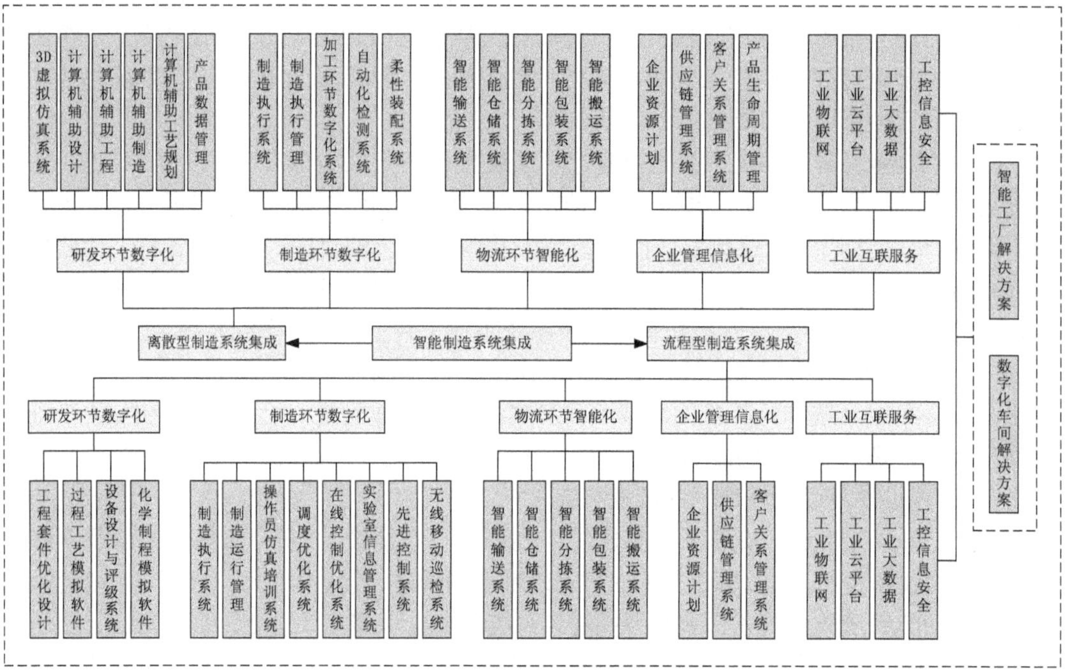

图 6-1 智能制造系统集成产业链

2. 系统集成的方式

近年来,在工业 4.0 引领的新工业革命浪潮中,新概念的软件体系在信息化系统集成项目中崭露头角,在各类系统中的服务可以通过统一的方式进行交互,适合具体企业业务的大型系统集成平台诞生,系统集成技术逐渐成为智能制造技术中的关键一环。只有工业信息集成系统实现集成，才能使得智能工厂、智能生产线实现全系统的智能功能，才能使智能制造得以实现。要实现智能制造多变的生产方式，满足个性化生产、定制生产的需求，必须在构建信息物理系统时采用三大集成方式，即价值网络的横向集成、纵向集成和网络化制造系统以及贯穿全价值链的端到端数据集成。

（1）价值网络的横向集成。横向集成又可称为水平集成，与纵向集成相对应，横向集成是企业内部各个系统的集成，是指协调企业内不同部门之间关系的集成，它有一个显著的特点，即集成的系统或组织之间有着一定的联系以及较为相近的工作细化程度，其集成的对象处在同一层次。横向集成最为典型的表现，是我们经常可以了解到的并行工程。

在工业 4.0 中，价值网络的横向集成作为一种全新的系统集成技术被首先提及。如图 6-2 所示，与常规的横向集成有所不同的是，价值网络的横向集成不仅仅是单个企业中的系统集成，而是拓展到多个企业之间的信息以及材料交换。在价值网络的横向集成中，生产一个新兴智能产品，需要通过互联网对世界范围内多家企业的资源和计划进行调配，集成多个不同企业、不同制造阶段的系统来进行联合生产。于此之中，采用工业互联网技术能够更为轻松地实现将分布于全球范围内的设备、专家乃至智能工厂集成起来，横向打通企业之间的合作，使它们共同进行同一产品的生产，工业互联网技术是实现横向集成技术的重中之重。

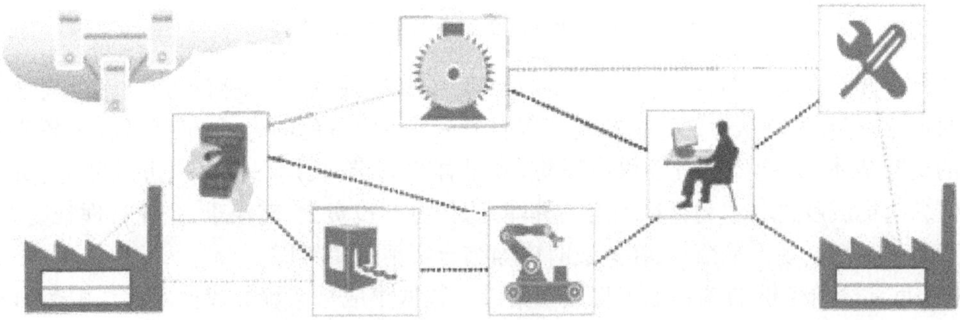

图 6-2　价值网络的横向集成

在工厂这一级，横向集成能够给予智能工厂的生产更大的灵活性，实现真正的动态生产配置，集成业务、供应链的同时从信息、资源上连接各个业务及其子系统。在未来智能制造的发展中，横向集成将不断在实践中创新，其范围将变得更加广泛。

（2）纵向集成和网络化制造系统。要了解纵向集成的概念，首先应知道传统的制造工厂模式。在传统的工厂制造中，生产模式往往是线性的，一切的生产都从客户需求出发，从订单到产品设计、工艺、加工、检测、物流等，而这种线性模式存在一个问题，即一旦中途存在任务变更就会出现严重的问题。

由此问题出发，随着工业 4.0 的推进，纵向集成逐渐发展起来，纵向集成与横向集成不同，如图 6-3 所示，它通过形成完整的任务、信息、资金流的规划，通过互联网模式进行生产，每一个工作节点都能与信息平台紧密联系，这进一步解决了企业中存在的信息孤岛问题以及设备系统之间的交互问题，纵向打通企业内部的管控，最终实现全业务链集成，纵向集成是智能制造的基础。简而言之,纵向集成是在企业运营过程中,对具有同类管理功能的不同层级的系统设备进行集成,从而实现端到端的解决方案。在纵向集成的系统中,不同层级系统之间的隔阂被消除,顶层的信息也可以直接贯通到底层,各个层级的生产应用模块得以重组调配,从而生产出智能产品。纵向集成技术对智能工厂具有重大意义,能够根据不同场景、不同生产流程中产品的需求实时搭配数据算法,实现个性化定制。

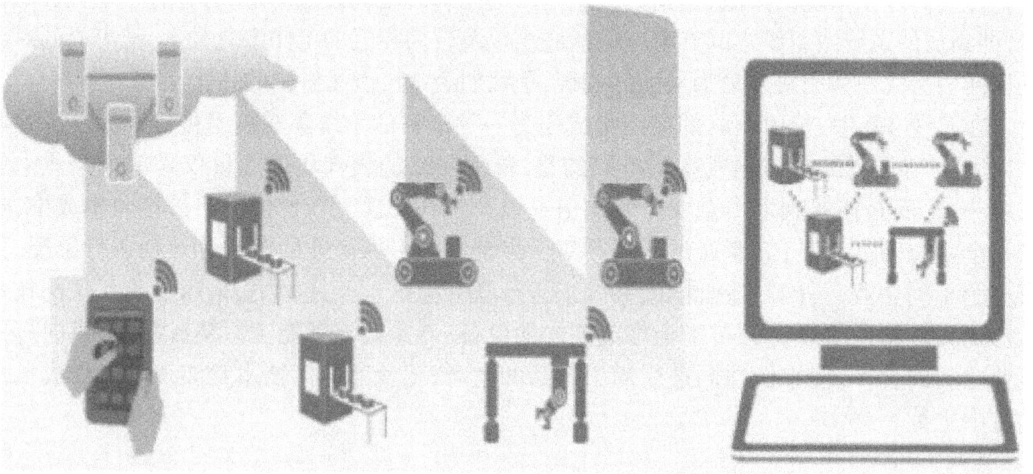

图 6-3 纵向集成完成制造业系统调配组合

从企业方面来说,纵向集成是一个组织拥有一条供应链各个部分的方法,一个高度纵向集成的企业,有着控制从生产原材料到销售服务一系列过程的能力,能够降低各个环节之间存在的交互成本,亦能降低货物供应风险,满足客户需求,长期保持客户忠诚度,提高竞争性。但纵向集成度过高也会存在一定的弊端,比如生产投资大,转换难,企业管理难度大,各个生产环节容易出现不平衡等,在集成时应当结合实情慎重考虑。

(3)贯穿全价值链的端到端工程数据集成。数据集成是系统集成技术方法中最为基础的一环,它将不同形式、不同来源、不同特性的数据有机地集中,使企业得以获得全面的数据,实现数据共享。常用方法有联邦式、中间件模型以及数据仓库等。

在智能制造中,智能产品的生产过程主要包括产品设计与发展、生产计划、生产工程、制造和服务等五个阶段。对于企业而言,还存在诸如内外部信息交互等更多环节,每一个环节与阶段都需要不同的数字设备进行支持,各项数据繁多冗杂,具有一定的不确定性且变动频繁,这使得各个环节之中一旦有一部分存在变数,企业面临的将是对整个体系的改动,亟须将各类数据进行整合。贯穿整个价值链的端到端工程数据集成在此背景下得以广泛应用,它是指贯穿工业企业整个价值链的工程过程各阶段的端到端的数字信息集成。在此集成方式下,产品从设计到销售各个阶段的数据信息得以集成在一起,便于查询与管理,而且能够使产品在每一阶段都能被直接监测控制甚至做出参数的改变,通过数据库实现信息的融合。

如图 6-4 所示,在端到端的数据集成中,信息数据实时透明,信息交互变得更加直接,也就是说,企业的全生产过程信息在数据库技术的帮助下,可以得到实时共享,人机交互变得更为有效，智能产品以动态的形式出现在每一个生产环节，可以实时进行生产加工或处理，实现产品全生命周期的数字化，端到端的数据集成是生产智能产品的基础。

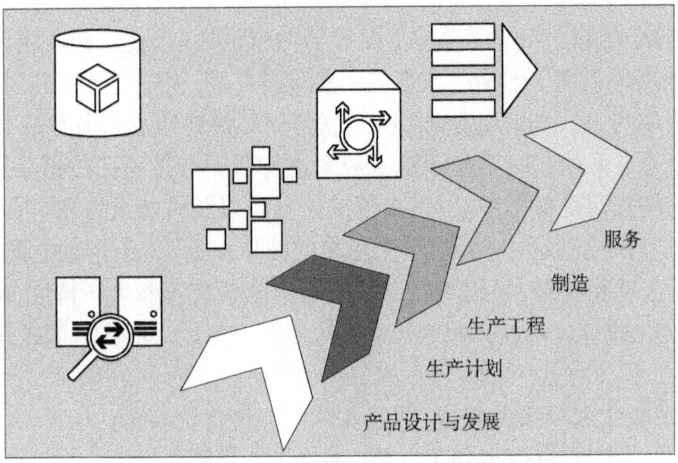

图 6-4　贯穿整个价值链的端到端工程数据集成

三大集成方式提出后，原先遍布世界各地的企业工厂通过互联网横向集成在了一起，形成了一个完整的产业链；每个智能工厂和企业又通过各个信息层级的纵向集成，进行网络制造；具体智能产品在生产过程中，由于端到端的实时透明，得以按照价值链被集成。三大集成方式成为推进工业 4.0、实现智能制造的关键。

3. 智能制造系统集成技术实例

1）电子零部件制造产业系统集成

以欧姆龙（上海）有限公司实施的低成本智能自动化或简易化系统为例。欧姆龙工厂由于其生产特性，每年需生产的产品种类多达两万种，且各种产品的产量也大相径庭，从几十件到数万件不等，生产难度大，迫使工厂从 2006 年开始着手实行纵向集成。

在其低成本智能化系统（LCIA）项目实施的过程中，欧姆龙（上海）有限公司以每五年为一个阶段，分别进行生产线的标准化、自动化以及生产系统的智能化，从而实现纵向集成。在第一阶段中，公司通过搭建标准化的生产信息平台，统筹人力物力资源来完成对生产线的规范，与产品设计相关的理念也被纳入统筹的范围中；在第二阶段中，公司进一步改进系统，对工厂各项工艺流程中的各个设备进行梳理升级，局部实现自动化，在人力物力资源没有增加的情况下，解决了生产中的一系列问题；在第三阶段中，公司为实现生产系统的智能化，对公司的所有网络平台进行集成，形成一个有机的整体平台，集成后的各种设备、数据相互协调，进而开发出柔性生产线，人机得以有效交互，从而实现纵向集成。

在欧姆龙（上海）有限公司的事例中，其先从信息化集成入手，进而推动局部小型设备的智能化，大幅使用单元式生产方式来提升生产过程的柔性程度，实现纵向集成，从而结合实际，解决了工厂生产所面对的多品种、多批次的市场需求问题，实现了灵活的定制化生产。

2）高端装备制造业

儒竞艾默生环境优化技术（上海）有限公司是一家在变频控制器领域拥有国际先进技

术的高端装备制造企业。变频控制器是典型的高精度电子产品，生产制造难度大，工艺复杂且客户需求多样化，个性化定制难度高。在这种背景下，企业决定对工厂实施集成互联智能工厂改造，架构智能工厂。

为实现企业各个层级之间的互联，在设备层、控制层、车间层、企业层四个层面上，儒竞艾默生环境优化技术（上海）有限公司决定从车间层入手，优先实现车间设备的智能化以及自动化，再通过集成的方式与其他层面进行互通互联，最终建立起软硬一体化的智能工厂。在车间层中，企业通过采用实时事件跟踪系统来进行对生产过程的数据采集与监控，以便管理人员进行数据管理；在设备层中，引入高精度传感器以及机器人设备，再辅以网络通信，将设备信息实时上传；在控制层中，消除原先存在的信息孤岛，将原本独立的生产系统以及测试、控制系统重新合理化布局，采用双向反馈闭环控制系统保障生产精度，提升产品质量；在企业层中，通过供应链管理系统，做到全流程的互联互通，实现纵向集成，降低企业的运营成本。

通过工厂的智能化以及系统集成，儒竞艾默生环境优化技术（上海）有限公司的生产效率得到大幅度提升，生产质量也得到了保障。

6.2 自动化生产线

随着生产智能化，自动化生产线的性能已经远远超过传统流水生产线，自动化生产线最主要的特点是它是建立在机械技术、计算机技术、传感技术、驱动技术、接口技术等基础上的一门综合性技术。它从系统工程观点出发，根据生产需要，对基础技术进行有效综合，从而实现整体生产的最佳化。

6.2.1 自动化生产线概述

自动化生产线是由工件传送系统和控制系统将设备按照工艺顺序连接起来，自动完成产品部分或全部制造过程的生产系统，即从原料进入生产现场开始，由包括装卸工件、定位夹紧、工件输送、工件分拣、工件包装等一系列生产活动所构成的路线。传统自动化生产的功能是以机械动力代替人力，自动地完成特定的作业。后来随着计算机的出现和广泛应用，自动化的概念已扩展为不仅用机器代替人的体力劳动而且代替或辅助脑力劳动，以完成生产任务。自动化生产线在各行业中的应用实例如图 6-5 所示。

生产线支持调整、半自动和自动三种工作状态，在调整状态时可手动操作和调整，实现单台设备的各个动作；在半自动状态时可实现单台设备的单循环工作；在自动状态时自动化生产线能按照设定程序和工艺连续工作。自动化生产线能够实现“预停”功能，即能在完成一个工作循环、各机床的有关运动部件都回到原始位置后才停车。采用自动化生产线不仅可以把人从繁重的体力劳动、部分脑力劳动以及恶劣、危险的工作环境中解放出来，还能提高劳动效率和产品质量、改善工人劳动条件、降低能源消耗和节约材料。

（a）（b）（c）（d）

图 6-5　自动化生产线在各行业中的应用实例（图片来自网络）

（a）混炼胶自动生产线　（b）大规模自动化养鸡场

（c）绿茶全自动生产线　（d）自动化药品生产线

6.2.2　自动化生产线的发展

在 20 世纪 20 年代之前，首先是汽车工业出现了流水生产线和半自动化生产线；20 世纪中期，随着汽车、滚动轴承、小型电动机和缝纫机等工业的发展，机械制造中开始出现自动化生产线，最早出现的是组合机床自动化生产线。第二次世界大战后，在工业发达国家的机械制造业中，自动化生产线的数目急剧增加。随着我国技术的发展，自动化技术在电力、机械两方面取得了一定的建树。目前，先进制造企业已基本突破生产线运行基础数据管理、异构系统集成、生产过程可视化等关键技术，实现生产线运行管理与控制的高度数字化、模块化；同时，对基于生产现场的任务排程、资源管理和数据管理等核心应用模块进行了开发测试，实现了智能化综合管控与决策智能辅助。

自动化技术的升级不仅体现在产品多样化上，而且体现在智能化和虚拟化上。例如，国内以航空航天领域为代表的离散制造企业已开展了数字化、智能化生产线的建设及试点示范，正在促进设计、制造等专业智能制造关键技术的落地实施。部分先进制造企业通过搭建数字化生产线三维虚拟展示和仿真验证平台，实现生产线的虚拟规划、优化配置和柔性生产。同时，针对智能化生产线实际运行需求和零件的结构工艺特点，建立支持数控加工编程及仿真的工艺资源库，实现产品工艺、工装的快速设计。在实际加工方面，通过数控加工设备运行状态采集、数控加工刀具/工件机内检测等数据感知，结合工艺决策优化技术手段，实现加工过程综合误差分析与自适应误差补偿调整，有效保证产品加工效果。

6.2.3 自动化生产线的组成

各种自动化生产线的大小、结构和功能不同，但不论何种类型的自动化生产线都应包括以下四部分：动力源部分、机械本体部分、传感检测部分、控制执行部分。自动化生产线的驱动功能主要由电动机、液压缸、气压缸、电磁阀、机械手或机器人等执行机构来完成，为机器运转提供动力。在工作过程中，设在各部位的传感器把信号检测出来，控制装置对信号进行存储、运输、运算、变换等，然后用相应的接口电路向执行机构发出命令，完成生产动作。自动化生产线的控制功能是由微型机、单片机、可编程控制器等电子装置来完成的。自动化生产线的其他辅助设备可根据工艺需要和自动化程度合理设置，如有清洗机工件自动检验装置、自动换刀装置、自动排屑系统和集中冷却系统等。如图 6-6 所示，下面将对自动化生产线中的部分组成单元进行介绍。

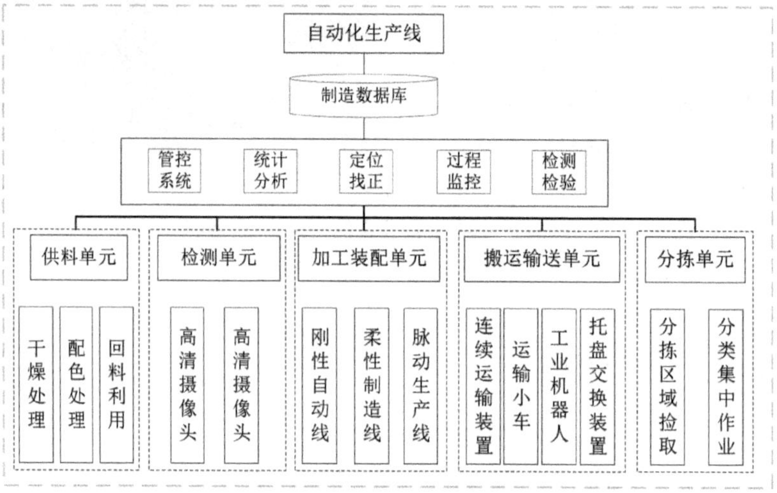

图 6-6 智能化生产线架构示意

（1）供料单元。供料装置为系统中其他工作单元提供原料或半成品，可实现多种物料的自动供给、高度的自动化控制、监测、24 小时不停机等。供料过程还可能包括物料的干燥处理、配色处理以及按比例的回收料利用，单机供料装置通常为储料器、隔料器、上料器、输料槽、定位装置等，如图 6-7 所示。

（2）检测单元。检测单元是指记录被测量（温度、压力等）所必需的设备总体，主要由高清摄像头和各种高精度传感器组成。所需数据源于多种不同类型的传感器，具备多源性、异构性、多尺度、高噪声的特点，因此可以实现全局性与实时性数据采集，便于数据库管理系统对毛坯数据、机床运行数据、设备故障数据、刀具寿命数据及产品质量数据等进行优化分析。自动化生产线要求传感器及其信号检测电路的精度、灵敏度、响应速度和信噪比高，而且需要设备漂移小，稳定性、可靠性好，抗干扰能力强，体积、质量小，对整机的适应性好，操作性能好，便于现场维修，价格低廉等。

图 6-7 不同形式的供料装置（图片来自网络）

（3）加工装配单元。加工装置可对系统提供的物料进行加工处理，这也将决定了自动化生产线系统主要完成的功能、生产的产品的类型和形状等。加工装配单元有支撑其他功能单元、传递运动和力的作用，要求其在机械结构、材料、加工工艺性以及几何尺寸等方面能够与生产线相适应，常见的加工系统类型有刚性自动线、柔性制造线和脉动生产线等。自动装配设备能对已加工好的零件进行组装，技术复杂性较生产、运输过程更高，例如在机械装配中，各零部件的规格、数量、类型和工序必须严格按照预设进行。图 6-8 为机器人加工和汽车装配自动化生产线的案例。加工装配单元既可以是一个独立的系统，也可以是自动化生产线的一个组成部分。

图 6-8 机器人和汽车装配系统（图片来自网络）

（4）搬运输送单元。搬运输送装置负责生产过程中各种物料的运送、流动以及将工件半成品及时准确送达指定的加工位置，并将完成加工的成品送入仓库或装卸站，以保证自动化生产过程正常运行。常用的工件输送设备有连续输送装置、运输小车、工业机器人、托盘及托盘交换装置等。连续输送装置则包含带式输送系统、链式输送系统、步伐式传送带、辊子输送系统、随行夹具返回装置等；运输小车则包含自动导向小车、悬挂输送小车、有轨导向小车等。常用的物料存储系统有工件进出站、托盘站、自动化立体仓库等。总装车间内机械化输送线按结构不同主要包括滑橇输送、摩擦线输送、宽推板输送、推杆链输送、自行小车、板式链输送等。

（5）分拣单元。根据上一工作站的工件信息，分拣装置能够按照一定配料原则和顺序快速、准确地将物品从分拣区域中取出来，并进行分类集中作业。由于智能制造的推进，基于机器视觉的自动分拣系统在垃圾分类、煤矸识别和缺陷品检测等领域都有广泛的应用；自动分拣系统能够处理的物品种类和数量越来越多，通常每小时可分拣商品 6 000~12 000 箱，该系统目前已经成为发达国家大中型物流中心不可缺少的一部分。图 6-9 展示了一个自动化物流分拣系统。

图 6-9 自动化物流分拣系统

6.3 自动化生产解决方案

生产方案是指为完成产品生产任务而采取的生产方法。应根据设计原则、规模、任务及技术指标的要求，结合具体经济条件，制定合理的生产方案。生产设备随生产方案的选择而确定，在选择生产方案时主要考虑以下几点。

（1）加工原料的类别、生产方法、加工过程不同，产品规格也就不同，进而生产方案也不同。

（2）产品销量与公司的市场占有量不仅决定产品年产量，同时影响产品的工艺特点，比如设备选择、连铸坯尺寸和产品规格等。

（3）选择生产方案还要考虑投资速度、智能化程度、车间员工数量以及公司发展方向规划。

生产方案的合适与否主要看经济效果的好坏，在设计时可参考生产工艺比较成熟的类似车间，在满足自身要求的前提下制定合理的生产方案。

下面着重介绍生产方案中的产品工艺设计。

1. 工艺设计的原则和依据

在考虑专业分工的前提下，产品生产工艺设计原则如下。

（1）加工流程尽可能简化，工序尽可能少且顺序合理。

（2）按模块化设计的零部件、单体模块来组织生产。

（3）提高产品部件的标准化、通用化程度，以便批量生产和批量回收。

（4）文明生产、安全生产，尽可能减少产品生产过程中的污染因素，如粉尘对操作工人健康的危害，合理解决环境污染等问题。

（5）尽可能使运输、涂饰、装配等工序或操作机械化，缩短搬运路程，减轻工人劳动强度。

（6）尽可能减少跨车间和跨工段（或生产组）加工。

（7）采用先进的工艺方法来减少毛坯的加工余量，提高加工质量和降低消耗，同时提高劳动生产率。

（8）提高单位设备和单位生产面积的产量。

（9）优化人、设备和环境因素的相互作用方式。

2. 生产工艺流程设计

工艺设计主要包括生产流程设计和生产方法设计。生产流程设计解决选用何种原材料，原材料按照什么路线搬运、经过哪些工序转变为成品的问题；生产方法设计解决用什么生产设备和方法实现生产的质量和数量要求的问题，例如高精轴承套圈的热处理流程主要包括清洗、淬火、深冷、回火等，具体工艺流程如图 6-10 所示。

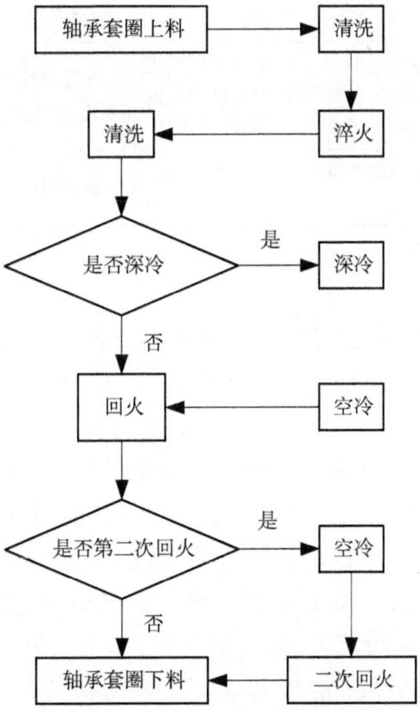

图 6-10　某工厂高精轴承套圈的热处理流程

工艺设计应根据生产环境、产品的不同要求而有所侧重。例如，有的工艺设计方案应侧重提高产品质量，有的工艺设计方案应侧重缩短生产周期，有的工艺设计方案应侧重生产设备的有效利用，有的工艺设计方案应侧重提高劳动生产效率等。生产流程设计好后，应进行抽样检验，分析统计数据，看结果是否符合交货要求。

1）生产设备的选型

企业在对设备进行选型时，要从多方面如经济、生产、技术及其企业自身的特点统筹考虑，既要满足企业生产计划、工作制度等要求，又要使设备具有一定超前性以适应时代发展（更新换代）。除了主要的加工设备外，还需考虑周围附属部件，例如产品跳动检测装置，用于产品风干及喷涂防锈油处理的去水喷油自动设备，以及产品测量平台和安全防护栏等。

2）车间工艺布置

车间机床设备和工位的合理布置有利于最佳工艺路线的实现和生产能力的发挥，增强经济性。车间工艺布置需满足生产工艺要求，设备布置尽可能符合工艺流程，并尽可能利用工艺过程使物料自动流送，避免产品输送管路交叉、往返；需对车间建筑设计提出要求，包括建筑结构、层高、层数、长与宽等；还需考虑设备安装、检修及拆卸所需要的空间。表 6-1 列出了常见车间工艺布置方式及优缺点。

表 6-1　常见车间工艺布置的方式及优缺点

名称	内容	优缺点
产品导向布局	按照某种产品组织生产单位，将生产这种产品所需要的各种工序和设备装置集中在一个生产单位，这种单位可以是小组工段或车间	对劳动技能要求不高，培训和指导工作量不大，计划和控制生产较方便；需要较高的初始投资，设备利用率低
工艺导向布局	按生产工艺来划分生产单位，一个生产单位汇集同类工艺所需要的各种设备和装置，对各种产品进行相同的工艺加工	产品柔性大，设备利用率高，初始投资小；生产效率低，生产周期长，生产管理较困难
混合布局	有些生产单位按对象原则组织，另一些生产单位按工艺原则组织	设备利用率较高，输送量小，生产控制条件要求高

3）控制系统设计

控制系统能保证智能生产系统正常可靠地运行及满足加工质量要求，功能主要有：设备运行状态分析、数控程序的远程监控、生产参数监控与报警分析、设备的智能维修等。检测和监控的对象包括：加工设备及加工过程、工件输送设备、刀具配送系统、加工质量、环境及安全参数等，并设有故障寻检装置和信号装置。一个控制系统的开发可大致参考以下步骤：控制方案可行性分析、系统整体设计、系统详细设计、系统调试和系统试运行等。任何一个步骤出现问题，都可能要返回到前面的步骤进行修改。

在初步进行控制系统设计时，需要考虑与控制系统相关的因素，例如成本、效率等，以保证系统的可靠性与稳定性。一般而言，应遵循可行性、可靠性、经济性、开发周期短等原则。系统开发人员要在考虑企业的经济能力、设备管理和维护的方便程度、系统运行后的效益等的基础上，依据现场设备状况和控制要求进行全方位分析。例如，可以采用高质量的元部件、采取各种抗干扰措施和采用冗余工作方式等，增强系统的可靠性。为了提高开发效率，在进行系统设计时，可借鉴比较成熟的技术，不要盲目地对所有部分进行自行开发。因此，购买现成的软硬件进行组装与调试可以成为首要的选择。

（1）硬件设计。控制系统方案设计完成之后，要依据方案进行控制系统硬件设计。硬件设计的主要工作是完成硬件平台搭建，并根据生产线现场状况，进行硬件设备的选型。然后根据系统电路图，对选好型的硬件设备进行连接并调试。在进行控制系统硬件设备选型时，首先要紧紧依据控制系统的功能需求，其次要考虑企业预算、所选设备的可靠性等。可通过查阅相关硬件设备手册或者自动控制系统设计准则等进行选择。现场设备能够长期、稳定、可靠地运行下去，才能减少维护费用，进而给企业带来源源不断的经济效益。

（2）软件设计。在进行控制系统软件开发时，要考虑到软件系统的兼容性、健壮性、界面的友好性、系统处理的高效性以及功能的完备性等问题。合理的软件设计应包含：开发平台、编程语言选择，控制系统的工作模式设计、信息处理（输入与输出）、接口配置、实验分析等。特别是在编写程序时，应考虑整个软件的架构体系，使其与产品加工过程相匹配，并画出合理的程序框图。模块化程序的编写结构应用较多，这种方法将程序分为主程序和子程序，主程序的功能有各信号点监控、工艺参数设置以及报警点更新等，子程序的功能主要是各种工艺模块下的系统运行服务，在制造过程中由主程序调用。

6.4　自动化生产线案例

以盾构隧道管片智能化生产为例。

随着超大直径盾构隧道的发展，预制管片生产精度要求越来越高。现阶段主要按照规范采用钢尺和较大的游标卡尺对管片进行测量，模具主要通过量具、内径千分尺等工具进行测量，速度慢、难度大、精度难以保证。相比之下，采用自动检测设备进行质量检测更加快捷、准确，高精度的数字化检验技术比人工检验更加客观、细致、高效。为了提高模具制造以及使用过程中的精度控制，常用激光跟踪测量系统（Laser Tracker System）对模具进行验收或者抽检，其是工业测量系统中的一种高精度的大尺寸测量仪器，可对空间运动目标进行跟踪并实时测量目标的空间三维坐标。但在实际测量过程中，需要专业人士进行操作，耗时长、费用高、效率低，当前还不能作为经常性检测手段。中铁十四局集团房桥有限公司基于固定靶点技术的校准系统设计适用于盾构隧道管片或模具的最优扫描路径，其采用龙门架，通过工业机器人搭载三维激光扫描仪，对空模具或成型管片进行扫描（图 6-11），收集管片点云数据并传输至计算机软件（如 Geomagic Design 等）进行逆建模；然后，将受检构件与原设计图纸模型进行拟合比较，进行损伤鉴定与差异区域提取，计算得出损伤的形状、轮廓、损伤体积及损伤程度，输出构件损伤可视化模型（图 6-12），自动识别出管片表面的裂缝、边角破损、尺寸偏差等。完成质检后生成可视化的损伤情况，再根据损伤大小进行质量分级。对于损伤较小的管片，可进行表面修补；对于质量缺陷较大的管片，触发不合格品警报，产品脱出生产线并进行作废处理。

图 6-11 管片自动扫描装置

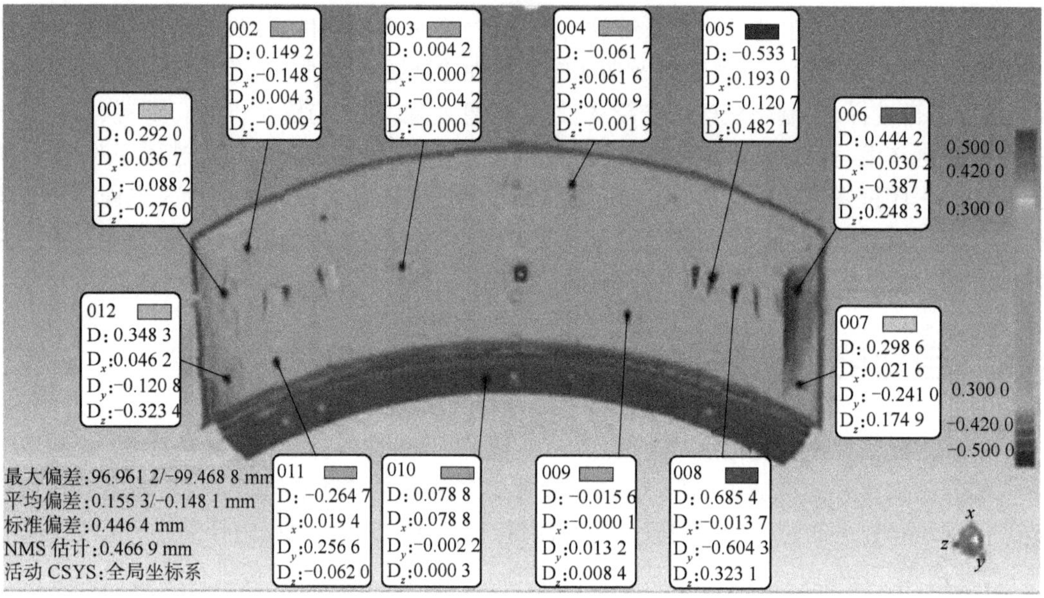

图 6-12 模型损伤区域标识

随着盾构隧道直径的不断增大,对预制管片的精度要求越来越高,测量和检验的环节也越来越多。在智能建造相关技术的发展中,重要的环节是利用现代先进的测量技术进行工程结构的检测和监测。因此,预制管片的自动化测量技术具有较广阔的应用前景。然而,目前的先进测量技术与预制管片的特点和精度要求还不能完全匹配,研发适应预制管片生产环境和测量要求的自动化测量技术,将是预制管片智能化生产技术发展的重点之一。

目前,国际上技术水平较高的预制盾构管片工厂中,灵活度、精度要求较高的复杂工序环节,如设备操控、钢筋笼绑扎等,仍需要人工配合完成,因此,存在生产效率、质量、安全问题。智能化预制管片生产线的发展受到多种条件制约,目前上下游产业尚不成熟,还未形成完整的产业链条,智能化预制管片生产线的应用和推广仍存在着许多问题。

(1)设备精确度低。由于智能化生产系统中所有工序都依赖于轨道及自动化设备运行,设备精确度将直接影响各个生产环节,如模板清理、钢筋笼下放定位、收光抹面等工序;

图像识别设备精确度也将直接影响模型的精确度以及成型质量。由于管片成型精度要求较高，如裂缝最大宽度误差要求为 0.01 mm，虽然目前较为先进的三维激光扫描技术设备可达到 0.01 mm 的精确度，但对于超大直径的预制管片来说，随机误差和设备性能误差较大，扫描过程中也有很多扰动因素，并且工程现场环境差，会产生如扫描角度受限、对比度较低、空气粉尘影响光线反射等多方面的问题，这些都将导致管片扫描检测的难度较高，因此提高设备精确度是保证智能化生产线生产质量和效率的关键。

（2）设备型号多。由于不同隧道工程中管径、厚度、材质设计情况不同，且同一环内的管片分为标准块和邻接块，因此盾构管片有很多型号规格，对于预制管片生产来说需要配备不同的模具。在智能化生产线中，对于不同的管片型号，需要进行单独的系统设计，每个环节的操作时间以及机械臂行程等均需要根据管片型号进行预设和调整，若涉及设备改造，将会产生较大成本。因此，智能化生产线对于不同预制管片型号的适应性需进一步提升。

（3）投入成本高。预制管片生产线所需的智能化设备及关键技术的研发成本较高，智能化生产线研究或实际项目应用多为大型企业进行的创新尝试，并未形成较为完整的产业结构和市场红利。因此，经济实力较弱的厂商或施工单位很难采用智能化生产线进行生产，智能化生产线的推广较为困难。

6.5　智能制造在各行业中的应用及案例

在制造业的各个行业（图 6-13）中，智能制造都能够在企业升级中发挥重大的作用。首先，智能制造通过系统集成等各种方式，将行业的上下游企业紧密联系到一起，在生产智能产品时，可以有效实现产品全生命周期的融合，在大大缩短产品研发周期的同时，提升产品质量，降低供应链的能源消耗。如此一来，各个企业的生产成本降低，生产工艺结构和生产方式得到前所未有的突破，企业结构优化，生产效率提高，有效推动企业提质量、降成本、增效率。

在消费者层面，通过智能制造实现柔性生产，不仅解决了传统模式下，工厂难以进行个性化小批量生产的难题，满足了客户对于个性化定制的要求，同时也通过网络功能，实现供应链对客户需求的动态响应，实现智能设计、智能投产、智能检测、智能物流的灵活应变，这种产销结合的生产方式有效迎合了市场的消费升级。除此之外，智能制造还拓宽了企业为客户服务的渠道。在传统的线下服务中，服务效率低下，服务方式费时费力，而在新兴的多渠道线上线下服务网络中，企业与客户之间得以有效交互，企业能够更方便地倾听客户需求，生产产品，满足消费者的个性化定制需求。而且通过多渠道服务网络，消费者能够在供求市场上占据主导地位，以消费者为中心的智能制造服务平台得以建立，促进产业链上下游企业的信息数据共享，加速了行业的产业升级，采用端对端的方式，为客户提供更精确、高效的服务，还可以利用各项实时数据拓展智能服务，通过个性化定制满足客户多维度、多方位的具体需求，提升客户体验与满意度，保障企业客户对企业的黏性，加快市场经济流动。

本节通过具体的案例，来介绍智能制造在各个领域、行业中的应用。

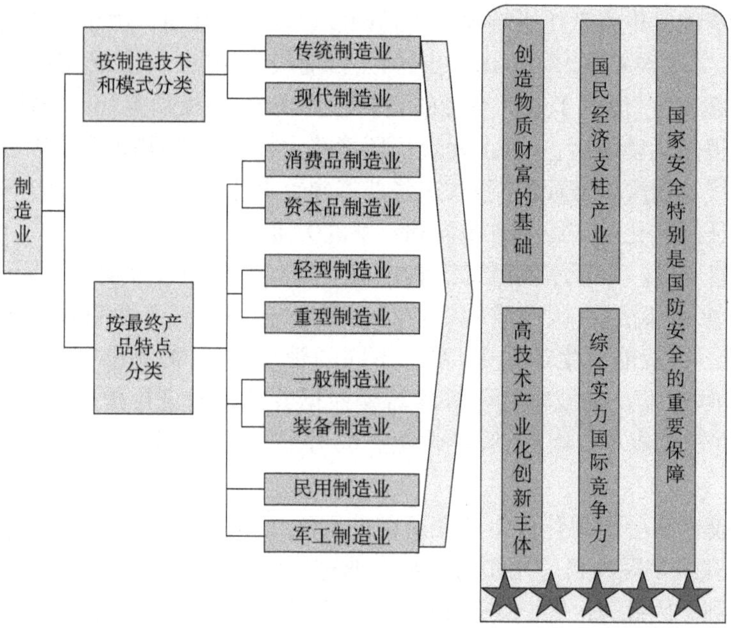

图 6-13 制造业的分类

6.5.1 冶金资源行业

在冶金资源行业中，最为典型的就是钢铁行业。由于传统的钢铁行业存在产能过剩、技术陈旧、污染过重等较为严重的问题，自动化系统及装置的技术创新显得尤为重要，我国是钢铁大国，但在高品质钢铁产品、排放控制等方面与国际先进水平仍有较大差距，在此背景下，钢铁行业急需技术转型。目前钢铁行业自动化程度较高，采用物联网、大数据、云计算等智能制造技术对生产、销售、管理进行全程保障，可以说，智能制造与钢铁行业的发展息息相关，已经成为钢铁行业发展的必然趋势。

1. 鞍山钢铁集团有限公司

近年来，鞍山钢铁集团有限公司加速推进智能制造的发展，对标行业内先进企业，围绕智慧运营和智能工厂两个方向制定了一系列规划与指导意见。鞍山钢铁集团有限公司于2018年提出了建设全新冶金流程智慧透明工厂的规划，围绕本部和鲅鱼圈沿海基地两条主线同时进行智能工厂的建设，将原先各个生产单元进行整合，图 6-14 所示的是鞍山钢铁集团有限公司的智能化堆取料机。

在鞍山钢铁集团有限公司智慧透明工厂的建设过程中，企业在引入智能装备的基础上，通过充分运用大数据、物联网、工业机器人等技术，对冶金制造工艺进行仿真优化，重点从基础自动化升级、智能装备改造、智能检测设备、工业机器人、站所室集控、模型优化等六大方面进行智能工厂的整体布局，实现冶金制造工艺的数字化控制。不仅如此，集团在运营层面，通过网络平台的建设，将客户服务与产品生产全过程以及物流供应一体化，最终实现智能工厂的透明化，实现智慧采购、生产、销售等运营决策，以信息流带动技术流与资金流。在其鲅鱼圈沿海基地，还通过大数据分析技术和机理模型的结合架构智能专家系统，对五大能源流数据进行整合,实现重点用能设备的能耗分析,优化用能决策。

图 6-14　鞍山钢铁集团有限公司智能化堆取料机(图片来自中国冶金建设协会)

2. 首钢股份公司迁安钢铁公司

传统的人工监控钢包系统工作效率较低,而且工作量大,对人力资源的要求高。在此背景下,首钢股份公司迁安钢铁公司通过物联网技术,对传统的人工监控钢包系统进行改善,开发出了钢包跟踪以及配包模块在内的钢包控制系统,同时对系统内各个设备的数据库进行互联,建立了网络钢包管理系统,实现对钢包的实时监控,提高周转效率与出钢率。

3. 中国钢研科技集团有限公司

中国钢研科技集团有限公司与河治科技股份有限公司联手打造出了钢铁企业物流智能管理系统,该系统通过对运输需求、计划以及调度,仓库管理等方面的数据进行整合,实现物流的一体化管控,对多个企业平台之间的物流系统进行协同管理和智能化管理,实现物流高效化的同时,降低物流成本。

4. 宝山钢铁股份有限公司

宝山钢铁股份有限公司持续推进精益生产项目,不断改善智能制造应用关键技术。在管理方面,通过将物联网技术嵌入管理系统中,建成仓库库位、搬运工具以及仓储物品三合一的识别系统。同时,将供应链与自身深度融合,利用云计算、大数据等新兴技术实现决策分析、装备制造以及供应链管控的智能化,通过与上海宝信软件股份有限公司的协作,架构公司私有的云平台,实现以客户需求为中心的大规模定制。

6.5.2　纺织及服装行业

在纺织及服装行业中,快时尚已经逐渐成为主要业态,随着人们物质与精神需求的日益增长,对服装的需求趋向个性化、多样化。纺织及服装行业急需从以往的期货式大规模生产向现货式敏捷制造进行转变,这对作为劳动密集型行业的纺织及服装行业是一个严峻的考验。为减少生产中出现的差错，提高生产效率以及生产灵活性，适应客户个性化定制的需求，纺织及服装行业急需引入新兴技术，进行以物联网为基础的智能化改革。

1. 红领集团

在服装行业个性化定制需求激增的背景下，红领集团提出了“大规模生产个性化定制”，“打造 C2M 平台”，建立了个性化服装数据系统，以实现制造业转型升级。红领集团把这套方法做成了解决方案，进行编码化、程序化和一般化，将其命名为“SDE”（源点论数据工程），包含 C2M 平台消费者端的个性化定制直销入口、大数据平台的数据模型和智能逻辑算法，制造端的工厂个性化定制、柔性制造解决方案，以及组织流程再造解决方案等基础源代码，成功实现从先产后销到先销后产的转型，构建了完整的大规模定制体系，通过信息化互联网的新型思维，引领行业发展。

2. 台达集团

台达集团推出的纺织行业 MES 系统，先后成功应用于纺织行业的并条车间和细纱车间，帮助客户实现了多工序、多机台互联组网，设备状态及故障在线监控，工艺及产量数据上传分析，自动生成产量日/周/月/年报表等功能。

台达集团纺织行业 MES 系统分工厂级层、车间级层、设备级层三个层面，采用模块化设计，划分出前纺工序、并条工序、细纱工序、络筒工序四个工序模块，按照工序特点及需求设计模块功能及报表规格，模块之间可互联也可以单独运行使用。

3. 鲁泰纺织股份有限公司

在智能制造发展方面，鲁泰纺织股份有限公司（以下简称“鲁泰”）立足大数据的高度集成融合与制造业单项冠军的技术装备优势，打造全产业链的智能制造。软件方面，构建鲁泰大数据平台，制衣 ERP 目前已上线 18 个子系统，色织布 APS 自动排产系统也已应用。硬件方面，逐步实现装备智能控制、产品在线检测、数字化纺织品设计以及供应链全流程的信息化智能管理。其中“筒子纱数字化自动染色成套技术与装备系统”实现了筒子纱从手工机械化到全流程数字化、系统智能化的跨越，并获得国家科技进步奖一等奖。

6.5.3 高端装备制造业

高铁是目前我国高端装备制造业的代表，对我国的民生福祉有着重要的意义，而高铁装备与铁路运行的安全性具有直接关系，具有特殊性，需要不断引入和发展新兴的自动化技术以及智能化技术，保障行业的先进性。结合智能制造技术来进行制造项目的规划与生产，使高铁装备设计向智能化、柔性化、信息化发展是行业发展的核心所在。

1. 中国中车股份有限公司

中国中车股份有限公司（以下简称“中国中车”）是由中国北车股份有限公司和中国南车股份有限公司合并组建的，是我国高铁装备行业的引领者。自合并以来，中国中车作为智能制造的重要试点，大力推进数字化和智能化建设。

中国中车开展离散型工艺数字化建设，通过数字化工艺设计平台对从研发、工艺到仿真的各个环节进行深度集成融合，形成一体化生产环境，同时对关键的生产车间、生产线进行智能化改造，大幅提升生产质量与效率。在产品规划方面，采用先进的虚拟设计进行仿真与工艺评估，提升设计效率，迅速制订计划，对生产各个环节通过静态干涉检查、人机工程等虚拟仿真方式进行严格把关，保障安全生产。经过数字化技术方面的不懈努力，目前中国中车制造的高铁动车组产品已是国际一流水平。在企业管理方面，通过信息化手段进行电子化覆盖，已经实现精细化管理。

2. 中车唐山机车车辆有限公司

中车唐山机车车辆有限公司与西门子股份公司合作，在开发 CRH3 型动车组的时候，引进思爱普公司的 ERP 系统。在系统构建之初，中车唐山机车车辆有限公司不惜花费一整年的全部利润和长达一年半的时间来部署 ERP 管理系统。从系统搭建完成开始，公司着手于优化和架构信息化管理统一平台，将从产品设计到销售的各个环节全部纳入管理平台，进行集中调配。

在 ERP 系统的管理之下，企业物料编码得以统一，同时在平台的基础上开发工具对接产品的参数化模型图，推动设计平台从二维向三维升级。中车唐山机车车辆公司将系统运用到列车客车的开发之中，系统提升了各部门的工作效率，极大缩短了列车的开发时间，解决了多种原先开发过程中存在的问题。

6.5.4　汽车行业

作为传统制造业的典型代表与引领者，汽车行业已经逐渐与互联网进行深度融合，智能制造技术在汽车行业中的运用也愈发广泛，计算机视觉、大数据分析、机器人、语音识别处理、云计算、AR 等技术在汽车领域的产业链中屡见不鲜。通过与人工智能技术相结合，不少汽车生产商成功转型，智能工厂的出现使得汽车行业效率和产能得到大幅度提升，智能化生产作为汽车行业的主要趋势，在工业市场上占据着重要的地位。汽车行业的发展与智能制造技术紧密结合，两者相辅相成，焕发出新的活力。

1. 宝沃中德智造示范工厂

宝沃汽车是德国制造的代表企业之一，坐落于北京密云区的宝沃汽车智能工厂是标准化的智能工厂，其质量体系通过了德国权威机构认可。作为实现了工业 4.0 智能工厂部署的汽车工厂，宝沃汽车智能工厂拥有完整的智能化冲压、车身、油漆、总装四大车间以及物流中心（参见 https://zhuanlan.zhihu.com/p/95364510）。

如图 6-15 所示，宝沃汽车智能工厂拥有高度智能化的 8 车型柔性化生产线，技术在全球范围内处于领先水平，在具备强大灵活生产性能的同时可实现多车型共线生产，同时具备开发生产个性化定制车型的能力。其冲压车间拥有百分百的全自动化生产线，能完成二十多种汽车覆盖件的生产。其车身车间的柔性化生产线搭配柔性定位系统以及夹具切换系统，辅以互联机器人进行标准化作业，自动化率接近百分之百。其油漆车间拥有 17 种颜色系统，采用机器人自动喷涂，能满足客户个性化车身颜色需求，拥有先进的自动化技术。其总装车间采用“平台化+个性化”模块化技术进行生产布局，进一步实现个性化定制。除此之外，工厂还配备有六条空中自动运输线来实现物流配送。

通过物联网以及智能化生产体系，宝沃汽车智能工厂最终实现了企业供应链以及制造环节的数据化，满足客户个性化定制的需求，是一座拥有高度柔性化生产能力与先进生产工艺的自动化工厂。与此同时，在质量管控方面，工厂设有一千余道产品检测项目来保障成品质量。在极其严苛的标准下，通过智能制造技术，宝沃汽车智能工厂依旧在保持极高的生产效率的同时实现了个性化定制。

图 6-15 宝沃汽车智能工厂（图片来自东方汽车）

2. 奥迪颠覆传统的汽车工厂

对于一直将科技作为卖点的奥迪，在构建智能工厂时自然不会吝啬对新兴技术的使用。在奥迪汽车的智能工厂中，奥迪的科技被运用到了极致，传统的汽车生产线被先进的自动化生产线所取代，各类无人驾驶运输设备穿行于车间。

零件运输方面，奥迪智能工厂构建了自己的无人驾驶运输系统，通过无人叉车、无人机进行零件的运输，大大提升了生产效率，真正实现了工厂的自动化。

在生产过程中，工厂同样采用柔性化生产线，同时利用轻型机器人取代人力，实现汽车零件的安装固定。相比于传统的生产方式，机器人配备有成熟的集成化系统，能够自动进行位置识别，进行流水线生产。同时，高度集成的装配辅助系统还能对工作人员进行引导，在需要人工参与的场所，工人依旧可以在系统的帮助下轻松高效地完成装配任务，并通过自动检测系统对装配结果进行验收。工厂同时还搭配有奥迪自主研发的柔性抓取机器人，通过柔性触手对微小零件进行抓取安装。奥迪智能工厂通过这种人机交互的方式，实现了高效生产，各项技术具有创新性。

不仅如此，奥迪智能工厂还使用了 VR 技术，同时配备数据眼镜等来进行虚拟生产与装配，辅助研发工作的进行，以便在初期的研发中就能发现问题，通过预装配技术及时预测问题，达到早期止损的目的，避免事故发生。数据眼镜还能与装配辅助系统相互搭配，对生产线中的设备与生产零件进行直接数据分析，自动指示缺陷与损坏问题，方便工程师进行检测。在未来，奥迪智能工厂还准备继续发展 3D 打印技术，实现更高效率的生产，满足客户个性化定制的需求。

3. 博世苏州试点工厂

博世集团作为工业 4.0 战略的发起方之一,认为在工业 4.0 中企业应该关注产品的整个生命周期,即从生产到制造再到销售服务,在这个过程中应当实现人、机、物三者的互联互通。

博世集团在全球范围内建立了一百多家试点工厂,用于工业 4.0 的实践工作,博世苏州试点工厂便是其中之一。在苏州工厂中,博世将工业 4.0 看作手段而非目的的观念得以完全体现。工厂自落地初期便按照工业 4.0 的理念,设立了传感器无尘测试车间的材料自动供给系统,采用了大量的传感器以及集成系统,将生产车间的生产流程以数据的形式进行呈现,实现了透明化生产。

除此之外,博世集团还通过物联传感器,结合全球范围内所有博世企业工厂的海量数据,构建了预知性的生产维护体系,工作人员通过预知设备的工作状态来保证机器设备的正常运转,避免停机事故的发生。博世苏州试点工厂还应用了 RFID 射频识别技术将厂区内的固定资产纳入系统,便于管理人员进行设施排查,大幅提升管理效率,将更多的企业资源集中到生产中去。

6.5.5 风电行业

近年来,新能源技术快速发展,未来新能源取代传统能源已经成为业界共识。随着新能源市场的逐渐拓展以及国家政策的扶持,一大批优秀的新能源企业诞生,并成为装备制造业的领军者。

风电行业作为一个与传统工艺相结合的绿色新能源产业,在新能源领域中有着代表性作用,每当人们提及新能源,很多人第一个想到的往往就是风电。但随着风电市场的不断拓宽以及可开发利用的风资源的不断减少,风电企业目前面临新增装机量下降、关键技术研发投入有限、技术力量分散等困境,这个有着新兴设计理念与传统生产设备的行业面临着转型的难题。

在这样的背景下,风电智能化趋势明显,各大企业纷纷在智能制造技术领域做出尝试,建立数据中心、数据库来收集风电机组发电指标并反馈到研发领域;采用新兴技术进行智能润滑、叶片健康监测、智能测试等来维护风电机组;利用无人机、移动智能设备取代人力高空作业;应用智能化解决方案来提高风机效率等。以互联网、大数据思维为核心的智能制造已经成为风电行业发展与转型的思维及未来发展的必然趋势。

1. 湘电集团有限公司智能车间

湘电集团有限公司一直致力于智能制造相关技术的研发与实践,其电气传动事业部的智能电气车间已经跻身于国内智能制造行业的前列。该智能电气车间引入了大量的自动化设备,建立了高效率的自动化生产线,工作人员操作智能化的机械手只需要用以往十分之一的时间,便可以将两百多斤重的电抗器搬运到指定区域,这在以往需要大量的人力资源且存在一定的危险性。在车间的自动化生产线中,所需的人力缩减,不到原先十分之一的人力就能完成原先一样的产量,生产效率和质量都得到了质变式的提高,产值不断增加。

智能电气车间包括风电变流器、风电主控、风电变桨、模块、线束等 5 条生产线,同时配备有 5 t 重型 RGV(Rail Guided Vehicle,有轨制导电车)有轨自动穿梭车、机械臂、自动裁压线束机等先进设备。与此同时,工作台位、夹具考虑产品系列兼容性,实现柔性生产。产品根据不同工艺路径设置参数后,通过软件和 PLC 控制系统实现产品流转,整体产品生产制造效率提升 40%。

2. 远景能源有限公司的能源物联网平台

对于风电企业来说,风电场盈利的上限往往取决于风资源的充盈程度,但企业的管理与运营决定了风电场盈利的下限,风电企业的盈利上限难以控制,但下限可以通过企业自身的决策来加以控制。作为风能领域的领头羊之一,远景能源有限公司数年来不断探索进取,已经在智能风场领域取得了显著的成果。其研发出的 EnOSTM 能源物联网平台在整个风能领域得以广泛应用,已经在杜克能源、壳牌等全球知名企业得以应用,为世界能源行业提供了能源资产管理的示范,在风能行业能源资产管理方面举足轻重。

远景能源有限公司打造的 EnOSTM 智能风场软件解决方案,具有安全、精度高、可直连的特性,同时采用了机器学习技术,能在采集风机数据以及实现风机监控的同时,测算风机设备的运行状态、损失电量以及损伤情况,还能预测风电功率,大幅减少人力资源的使用。EnOSTM 能源物联网平台还具有数据透明化的特点,便于实时进行监控,最大限度地保障了风电企业的能源资产。

EnOSTM 能源物联网平台能直接读取 140 种风机机型和 650 种型号的光伏逆变器的数据,显示数据能以秒为单位进行实时更新,并能实现接近百分百的数据合格率。在内蒙古一个拥有 13 个新能源电站的运营商,借助 EnOSTM 能源物联网平台实现统一管理后,不仅对 1 098 台风机和 15.4 万块光伏组件实现了全天候监控,更有效保证了数据质量,减少现场运维人员,最终实现了运维人员成本 2.03 人/万千瓦,运维成本仅为 40 万元/万千瓦,整体效益得到明显提升。

6.5.6 家居行业

家居行业是劳动密集型行业,在全球经济形势风云变幻的今天,传统的家居行业正面临着不断的挑战。近年来,全球局势波动,导致经济下行,我国家居企业同时面临着劳动力成本、资源与环保压力持续上升,市场竞争加剧,客户个性化定制需求日益增长等难题,转型升级迫在眉睫。

科技创新正在颠覆旧时代,创造新格局,消费者代际更替也越来越快,市场正在进行增量扩张,数字时代已经带来了全面的价值颠覆。要打破现有僵局,家居行业必须从智能制造入手,从长远的角度出发,刺激内生新力量,借鉴学习工业 4.0,将人工智能、物联网、云计算等新兴技术作为行业技术的基石,把握行业变革的根本,向定制化家居发展,才能为行业重新注入活力。万物互联与数据智能已经逼近,只有采用信息化系统,通过整合企业资源来响应快速变化的市场需求,才能重建家居行业的新优势。

在市场竞争极为激烈的家电行业中,美的主动推行全面数字化与全面智能化,选择了代表制造业未来发展趋势的智能制造,打开家居行业发展的新格局。在销售业绩高增长的背后,是美的对智能制造的不断探索与大力发展。其依靠科技创新驱动生产协作水平提高,降低生产成本,站在了家居行业智能化与信息化的制高点。

美的首先意识到家居行业中个性化定制的重要性，这刚好与智能制造的内涵与发展思维相契合，家居行业智能制造的目标就是实现个性化。与其他行业相比，家居行业的客户拥有更为强烈的个性化定制需求，因此家居行业更需要以自主分析判断、自主调整和高度协同为核心的弹性生产能力，建立柔性生产线。

早在 2010 年，美的就开始了“敏捷制造”的变革，在电饭煲生产车间中投入大量机械手、输送线等自动化生产设备，构建柔性生产线。美的空调生产车间也接连引入自动清洗机、自动封箱机、自动焊接机等自动化设备，在大幅降低了生产成本的同时推进智能制造和信息化建设。

在后续的发展过程中，美的顺德工厂率先引入 ERP 企业资源管理系统并逐渐向整个企业内部进行推广，通过 ERP 系统对财务模块的高度集成，保障了所有财务信息的可追溯性，大幅缩减财务管理消耗的企业资源，同时对具体业务进行随时追溯，保障了个性化定制的顺利实现。

6.5.7　工业机器人领域

近年来，国内工业机器人相关企业在智能制造领域进行了一系列卓有成效的尝试与探索，以沈阳新松机器人自动化股份有限公司（以下简称“新松”）、埃夫特智能装备股份有限公司（以下简称“埃夫特”）南京埃斯顿自动化股份有限公司（以下简称“埃斯顿”）、重庆华数机器人有限公司等为代表性的国内机器人领军企业，均提出了较有代表性的智能制造解决方案。

1. 新松机器人 5G 技术应用

5G 技术的应用不同于 4G，需要无线网络与服务器始终处于连接状态，对于服务器的稳定性和产品质量提出了更为严格的需求。2019 年，新松规划设计制造的服务器智能车间项目正式上马，该项目由智能装配线、MES 系统、立体仓库、移动机器人等系统组成，实现了服务器、处理器、内存、主板等设备的自动化装配作业。2020 年初、新松承接的又一服务器工厂项目落地实施。该项目创新性地融入了协作机器人等工作单元，可实现服务器绝大部分零件的柔性装配作业，打造了国内第一个采用协作机器人进行服务器生产的智能工厂，使高端服务器的生产制造过程更加稳定、更加高效。

新松为长飞光纤光缆股份有限公司设计制造的智能工厂，打造了从原材料到成品装车的全流程产线，全新开发了可在特殊作业环境下使用的特种机器人以及 MES、重载水平多关节特种机器人、智能装载机器人、倒挂式智能装载机器人、重载精密装配机器人等核心设备。同时，该智能工厂还集成了新松智能物流系统、移动机器人搬运系统以及工业机器人分拣系统等，完成了从原料到成品包装出厂的产品全生命周期自动化设计。项目实现生产效率提高 26%，运营成本降低 27.3%，产品研制周期缩短 34.4%，产品不良品率降低 24.7%，能源利用率提高 48.4%。针对 OLT（Optical Line Terminal，光线路终端）产品自主研发的机器人高精度视觉引导装配线成功交付客户现场，为 3C 行业同类装配工艺的自动化柔性实现进行了技术性示范。视觉引导系统采用了新松自主研发的基于遗传优化理论的多点对位算法，具有速度快、稳定性高、抗干扰能力强等特点；同时基于模糊识别的多点优化功能，有效降低了对输入数据精度的要求，进而提高了对位应用的精度和整个视觉引导系统的鲁棒性。

在 2019 年世界移动通信大会（MWC2019）展会上，中兴展区展示了融合 5G 技术的新松协作机器人——观众只要带上 AR 眼镜，就能切身感受新松协作机器人的高超技艺，完成复杂的零部件抓取作业。不久的将来，在智能化工厂里，通过工业 APP 即可实时控制智能设备，几乎感受不到延时的现象，而机器人和机器人之间的数据传递和通信，将为未来的智能化工厂创造更多可能性。而 5G 技术与机器人技术的融合和发展，也将迸发更多灵动的火花。

2. 埃夫特机器人智能化技术

埃夫特在智能化方面进行了有效尝试。第一是基于机器学习的算法和三维模型，实现了喷涂轨迹的自动规划，利用仿真引擎实现了规则库和算法库的训练，验证了经验继承的可行性，下一阶段将利用真实采集的数据对轨迹生成进行学习和训练。第二是基于二维模型和规则的规划算法，实现了对平面物体喷涂轨迹的自主规划，规划喷涂轨迹和工艺参数下发到机器人端，由机器人实现自主喷涂，这也是家具行业共享工厂的一个技术方案。第三是在钢结构、智能打磨及智能抓取方面的探索。在钢结构焊接中，除了基于模型的自主规划外，因为要求的精度高，还需要基于传感数据进行实时纠偏，以及解决在打磨应用中来料的差异化问题，所以需要基于传感器进行测量，并基于测量的数据实时进行轨迹的规划，实现智能化作业。第四是在卫浴行业，基于工件模型和修坯工艺方法，实现对修坯轨迹的自动生成，再通过人工的辅助完善，最大化地提升编程效率。机器人的高刚度设计及模块化设计，为这套系统提供了更高性价比的产品。

3. 埃斯顿机器人智能制造

在生产车间智能化方面，埃斯顿打造了 MES 系统，建立了数字化机器人部件生产车间，主要加工机器人关键零部件，包括手臂和手腕。机器人生产车间的智能化使得机器人的装配精度、位置精度、重复定位精度及产品的一致性得到保证，使机器人噪声进一步降低，使用的寿命延长。在智能化装配车间完成机器人的总装，用机器人装配机器人，年产能可达到 15 000 台，从零部件的装配到装配好的零部件检测，再到喷涂，均在智能化工厂完成。埃斯顿工业机器人智能工厂将机器人自主产品成功应用到生产线中，实现了机器人本体生产的智能化、自动化、信息化，保证了机器人产品的品质和过程监控。在装配、搬运、检测等工艺环节用机器人生产机器人，并使用 MES 系统、WMS（Warehouse Management System，仓储管理系统）系统、云数据等信息化手段实现机器人本体生产的智能化。“用机器人生产机器人”的智能生产线的建立让埃斯顿拥有规模化的效益，产能、成本、质量的控制能力也得到提升，产品交付能力更强。

在新能源领域，埃斯顿锂电池隔膜后道智能制造系统能够实现工厂 ERP、MES、DCS 及智能生产设备互联互通。整个生产系统实现模块化和可重构设计，便于扩展和维护；实现智能化生产，既能满足多品种、小批量生产，也能满足海量订单生产，最高产能为 3.2 亿平方米/年；所有生产实现 AGV 自动化物流+自动化上下料及仓储智能化。

在家用电器行业，埃斯顿提供集生产、装配、检测、包装及信息处理于一体的智能装配生产线，可根据用户不同产品工艺流程进行量身打造，并实现自动排产。通过 AGV、MES 系统、动态检测、现场总线、条码识别、RFID、工业机器人等技术的完美融合，实现高效、均衡生产。该智能装配生产线已经广泛应用于电冰箱、洗衣机、空调等领域厂家。

智能压铸岛由埃斯顿压铸行业专用机器人结合定制化开发的压铸行业 MES 应用系统以及各类压铸设备组成。由 2 人管理的智能化压铸岛，可以完成传统压铸线 4~5 人的工作负荷，同时效率及良品率均有明显的提高。智能压铸岛可以实时监控生产、设备运行情况，能够快速地根据生产数据进行排产，让复杂的生产流程通过数据化表述一目了然。设计精巧、性能优越的智能压铸岛适用于所有规模的压铸企业。智能化压铸工厂贯通 ERP、MES、PLM 等多个系统，实现了协调一致的数字化生产。

4. 华数机器人智能制造

重庆华数机器人有限公司的母公司是华中数控股份有限公司，其在 3C 结构件的智能制造中，实现了从初成型的冲压和 CNC 加工自动化，到外观处理的磨抛、喷砂及阳极，再到机加高光、镭雕，最后到涂胶热压和总装的全过程，并助力 3C 结构件生产厂家如苏州胜利精密制造科技、苏州丰川电子科技、重庆东矩金属制品、安徽英力电子科技等企业实现了智能制造转型升级，降低了产品研发和生产过程对人的依赖度，提高了产品的质量和生产效率，降低了能耗和成本，实现了装备自动化、工艺数字化、生产柔性化、过程可视化、信息集成化和决策自主化。

在 3C 制造领域，重庆华数机器人有限公司与重庆东矩金属制品有限公司合作建设的笔电结构件智能工厂，完成以华数机器人为核心的自动化生产线全套改造后，在冲压初加工工序减少 80 人左右，在环境最恶劣的外观处理工序磨抛、喷砂及阳极工序减少 150 人左右，在机加高光工序减少 50 人左右，以及在最后组立阶段的镭雕、涂胶热压及装配工序省去 130 人左右。同时，生产效率均提升 30%左右，产品一次性良品率提升 25%，某些工序如磨抛的某些复杂产品，合格率提升 40%以上，真正做到了提质增效减人。该项目也是 2017 年科技部智能机器人专项“面向电子行业制造的机器人自动化生产线”的应用示范点。

5. 遨博机器人智能柔性生产线

2019 年，遨博智能科技股份有限公司建成由模块智能产线、智能仓储配送物料系统及智能平台系统组成的智能柔性生产线系统，实现遨博协作机器人的一体化关节和其他零部件的自动化生产。该生产线针对各工序特点开发了多种协作机器人应用模块以解决行业性技术难点痛点，灵活运用人机协作、双机协作、多机协作等多种模式完成对机器人关节的谐波注油、谐波锁附、刹车装配锁附、防尘盖涂油穿线螺丝锁附、光学编码器组装、油封涂油组装等多道工序，并结合以 AGV 复合机器人为主体的智能仓储配送物料系统和基于大数据的工业互联网平台智能控制系统对产线状态和生产计划进行在线监测和调整，保证生产稳定有序进行，为协作机器人在工业生产领域的应用提供了稳定高效的参照样本。

6.5.8　航空航天装备领域

航空航天装备是我国“制造强国”战略十大重点领域之一，大力推进数字化、网络化、智能化制造是航天工业跨越发展、转型升级的战略选择和必由之路。以智能制造为主攻方向，发展高端装备，以两化（信息化和工业化）深度融合带动生产力进步，已成为航天制造企业生存、发展及提高核心竞争力的重要举措。航天制造业经过近五十年的发展，初步搭建了智能制造技术体系架构，陆续配置了一系列高档数控设备、仓储及物流装备，初步具备了基于三维模型的数字化制造能力，在智能制造技术与装备研发，信息化平台建设，数字化制造单元、生产线、车间建设等方面取得了一定的成绩。持续开展了一批数字化示范生产线建设，解决了壳段机加工、典型泵阀制造等产品生产瓶颈问题，提升了制造能力，在行业内具有示范效果，初步具备了数字化生产线策划、方案设计、实施的能力。同时，积极开展基于三维模型的数字化制造实践，已具备全三维模型设计和制造协同能力、远程异地制造协同能力、三维工艺设计能力、三维工艺仿真能力、数字化制造能力；开展了以刀具管理技术、设备数据采集及分析技术、自动化仓储及物流技术、机器人上下料技术、可移动机器人在线检测技术、智能网关应用技术等技术为代表的智能制造关键技术研究与突破，具备了一定的智能制造技术积累。另外，持续开展自主创新信息化建设，开展了以产品数据管理（Product Data Management，PDM）、制造运行管理平台（Manufacturing Operations Management，MOM）、质量管理系统（Quality Management System，QMS）、工业物联网平台（Industrial Internet of Things，IIoT）为代表的信息化平台和系统建设，初步具备了数字化生产线集成管控能力。建立了部分数字化相关配套标准、规范、数据库及知识库，初步建立了数字化制造标准体系，但智能制造相关标准仍然缺失。综上所述，航天制造企业虽然具备一定的数字化、智能化实施的基础，但智能化水平还有待提升。

新乡航空工业（集团）有限公司（以下简称“新航集团”）作为国内一流的航空机载设备研发生产基地，正处在从部件级供应商到系统级供应商的转型时期。为主机装备提供机载系统解决方案是新航集团的核心价值。企业近年来在信息化、自动化方面投入大量人力、物力、财力，但目前研发与生产模式仍较为单一，所生产的零件普遍结构复杂、壁薄，且加工工序多，空间尺寸大，位置精度要求高，单件加工工时长。配套产品与原有产品在结构、大小、精度要求上有很大的差别，且大量使用了钛合金、高温合金、耐热合金等难加工材料，致使加工工艺难度大大增加；有些产品零部件需要五轴加工中心加工，许多零件必须采用数控多面加工才能保证生产加工要求。近年来随着国际形势和周边军事态势的变化及国家军事战略指导方针的调整，快速研制和多型号并举、研产并重成为航空产品科研生产的新常态，航天制造企业面临新品研制周期越来越短、新品数量激增、准时齐套交付、质量要求越来越高的巨大压力。目前在产品交付上面临着合同履约率低、产品返厂率高的严峻考验，智能制造项目的实施将有效解决目前新航集团在各类航空产品研发及制造过程中的主要交付及质量问题，有效缩短新品研制及制造周期，降低返修率。在产品研制的过程中，研发模式正在从“需求满足型”的部件研制向“需求驱动型”的系统研制模式转变。正向设计能力需要进一步增强，数字化、模型化的系统研制手段需要进一步推广。在产品生命周期过程中，设计、工艺、制造、质量、检验部门产生的各种类型产品研制数据，包括三维模型、二维图样、技术文档、工艺数据、工装数据、标准规范、设计数据等，需要共享，并进行统一存放和管理；开展编码标准体系建设，制定核心编码标准，在中国航空工业集团有限公司统一编码体系框架下，有效开展新航集团的信息编码工作，实现公司内所有信息代码的有效管理与集成应用，为信息系统应用做好基础支撑。在生产制造过程中，提高准时交付率、降低库存占用是企业的基本需求。建立车间现场设备互联互通网络，自动采集质量数据和生产过程数据，实现数据的自动采集、上传和存储管理，实现生产现场透明可控。在企业运营管控方面，加强各业务之间的沟通交流，消除前期的信息孤岛现象，实现协同共享、互联互通，为各级管理者决策提供数据分析支撑。

根据项目需要建立翻板式单向阀活门板类零件生产线、翻板式单向阀活门座类零件生产线、通道类零件生产线、回转类壳体零件生产线、非回转类壳体生产线共五个机械加工柔性生产单元以及座舱压力控制器的两个精益装配单元。通过配置部分加工设备、物流仓储设备，实现整体智能车间生产能力有机均衡。通过理化计量及环境试验系统增强智能车间辅助生产能力。

图 6-16 为新航集团智能制造生产车间。

图 6-16　研发制造一体化平台建设的总体功能架构

6.5.9　农业装备领域

我国是一个农业大国，农业是国民经济的基础，农业现代化的根本出路在于农机现代化。智能农业装备代表着农业先进生产力，是改善生产条件实现精耕细作、转变发展方式、降低生产成本、增强综合生产能力的关键，也是不断提高劳动生产率、土地产出率、资源利用率的重要工具。智能农业装备作为现代农业发展的战略物质基础，也是国际农业装备产业技术竞争的焦点。当前我国农业面临资源困境，传统生产模式难以为继，亟须转变发展方式，走出生产高效、产品安全、资源节约、环境友好的发展道路。农机装备领域应以制造强国战略、《农机装备发展行动方案（2016—2025）》的实施为契机，以创新实现突破，加快发展农业装备智能制造，通过产业结构优化实现适应经济新常态的战略性调整，为农机行业注入新的动能，实现中国农机由制造大国到制造强国的跨越。

下面以山东五征集团有限公司（以下简称“五征集团”）在农业装备领域的智能制造实践进行介绍。

1. 五征集团概况

五征集团已形成农用车、汽车、农业装备、环卫装备和现代农业协调发展的多元化产业格局，按照相关规划部署，高起点推动核心制造能力升级。五征集团从产品的研发、制造和信息化管理入手，依靠高精尖人才、世界先进的制造装备及信息化管理系统，全面提升产品研发能力与制造水平。两化深度融合，既是工业转型升级的基础，也是实施智能制造的主攻方向。五征集团围绕创新驱动，对标国际，积极推进两化融合，智能制造能力不断取得新突破。

2. 我国农机制造行业存在的技术难点或热点问题

（1）制造技术总体比较落后。当前我国农机制造行业在发展的过程中，制造技术整体还比较落后，大部分企业仍然以传统制造技术为主，一些先进的制造技术和设备并没有得到普及应用，在生产过程中，各种中档和高档的数控机床利用率都比较低。这严重影响了农机制造的质量和效率。

（2）先进制造技术无法得到充分应用。我国在经济发展的过程中，十分重视科技的发展，尤其是在对外交流过程中十分注意对先进技术的引进和吸收。目前我国农机制造行业在发展的过程中，已经引进了大量先进的制造技术，可是受到企业自身实力和资金等各种因素的限制，这些制造技术并没有得到有效的应用，其功能也没有得到充分的发挥。

（3）成熟先进技术的应用不合理。在我国农机制造行业发展的过程中，相关技术人员也在加强对各种先进制造技术的研究，而且其中 CAD、CAE（Computer Aided Engineering，计算机辅助工程）、CAM（Computer Aided Manufacturing，计算机辅助制造）等先进技术，已经发展得十分成熟，但是在实际应用的过程中，这些技术并没有被切实应用于农机生产制造中，在生产的过程中，还需要相关技术人员对操作人员进行技术培训，这会消耗大量的时间。

（4）自动化程度低。目前我国农机制造行业的自动化水平还比较低，很多智能化技术以及先进的自动化设备并没有得到普及，使用的制造设备仍然比较落后，这会使得农机生产的效率和精度得不到提升。

3. 五征集团的具体做法和实践经验

1）整车及零部件的数字化设计和虚拟验证

五征集团建立了国家认定企业技术中心，形成了科学的产品研发流程以及从关键零部件设计到整车集成的技术体系。具备了量化设计能力、仿真分析能力，实现了对整车及零部件的数字化设计和虚拟验证。建起了国内外一流的试验检测中心，拥有整车侧倾试验台、后桥试验台等关键零部件试验检测设备。形成了传动系统试验检测能力，具有整车、电器、液压、悬架、制动、转向等重要部件试验检测能力。五征集团接轨世界水平的数字化设计手段，在汽车研究院 CAE 性能室，可对一款新拖拉机进行整车振动与噪声虚拟分析，以往这一项目需要装车后才能进行，周期需要 1~2 年。现阶段，五征集团的产品研发已由传统的经验、类比设计上升到理论、量化设计。建立了科学的产品研发流程，形成了从关键零部件设计到整车集成的技术体系，并广泛应用三维设计、CAE 分析、精益设计等先进设计方法，研发理论水平、数字化仿真、虚拟验证能力不断提升。

2）农业装备制造工艺的机器人及自动化建设

五征集团对农业装备生产制造四大工艺进行了机器人及自动化建设，建起了机器人全自动冲压、焊装和涂装生产线，数控激光切割装置、数控折弯装置、自动化物流车、轮胎输送线等先进装备得到广泛应用。2006 年,五征集团实现了模具数字化加工生产。2010 年,五征集团车架生产实现了数控自动冲孔。2013 年,五征集团开始在关键零部件加工、焊接等重要工序陆续采用机器人操作,有效地提高了生产效率和产品质量。目前,五征集团汽车事业部投资引进机器人,对阴极电泳涂装生产线的机械臂喷涂进行技术改造,涂装工艺实现了机器人自动喷涂。在总装工艺,零部件工位上料系统以及轮胎、车架、驾驶室等关键工序也都实现了自动化传输。机器人的大量应用,使五征集团的制造工艺实现了脱胎换骨的变化,其成效已经显现在产品水平上。

3)SAP-ERP 系统打造高效协同的综合服务平台

自 2014 年起,五征集团打造了 SAP-ERP 信息化管理系统,如图 6-17 所示,实施订单、产品研发、制造工艺、仓储物流等全过程信息化管理,打造数字化工厂,实现了企业物流、资金流、信息流有效集成,建立了完善的数据体系和信息共享机制,横向集成研、产、供、销等业务环节,纵向贯通产品全生命周期管理,打造出高效协同的综合服务平台,为上下游 600 余家供应商、近 2 000 家经销商提供服务,打造汽车及零部件产业综合公共服务平台。

4. 五征集团的创新性

五征集团实施全面信息化管理,选择德国 SAP 信息化管理系统,聘请美国 HP 公司进行咨询和实施,实现了企业物流、资金流、信息流有效集成,建立了完善的数据体系和信息共享机制。全面学习推行日本丰田精益管理模式,实施拉动式准时化生产。应用 6σ 管理技术,追求零缺陷,全面推行 IATF16949 质量管理体系,构建现代化先进质量管理体系。立足国内发展,抓住共建借助"一带一路"契机,与国家有关部门和山东省农业科学院合作,开拓全球农牧业市场,进而拉动机械装备同步发展。五征集团瞄准国际先进,利用全球优势研发和采购资源,加快实施新旧动能转换,打造具有国际竞争力的高端优势产品,提升中国制造业国际竞争力,全力拓展国际业务,加速高质量发展步伐。

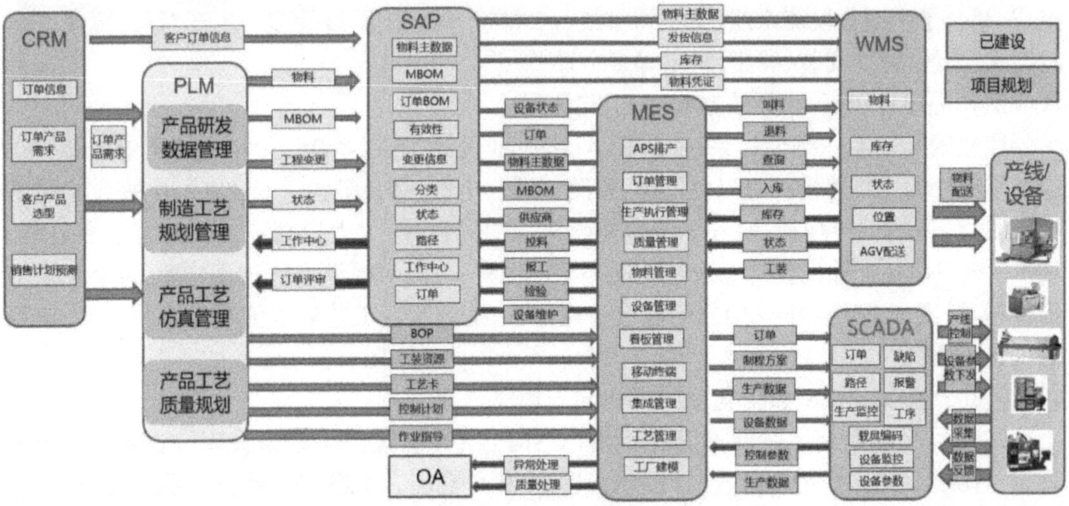

图 6-17　五征集团 SAP-ERP 信息化管理系统

6.5.10 船舶领域

下面介绍广州广船国际股份有限公司（以下简称“广船国际”）的智能制造实践。

1. 广船国际概况

（1）智能生产线薄板平面分段智能生产线以豪华客滚船薄板平面分段制造过程中的钢材预处理、划线切割、零件加工、拼板、小组立、薄板平面分段等重点环节为对象，利用大数据、虚拟仿真、机器人等技术，开展生产线装备设施智能化、生产线生产要素状态采集与集成控制、仿真优化等能力建设，建成预处理、装配焊接、分拣等智能化生产线，形成高效生产制造能力。

（2）智能生产车间通过构建数字化车间，包括型钢自动化切割流水线、中小组立机器人焊接生产线、数字化堆场、分段车间数字化测量场、车间看板系统，建设车间级工业互联网，形成涵盖智能单元、智能生产线、感知系统和智能管控系统等的完整智能车间体系，推广基于大数据分析的决策支持、可视化展现等技术应用，实现生产准备过程中的透明化协同管理、数控设备智能化的互联互通、智能化的生产资源管理、智能化的决策支持，全方位达到智能化的生产过程管理与控制，提高薄板平面分段制造效率和质量。作为转型升级的智能制造车间，对整体智能制造的模式进行了详细研究和规范设计，实现了薄板平面分段设计、生产计划、制造执行、物流跟踪、检验跟踪、检验控制等业务一体化管控及优化运行的智能制造新模式，从而为解决目前企业面临的研发周期长、信息透明度低、物流管控困难、生产成本高、生产质量难以控制等问题提供了一种有效的方案。

2. 解决的技术难点或热点问题

1）智能车间数字化建模与仿真

本项目结合客滚船薄板生产工艺、制造特点，基于车间总体设计、工艺流程及布局优化，设计了离散型智能车间总体框架。该总体框架由设备层、感知层、数据层、管理层与用户层组成，整合了平面分段流水线、型钢切割线、T 排生产线、围壁线等多个生产对象，覆盖了钢料起水、划线切割、安装、焊接、运出等多个环节。

2）产品设计仿真、产品数据管理、工艺仿真

广船国际船舶三维设计系统 AVEVA Marine（简称“AM 系统”），可以实现 95%以上的船舶零部件的三维建模。可以使船体、管路、舾装、电气、涂装等各个专业在一个平台共同建模，通过模型的干涉检查，使各个专业能够高效协同设计，大大提高了设计的质量和效率。AM 系统可以快速输出各个专业的不同类型的图样，可以对模型进行仿真处理，为生产施工提供指导，实现基于三维模型的产品设计与仿真、关键制造工艺的数值模拟以及加工、装配的可视化仿真。

3）生产数据、MES、ERP 等系统的协同与集成

广船国际产品全生命周期管理系统（GSI-PLM），包含产品数据管理（PDM）、设计计划、设计派工、图样交付期限、设计图档、设计变更等功能。上游与三维设计系统相关联，下游与 ERP 和 MES 系统相集成，使产品数据与图样贯穿整个供应链、制造、生产和交付全过程。广船国际制造执行系统（GSI-MES），实现从钢板堆放、计划排产、下料切割到零件及中间产品制作的全过程管理。广船国际生产资源一体化智能管控平台（GSI-eRIM），在决策规

划、经营接单、物资采购、仓储物流、生产计划等环节实现高效化、一体化、协同化的精益管理。

4)采用工业互联网和工业大数据技术

根据生产过程管理需求、动态MES需求和未来制造大数据分析需求,广船国际对采集的生产现场数据进行统计分析处理,研究基于大数据驱动的预测诊断与优化技术,建立集成化的客滚船薄板生产设备故障诊断系统、生产工艺预测优化系统、产品在线智能化检测系统、能源预警系统,实现设备、工艺、产品、能耗的实时监控及预见性维护。

3. 具体做法和实践经验

建设薄板平面分段生产数字化车间,以薄板平面分段为生产对象,形成涵盖智能生产线、感知系统和智能管控系统等的完整智能车间体系。预处理场主要处理薄板中心所需钢板和型材,在预处理线前道配备一台校平机用于薄板的校平,提高薄板的平整度,使其满足激光拼板焊接的平整度需求。集成智能拼板、划线、数控切割、装配焊接机器人等设备,从型钢加工切割生产线、小组立装配焊接生产线、薄板平面分段生产线智能化建设入手,实现各加工工序的智能制造,达到工装自动化、工艺流程化、控制智能化、管理精细化。拼板工位包括铣边、拼板焊,再铣边、再拼板焊,直到主板焊接完成,输送到切割工位;切割划线工位包括喷丸打磨、划线、切割、喷码,输送到纵骨工位;纵骨装焊包括片段、型材定位、纵骨焊,依次定位焊接完成整个片段;型材加工线包括矫直、铣边、打磨、切割、分拣、旋转,型材依次输送至纵骨焊工位。

建立薄板平面分段生产数字化车间数字模型系统:通过车间数字模型系统、数字化测量与质量控制系统等建设,对工艺流程、作业计划、资源配置、物流调度、精度控制进行预测预控,开展智能物流、智能安全生产监控、智能能源管理等研究与实践应用。薄板平面工场分为三个区域,分别为型钢/T型材制作区、片段装焊区和分段装焊区。根据薄板平面生产线的布置,薄板平面工场的主要工艺设备有激光复合焊拼板设备、等离子切割/打磨/划线设备、MAG/MIG纵骨装焊设备以及数控等离子型钢线、T型材安装门架、T型材焊接机器人设备和围壁安装门架等。激光复合焊拼板设备采用激光复合焊+MAG/MIG进行拼板焊接。设备包括进料门架、出料门架、钢板夹紧门架及铣边单元、激光复合焊接单元、操作控制系统等。等离子切割/打磨/划线设备是对完成拼板的板列进行打磨、喷码划线和切割,设备主要为一个切割横梁,包含一个打磨头、一个喷码划线头和一个等离子切割头。MAG/MIG纵骨装焊设备采用双丝MAG/MIG焊接,完成纵向型材和纵向型材构架的装配和焊接。设备主要包括型材缓存及自动分拣、型材进料装置、二次缓存区域、自动进料门架、装焊门架和反变形装置,该工作站和型材线同步工作。数控等离子型钢线主要为纵骨装焊设备及部件线提供型材零件的加工,可切割的型钢包括角钢、球扁钢、扁钢和T-Beam,型钢线主要工位及工序为:型材上料缓存工位→矫直→铣边、清边工位→机器人切割工位→下料缓存工位→型材分拣工位,以及相应的控制系统和安全设施等。T型材安装门架主要负责T型材和嵌入件的装配,每个门架配置有T-Beam提升旋转装置、T-Beam压紧装置、焊接设备和工具等。T-Beam机器人焊接工位主要对前道装配好的T-Beam进行焊接。每工位配置2个焊接门架,每个门架配置2台焊接机器人,2个门架同轨。围壁装焊工位对围壁等小组立部件进行装配和焊接,并完成嵌入板等其他未完的焊接工作。实现智能车间装备物联感知平台的研制集成，建立分段所需的各种规格的板材、型材、焊条、焊接规格、铁舾件、设备等的物资及工时数据管理系统（PDM），可进行自动下料切割、自动焊接拼装等关键工艺的数值模拟及加工、装配的可视化仿真。CATIA软件系统各模块基于统一的数据平台，使各专业间的协调能够更高效。通过场地优化、智能物流及自动化生产线等核心装备与生产管理软件的进一步集成研究，实现车间制造执行系统（MES）与产品全生命周期管理（PLM）以及企业资源计划（ERP）的新型邮轮、客滚船薄板平面分段离散型智能工厂集成应用研究。

4. 创新性

（1）突破自动化和数字化融合核心技术，推进制造业机械化和数字化融合是发展智能制造的先决条件，制造业只有率先实现了机械化和数字化融合，实现数字化研发设计和生产控制之后，才能推进软件化和网络化应用，进而实现智能制造。

（2）实现关键工业软件集成项目采用插件式的应用，各模块可独立运行，通过开放的平台，可实现和企业现有系统的集成，从而避免出现信息孤岛。

决策层：主要包含大数据分析、移动应用等，使计划、派工单、图样直接到生产端、管理端，通过大数据分析使综合运营、生产管理、设计研发等环节和供应链、质量、成本、人力资源、设备效能等方面的数据得到实时展现和分析，为经营和管理决策提供有效支持。

管理层：主要是各个系统的管理功能，主要体现在每个业务流程的管理以及各个业务之间的协同管理，如生产计划与供应链计划及设计计划的协同。物量数据从设计端产生，经过供应链环节，到达生产施工端。管理层和执行层主要涵盖了三维设计系统、PLM、MES、一体化平台以及外部协同平台等系统模块。

执行层：执行制造系统层，主要是制造车间的排产与过程管理及控制。

设备控制/作业层：主要通过物联网对主要的生产加工设备、吊装设备、运输设备、能源设备进行有效管理。

设备层：联入物联网及工业互联网的所有设备，主要接收执行层与设备控制/作业层的指令，并完成制造任务。

（3）实现工业大数据采集和挖掘。ERP系统是企业资源计划系统，对企业运作中各个相关领域的资源进行合理规划和协调，包括生产计划、采购计划、物流计划、财务控制等；MES负责接收生产指令和生产过程的定义，对生产活动进行初始化，及时引导、响应和报告工厂的活动，对随时间变化的生产状态和条件做出快速反馈，提供从接收指令到最终产出成品之间全过程的生产活动的信息，然后及时反馈给ERP，由其调整采购、物流等方面的计划，并产生财务数据。MES是一个工厂层的信息系统，介于企业领导层的计划系统与生产过程的直接工业控制系统之间。它以当前视角向操作人员和管理人员提供生产过程的全部资源（人员、设备、材料、工具和客户要求）的数据和信息。MES在工厂综合自动化系统中起着中间层的作用。在ERP所产生的长期计划的指导下，MES根据底层控制系统采集与生产有关的实时数据，对短期生产作业的计划调度、监控、资源配置和生产过程进行优化。

6.6 本章小结

智能制造的实现离不开相关先进技术的应用。本章结合实例，介绍了智能制造生产中系统集成技术及自动化生产解决方案两大关键技术的运用,这些关键技术的出现不仅解决了传统制造业生产过程中存在的诸多问题,同时也为传统工业生产向智能化生产转型奠定了技术基础。先进技术的运用让自动化生产线和智能工厂两大智能制造关键产品得以构建,通过介绍自动化生产线和智能工厂两大智能制造关键产品,展现了实际生产过程中智能制造各项技术在各个生产环节中的应用。在实现智能工厂的基础上,本章末尾介绍了个性化定制成为智能制造未来发展的趋势。

课后习题

(1)在智能制造生产过程中,为什么需要采用系统集成技术?

(2)纵向集成和横向集成的概念是什么?分别包含了哪些内容?

(3)在设计生产方案时应按照何种步骤进行?每个步骤应考虑哪些重要因素?

(4)自动化生产和自动化生产线之间是什么关系?自动化生产线的组成部分有哪些?简述自动化生产线各组成部分的作用。

(5)智能工厂使用了多种智能传感器,试着列举几种智能传感器并说明它们的作用。

(6)与传统的工厂相比,智能工厂具有哪些优势?

(7)查阅相关资料,列举你身边存在的有关智能制造个性化定制的案例。

参考文献

[1] 冯胜强. 简析系统集成服务与系统集成技术[J]. 信息化建设, 2021(7):63.

[2] 黄圣. 浅谈大系统集成技术及其发展[J]. 科学与财富, 2016(8):289.

[3] 李小青. 系统集成支撑智能制造发展[J]. 上海经济, 2015(9): 23-24.

[4] 高文莲,李香林,蔡友林,等. 综合布线设计与施工实用教程[M]. 北京:国防工业出版社, 2007.

[5] 魏晓东.《工业 4.0 与两化融合》讲座第四讲:工业 4.0 的系统集成技术[J]. 自动化博览, 2016(2):64-68.

[6] 王喜文. 智能+:《新一代人工智能发展规划》解读[M]. 北京:机械工业出版社,2019.

[7] 秦萍, 朱智亮. 自动化生产线组装与维护[M]. 银川:宁夏人民出版社,2019.

[8] 焦洪硕, 鲁建厦. 智能工厂及其关键技术研究现状综述[J]. 机电工程, 2018,35(12): 1249-1258.

[9] 何冠泯. 智能工厂综述与发展趋势探讨[J]. 现代商贸工业, 2019, 40(6):196-197.

[10] 付全军. 智能工厂综述与发展趋势探究[J]. 水电水利,2019(4):161-162.

[11] 崔晓文. 国外"智慧工厂"发展研究[J]. 竞争情报, 2014(3):38-49.

[12] 杨建军,郭楠,韦莎. 物联网与智能制造[M]. 北京:电子工业出版社,2020.

[13] 杨春立. 我国智能工厂发展趋势分析[J]. 中国工业评论, 2016(1): 56-63.

[14] 张泽谦. 人工智能:未来商业与场景落地实操[J]. 科技创新与品牌,2019(12):4.

[15] 佚名. 鞍钢鲅鱼圈分公司炼钢部加快推进智能制造[J]. 鞍钢技术, 2020(2): 17.

[16] 周济. 智能制造[J]. 中国机械工程, 2015, 26(17): 2273-2284.
[17] 姜林燕. 中车:“智能制造”擦亮国家名片[J]. 中国品牌, 2017(9): 34-37.
[18] 罗克研. 宝沃汽车诠释智能工厂的品质级 SUV[J]. 中国质量万里行, 2018(5): 80.
[19] 杜莎. 盘点知名汽车企业的智能工厂[J]. 汽车与配件, 2018(20): 26-31.
[20] 姜红德. 美的:智能化驱动家电制造[J]. 中国信息化, 2014(6): 28-29.

第7章　智能工厂与智能管理系统

智能工厂是指通过应用现代制造技术和先进的智能制造设备，借助底层设备互联互通、大数据决策支持、可视化展现等技术手段，进行生产过程的智能化管理与控制，来提高生产效率，减少人为干预，实现可持续制造的高效、智能、安全、绿色的工厂。智能工厂的特点是集成和运用了先进的自动化技术、信息技术和环境感知技术，实现了制造过程的高度自动化，提高了制造过程的精度、速度和效率。

智能管理系统是指利用现代化技术手段，将企业的管理信息化、智能化、网络化，使企业的生产管理、质量管理、供应链管理和物流管理等各个方面变得更加高效、更加智能，从而实现更好的企业管理和竞争力的提高的系统。智能管理系统包括物联网、云计算、大数据、人工智能等技术，能够为企业提供全面、精准的数据支持，有效地帮助企业分析业务情况，优化流程，满足客户需求，提升企业的核心竞争力。

智能工厂的优势主要体现在以下几个方面。

(1)自动化和高效性。智能工厂采用先进的自动化设备和机器人技术，可以实现生产过程的高度自动化，减少人工操作，提高生产效率。同时，智能工厂还可以通过实时数据和智能分析，优化生产计划和资源利用，提高生产效率和产品质量。

(2)灵活性和定制化。智能工厂采用灵活制造技术，可以根据客户需求快速调整生产线和产品配置，实现快速响应和定制化生产。这使得企业能够更好地适应市场需求的变化，提供个性化的产品，增强企业的市场竞争力。

(3)数据集成和分析。智能工厂通过物联网和传感技术，对各个环节的生产数据进行实时采集和集成，形成全面的生产数据。这些数据可以用于监控生产过程、分析生产效率和质量，帮助企业进行精细化管理和优化决策。

(4)资源节约和环保。智能工厂通过优化生产过程和资源利用，可以减少能源消耗和废弃物的产生，实现资源的有效利用和环境的可持续发展。

智能管理系统作为智能工厂的核心支撑，主要包括以下功能。

(1)生产计划制订和调度管理。智能管理系统可以通过分析客户需求和生产能力，制订合理的生产计划，并进行实时调整。它可以帮助企业合理安排资源、优化生产流程，提高生产效率和交货期的准确性。

(2)质量管理和质量控制。智能管理系统可以监测生产过程中的关键参数和质量指标，实现全程质量控制和质量追溯。它可以通过数据分析和预警机制，及时排查问题，提升产品质量和客户满意度。

(3)库存管理和供应链协同。智能管理系统可以实现对原材料、半成品和成品的实时监控和管理，帮助企业降低库存风险、库存成本。同时，它可以与供应链中的其他环节进行协同，实现供需平衡和及时交付。

(4)数据分析和决策支持。智能管理系统可以收集、整理和分析企业各个环节的数据，为企业提供全面的数据支持和决策分析。它可以用于识别问题、优化流程、预测市场需求，帮助企业做出准确的决策，提升企业的竞争力。

总体来说，智能工厂和智能管理系统的应用能够实现生产过程的高效、智能、环保和灵活，提升企业的竞争力和可持续发展能力。

7.1 智能工厂

工业 4.0 战略有两个重要组成部分，即智能生产和智能工厂，其中智能工厂面向传统工厂的智能化转型问题，重点研究建设智能化新型生产系统。智能工厂利用各种现代化的技术，实现工厂的办公、管理及生产自动化。图 7-1 所示的是现代化智能工厂中采用的智能装备，由于智能化的普及，车间的生产效率得到大幅度提升。智能工厂是现代工厂信息化发展的新阶段，是在数字化工厂的基础上，利用物联网技术和设备监控技术加强信息管理和服务，清楚掌握产销流程，提高生产过程的可控性，减少生产线上人工的干预，即时正确地采集生产线数据，合理安排生产计划与生产进度的工厂。同时，它集绿色智能的手段和智能系统等于一体，构建了一个高效节能、绿色环保、环境舒适的人性化工厂。

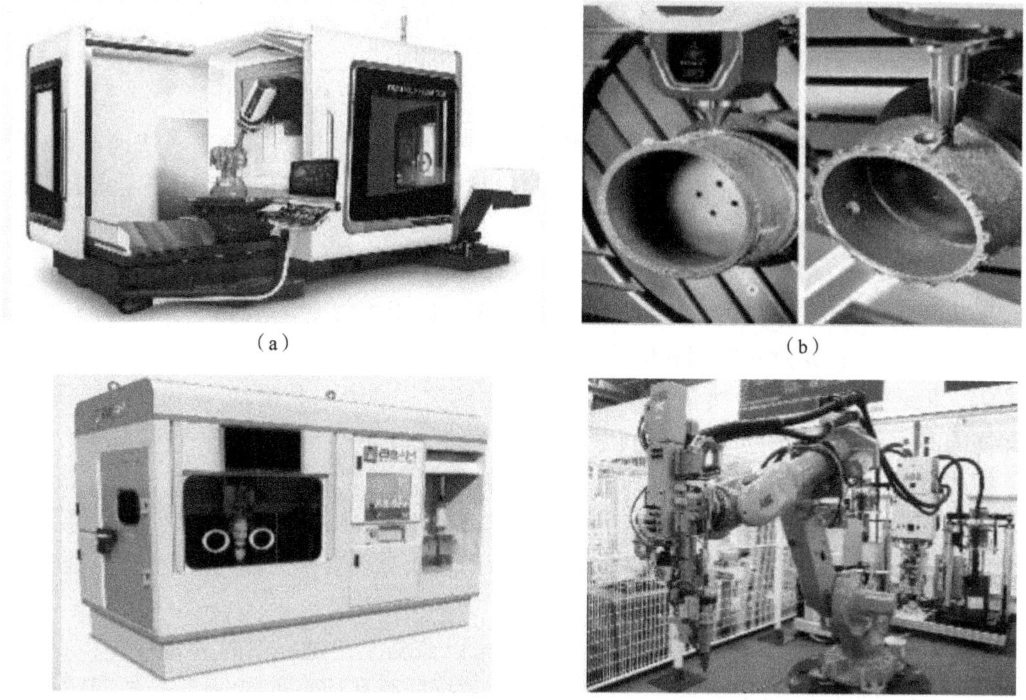

（a）　（b）　（c）　（d）

图 7-1　智能制造装备实例

（a）多联动数控机床　（b）增材复合加工设备　（c）3D 打印装备　（d）工业机器人

智能工厂重点研究智能化生产系统与生产过程，以及网络化分布式生产设施的应用，主要通过互联网、物联网、物流网整合物流资源，充分利用现有物流资源供应方的效率，而需求方则能够快速获得服务匹配，得到物流支持，甚至可以在云计算及云制造的基础上，为企业建设一个智能管理平台。

智能工厂的概念首先由美国 ARC（Automation Research Corporation，自动化市场研究公司）顾问集团提出，智能工厂实现了数字化产品设计、数字化产品制造、数字化管理生产过程和业务流程以及综合集成优化的过程，可以从工程技术、生产制造、供应链三个维度描述智慧工厂模型。智能工厂作为智能制造重要的实践领域，其建设的重要性不言而喻，近年来已引起社会各界的关注。

7.1.1　智能工厂的概念及特点

要讨论智能工厂的概念，首先应了解数字化工厂。数字化工厂是将现代先进制造技术与计算机技术结合，通过计算机模拟实际生产环境和生产流程，并对整个过程进行评估，从而实现产品生产全过程的自动化、数字化、可视化、集成化以及模块化。满足现代工厂信息化生产需要应具备以下条件。①利用物联网技术实现设备间高效的信息互联，由数字化工厂向物联工厂升级，操作人员可实时获取生产设备、物料、成品等的动态生产数据，满足工厂24 小时监测需求。②基于庞大数据库实现数据挖掘与分析，使工厂具备自我学习能力及维护能力。通过系统的自我学习能力，在制造过程中实现资料库补充、更新及自动执行故障诊断，并对故障进行排除与维护或通知对应的系统执行相关操作，进而在此基础上完成能源消耗的优化、生产决策的自动判断等任务。③引入基于计算机数控机床、机器人等高度智能化的自动化生产线，满足个性化定制、柔性化生产的需求，有效缩短产品生产周期，并同时大幅降低产品成本。④配套的智能物流仓储系统。通过自动化仓库、自动输送分拣系统、智能仓储管理系统等实现仓库管理过程中各环节数据录入的实时性以及货物出入库管理的高效性。⑤整体可视技术的实践。结合信号处理、推理预测、仿真及多媒体技术，借助实境扩增（增强现实，AR）展示现实生活中的设计与制造过程。⑥人机共存的系统。人机具备互相协调合作关系，在不同层次相辅相成。

而在数字化工厂的基础上，引入物联网技术等多种新兴的智能技术，进一步实现生产的高效性、合理性与环保性，这便是智能工厂。除了数字化工厂所具有的特点以外，智能工厂还具有智能化、协同化的特点以及对自身系统设备的可预测性，其本质是人机有效交互。

相对于传统的工厂，智能工厂具有以下六个显著特征。

（1）设备互联。智能工厂的各个模块与系统之间无缝连接，从而构成一个完整的智能化生产系统，在人与设备、人与人互联的传统模式基础上能够实现设备与设备互联（Machine-to-Machine，M2M），再通过传感器以及系统集成技术形成数据的采集与监控系统，从而对工厂中设备的状态以及产品的信息进行实时采集，并通过应用无线射频技术以及条码等技术，轻松地对产品的生产过程进行追溯。

（2）广泛应用工业软件。在智能工厂中，制造执行系统、先进生产排程系统以及能源管理、质量管理等工业软件得以广泛应用，从而实现产品生产现场的可视化和透明化。同时可以通过数字化工厂仿真软件，在工厂建设的初期就进行设备与产线布局、工厂物流、人机工程等的仿真来保障建成后工厂的结构合理化，便于后续的改进与产线优化。通过统计过程控制等软件，达到对产品质量的实时监控并对残次品与成品进行及时分流，通过自动化设备保证生产的顺利进行。

（3）贯彻精益生产理念。传统工厂的生产模式中，精益生产的理念淡薄，对产量的精度难以把控，往往导致产品冗余。而在智能工厂中，从产品的研发到生产销售，始终贯彻标准化、模块化与系列化的特点，在生产过程中充分结合客户需求，采用拉动式生产，以订单驱动来消除传统生产中的浪费现象，而且能充分结合企业的产品工艺特点进行生产。

（4）实现柔性自动化。智能工厂能够结合生产的产品以及制造企业自身的特性来实现生产的柔性自动化，大幅提升了生产、检测以及物流过程的自动化程度。对于生产小批量、多品种产品的企业，多采用人机交互的形式，进行人机结合生产，建立智能制造单元，避免盲目推进自动化；而对于生产大批量、品种少产品的企业则采用相反的方式，实行高度自动化建设。除此之外，智能工厂应当充分考虑自身设备的架构，避免设备冗余，同时提升产品的质量检测效率，结合自身产品和自身企业的特性来实现真正的柔性自动化。

（5）绿色制造。智能工厂能够及时采集设备和产线的能源消耗情况，实现能源高效利用。同时在危险以及可能对人体造成伤害的环节，能尽量避免人力的使用。对原材料的利用也更为充分，可以对废料处理后进行二次利用。

（6）实时洞察。智能工厂采用先进的生产指挥控制系统，通过系统的集成，实现从生产到完工过程信息反馈的闭环，从而实时监测工厂生产的能耗、质量以及设备的状态等信息，及时找出问题所在，避免资源浪费，辅助管理人员进行管理与决策，最大限度保障生产的顺利进行。与传统工厂相比，智能工厂在经营模式、制造系统、制造车间、过程分析、虚拟仿真以及企业数据的利用方面均有优势。

7.1.2 国内外智能工厂建设的现状分析

在新一轮的工业革命中，世界各国相继根据自身国情制定出适合本国的发展战略。在工业 4.0、工业互联网、物联网、云计算等热潮下，世界上越来越多的制造企业开启了对智能工厂建设模式的探索。例如，施耐德电气实现了电气开关制造和包装过程的全自动化；我国的九江石化建立了国内首批智能工厂，在没有任何经验可借鉴的情况下，各个试点建设均满足了设计要求，监管系统投入人工智能生产管控中心和数字炼厂平台，保障了工厂的监管全场景覆盖和动态数据实时交互；江苏隆力奇集团配备了智能净化车间和自动配送系统，打造出自己的人工智能工厂云平台，实现智能化运营；德国西门子作为工业中的龙头企业，建设了安贝格智能工厂，在保持生产规模和人力资源不变的情况下，产能实现了八倍的提升，同时产品合格率不降反升。

然而，纵观我国制造业的现状，现有制造企业仍然面临着巨大的压力，原因包括但不限于产能过剩、国内外竞争、劳动力成本日渐提升、客户需求增加等因素，这些导致我国的制造企业继续面临转型的难题。同时，招工难以及优秀专业技师的缺乏使得当前工厂实现增效减员迫在眉睫。而诸如机器视觉、物联网等新兴技术的迅速发展，各级政府部门的大力扶持，智能工厂建设的推进有了稳固的技术和政策支撑。目前，越来越多的大企业和中型企业已经踏上了智能工厂建设的新征程。

但与此同时，由于可借鉴的国内外经验较少，我国制造企业在推进智能工厂建设方面，还存在许多问题与误区。

（1）盲目推进自动化。我国不少制造厂商误以为智能工厂就是自动化，过于盲目地追求自动化与机器人改造，追求完全以自动化取代人力而不注重自身的产业结构和产品特性，空有高端数控设备而不具备对应的软件和系统。这违背了智能工厂柔性自动化的特点，过度地追求自动化反而容易适得其反。

（2）设备绩效不高。由于智能工厂建设体系的不完善，设备利用率和健康状态没有得到充分的保障，生产设备的非计划性停机时有发生，大大降低生产效率。

（3）自动化孤岛仍然存在。要建设起智能工厂不仅需要相应的智能设备和各种控制、管理软件系统，还需要传感器等其他设备。这导致智能工厂所需的软硬件设施跨度较大，许多企业难以对智能工厂或者自动化生产线进行统筹规划，存在一定的自动化孤岛。

由于智能工厂所包括的设备系统横跨诸多领域，再加上智能工厂建设目前还处于起步阶段，很多企业经验不足，对智能制造和智能工厂缺乏深刻理解，导致其系统复杂，集成难度大。制造企业在未来发展的道路上，仍需稳扎稳打，循序渐进地建设好智能工厂，不能急功近利。

7.2　智能工厂的建设模式

图 7-2 所示的是智能工厂的规划图，由于不同行业的产品往往具有不同的生产流程，各行业直接的智能化情况和水准也存在一定的差距，因此，智能工厂的建设模式也大相径庭。目前，主要存在以下几种不同的智能工厂建设模式。

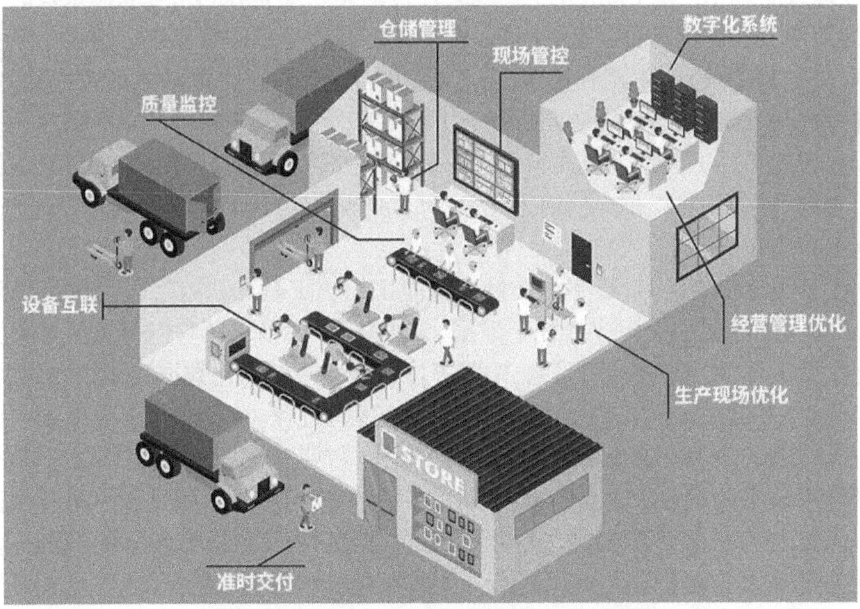

图 7-2　智能工厂的规划（图片来自新浪财经）

1. 从生产过程数字化到智能工厂

在石化、钢铁、冶金、建材、纺织、造纸、医药、食品等流程制造领域，产品的品质尤为重要，这些领域的企业往往侧重于从生产数字化建设起步，从产品质量与需求出发，来设计整个生产流程。一是推进生产过程数字化——在生产制造、过程管理等单个环节信息化系统建设的基础上，构建覆盖全流程的动态透明可追溯体系，基于统一的可视化平台实现产品生产全过程、跨部门协同控制；二是推进生产管理一体化——搭建企业信息物理系统（Cyber-Physical Systems，CPS），深化生产制造与运营管理、采购销售等核心业务系统集成，促进企业内部资源和信息的整合和共享；三是推进供应链协同化——基于原材料采购和配送需求，将 CPS 系统拓展至供应商和物流企业，横向集成供应商和物料配送协同资源和网络，实现外部原材料供应和内部生产配送的系统化、流程化，提高工厂内外供应链运行效率；四是整体打造大数据化智能工厂，推进端到端集成，开展个性化定制业务。

2. 从生产单元到智能工厂

在机械、汽车、航空、船舶、轻工、家用电器和电子信息等离散制造领域，产品的价值空间更加重要，企业在生产制造的过程中更加看重产品的智能化。在构建智能工厂的过程中，优先考虑生产设备以及生产线的智能化，通过智能装备的引进和控制系统的建立来架构车间级的智能制造生产单元，提高生产制造的敏捷性、精准性。优先架构智能制造生产单元后，再通过企业系统集成，最终实现生产与服务的紧密衔接，提高企业的行业竞争力。

3. 从个性化定制到互联工厂

对于家电、家居以及服装等生产领域，消费者的需求存在着多元化的特点，产业的侧重点在于满足用户的个性化需求的同时进行规模化的生产。对于这一类企业，产品和用户距离最近，在建设智能工厂时，关键在于实现柔性自动化以及充分利用互联网来及时了解消费者需求，按照消费者需求进行交互，推进以个性化定制为基础的智能工厂建设。依托互联网打造互联工厂，打通设计、生产和销售、服务之间的数据链，还可以采用虚拟仿真，对生产工艺技术进行优化，通过网络系统协同行业上下游共同发展，充分利用行业资源。

以石化智能工厂工程建设模式为例，在石化智能工厂工程建设模式上有两大发展趋势：一是向工程设计端延伸；二是全厂信息化 EPC（Engineering Procurement and Construction，设计采购施工总承包）模式。

（1）向工程设计端延伸，数字化交付为智能工厂奠定基础。数字化交付是指除了实体的物理工厂外，还需要移交一座依托于数据、文档、三维模型以及它们与工厂对象关联关系的数字化虚拟工厂，将工程设计、采购、施工等信息转变为结构化数据和非结构化数据，建立数据组织模型，并运用计算机进行表达、传输和处理的过程。《石油化工工程数字化交付标准》（GB/T 51296—2018）颁布实施，给出了数字化、数字化交付和数字化工厂等术语的定义。国内越来越多的石化工程新建项目采用数字化交付方式，例如目前中国石化正于以中科炼化一体化、中沙合资聚碳酸酯、古雷炼化一体化、海南炼化百万吨乙烯、镇海炼化的镇海基地一期为代表的工程建设项目上，进行工程数字化交付探索和实践。

就石化行业而言，企业都在着力推动智能工厂建设，要求新建工厂以数字化形式交付，即物理工厂与数字工厂同步建设。但在实际项目执行数字化交付过程中，由于建设方及承建方对数字化交付的理解不同，在交付的内容、方式、阶段等方面产生分歧，认为数字化交付是一项新业务、新产业，设计的角度不同，在认识程度上也存在较大差异。从工程公司项目执行情况分析，无论是设计项目还是总承包项目均要求交付建设档案即竣工资料，而且交付的方式随着信息技术的发展在持续变化，因此可以说项目的数字化交付是工程项目竣工资料整编移交方式的变革，只是在交付方式、交付深度等方面进行了扩展延伸，数字化交付的非结构化文件、结构化数据等主要内容也主要来源于竣工资料，交付的三维模型等又未包含在竣工资料中。两者的区别主要在于交付数据信息的应用领域不同：竣工资料涵盖项目建设的全过程，它的移交可满足工厂后期改扩建等工作的资料重复利用；而数字化交付主要是为建设数字化工厂提供数据基础，目的是进一步提高生产装置的运维效率，主要移交的数据、文件仅是项目竣工资料的一部分，并不包括建设过程的管理类资料。因此，项目数字化交付完全不能代替建设档案交付，现阶段因电子签名合规使用、档案纸质保存要求等各种原因，完全实现工程项目建设档案的数字化存在诸多困难，但随着国家、地方及企业对档案管理相关要求的调整，实现工程项目建设档案移交的数字化是大势所趋。

工程项目建设档案交付的发展历程及发展方向如图 7-3 所示，从传统的纸质文件交付到目前的电子化文件交付，将会向各承包商建设档案数字化交付方向发展。未来的发展方向是业主为各项目承包商、供应商等提供云工作平台，并制定电子文档编码、文档格式、文档传输及范围等管理策略，从而实现工程建设过程中各类资料线上实时可视化、数字化管理，进而实现各类交付信息实时移交。

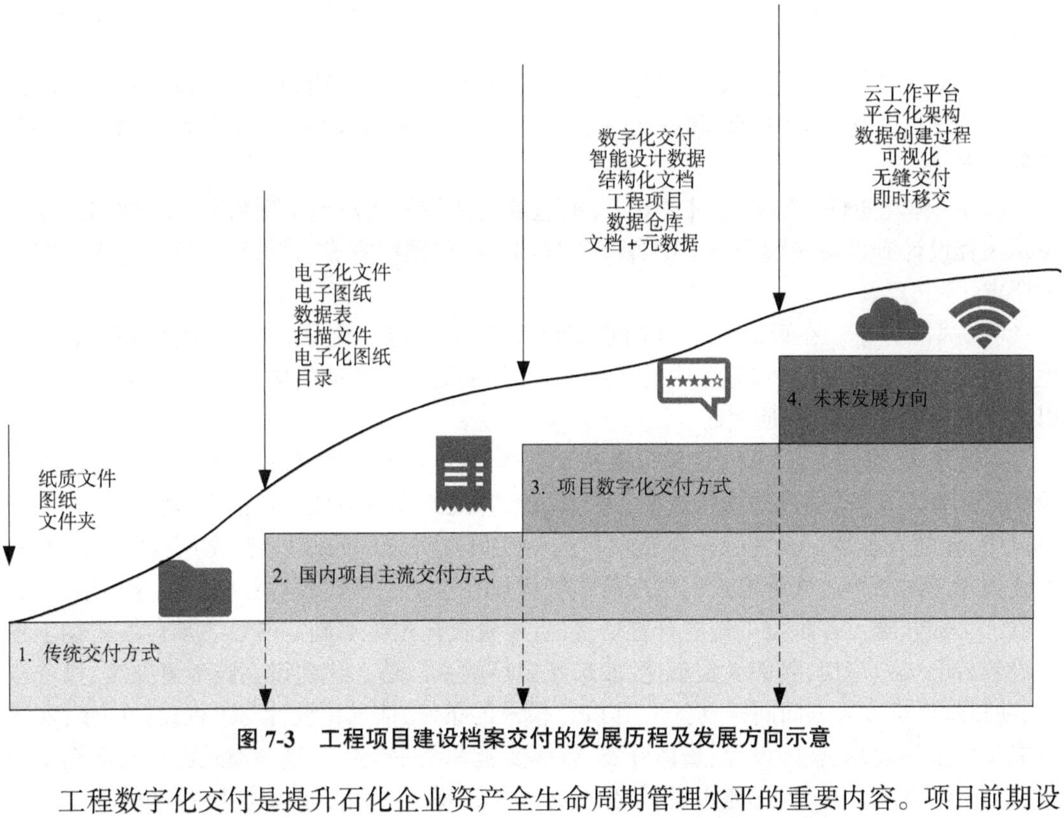

图 7-3　工程项目建设档案交付的发展历程及发展方向示意

工程数字化交付是提升石化企业资产全生命周期管理水平的重要内容。项目前期设计、采购、施工等“静态信息”构成工程数字化交付的内容，加之项目试车和生产运行等“动态信息”的积累，为运营期智能工厂的建设奠定数字化基础，必将有力地促进智能工厂的构建。目前，在数字化交付与接收平台和工具，交付工厂对象的可信单一工程数据源，数据的完整性、合规性和一致性，以及如何支撑生产运营需求等方面还存在标准、规范、技术、安全、知识产权等方面的系列问题，需要进一步研究。同时，智能工厂的设计理念向前延伸。不同于传统的逆向工程，而是在工程设计阶段就考虑并梳理智能工厂建设需求，提出智能工厂的设计条件，融入各专业设计，开展风险、可靠性等分析，将相关的信息感知、智能运维、生产管控、设备管理、安全环保等要求在设计过程中提前规划，从正向设计推动智能工厂建设。

（2）全厂信息化 EPC 模式。智能工厂的 EPC 建设模式是一种以工程（E）、采购（P）和施工（C）为主要内容的整体工程建设模式。EPC 代表了工程设计、设备采购和施工的一体化合同执行方式。在智能工厂的 EPC 建设模式中，承包商或建设团队负责整个项目的规划、设计、采购和施工。他们承担从工程设计到设备采购和安装的责任，同时也负责保证项目按时交付和满足客户的需求。

智能工厂 EPC 建设模式有以下几个重要特点。

（1）整体性。EPC 建设模式将工程设计、设备采购和施工作为一个整体进行规划和执行。这种综合性的管理方式，能够促使各个环节更好地协调和配合，降低信息传递的误差和沟通的成本。

（2）合同一致。在 EPC 建设模式中，工程设计、设备采购和施工的合同通常是由同一家承包商或建设团队负责签订和履行的。这样可以减少合同之间的冲突和风险，并建立统一的责任和协调机制。

（3）效率提升。通过 EPC 建设模式，项目的规划、设计、采购和施工可以在一体化的框架下快速进行。这种集中管理和协调的方式，可以有效地提高项目的执行效率、减少工期并降低成本。

（4）一体化责任。EPC 建设模式下，承包商或建设团队对整个项目负责。他们需要确保从工程设计到设备采购和施工的各个环节都能按照预期完成，并保证项目交付满足客户的要求。

（5）风险分享。在智能工厂的 EPC 建设模式中，风险是由承包商或建设团队承担的。他们需要面对设计、采购和施工中的各种风险，并采取适当的措施来降低和管理这些风险，以确保项目能够按时、保质完成。

总的来说，智能工厂的 EPC 建设模式以工程设计、设备采购和施工为核心，通过整合资源和优化管理，提高项目的执行效率、降低风险，并最终实现智能工厂的建设目标。在实际建设中，伴随大型炼厂及炼化一体化项目的新建以及对老厂的改扩建，全厂信息化的 EPC 实施模式应运而生。这种模式的优点是强调设计在整个工程建设过程中的主导作用，有利于设计、采购、施工各阶段工作的合理衔接，且质量责任主体明确。EPC 总承包模式在工程建设领域已成熟应用，当前大型新建、改扩建炼厂的全厂信息化建设在技术复杂度、投资额度、项目管理难度等方面同样具备采用 EPC 模式的条件，信息化设计与工程设计同步，实现智能工厂整体规划、整体设计、整体开发、整体实施和统一交付。这一模式已成功运用于中科（广东）炼化有限公司、福建古雷石化有限公司等多家石油化工企业炼厂的建设。

4. 智能工厂建设的五大策略

智能工厂是一种赛博物理深度融合的生产系统，它通过数字孪生、CPS 等的设计与实施，进行工业 4.0 的横向集成、纵向集成和端到端集成的三大集成，实现制造系统构成可定义、可组合，制造工艺流程可配置、可验证，从而在个性化生产任务驱动下，可自主重构生产过程和场景，构建出高效、节能、绿色、环保、舒适的个性化工厂，降低生产系统组织难度，提高制造效率及产品质量。

工业 4.0 的提出让智能工厂的概念得到了人们的广泛认可。一方面，人工劳动力成本日益增加，企业招工困难；另一方面，人工智能等新兴技术的出现为各大企业推进智能工厂建设提供了良好的技术支撑。一时间各大工厂纷纷寻求转型升级，而要建设真正的智能工厂应该做到以下几点。

（1）结合核心价值链进行整体规划。智能工厂的建设不仅需要实现 IT 系统与自动化系统的信息集成，对生产过程中的各项数据进行分析处理，实现车间、生产线以及产品的智能化，同时还需要企业在建设智能工厂之前，了解建设智能工厂的关键因素——质量，这个质量不单单指产品质量，更为重要的是建造全价值链质量平台，最终实现平台的信息化，消除各个信息领域的信息孤岛。除此之外，在进行智能工厂规划时，还应该充分考虑各个行业的差异性，根据不同行业生产流程和工艺的不同，建设最为合理化的智能工厂，适应行业生产需求。

（2）建立明确的智能工厂标准。仅拥有自动化生产线和工业生产线的工厂还不能够称为智能工厂。一般来说，智能工厂的衡量标准有如下五点，如图 7-4 所示。标准一，是否实现“车间物联网”，在人、设备与系统三者之间构建完整的物联网，实现交互式通信；标准二，是否利用大数据分析，利用大数据技术建立生产过程的数据模型，优化生产管理；标准三，是否实现生产现场无人化，自动化程度达到一定标准；标准四，是否实现生产过程透明化，生产过程能够被全程追溯，管理人员可以随时查询并进行监管；标准五，是否实现生产文档无纸化，减少纸张浪费的同时提升工作人员的检索速度。同时，还应避免一物多码、通信协议不同所导致的设备系统之间难以集成、管理困难的问题，明确技术标准、数据管理标准。

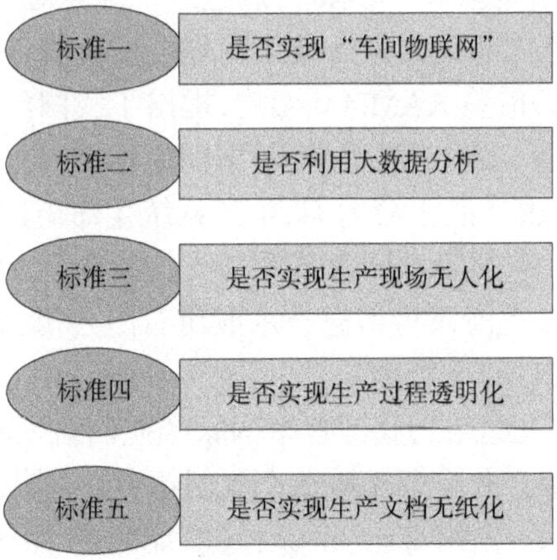

图 7-4　智能工厂的衡量标准

（3）重视智能加工单元建设。智能加工单元是一个最小的数字化工厂，本身可以实现多品种、少批量（单件）的产品生产，建设智能加工单元能够充分利用工厂的资源和设备，利用智能技术将工业机器人、加工中心以及自动化程度较低的设备集成起来，使其具有更高的柔性，提高生产效率，最大限度地保护工厂的现有投资，即工厂既往的设备都可以被重复使用。智能加工单元建设对推进智能工厂的建设十分有利，是未来发展的方向之一。

（4）追求人机协同发展。智能工厂的终极目标并不是要建成无人工厂，而是追求在成本合理的前提下，实现人机配合，满足市场需求。因此，人机协作将成为智能工厂未来发展的主要趋势。在人机合作中，机器人擅长重复劳动的特性得以发挥，人所具有的灵活性，使得对特殊情况可以随机应变，两者相互配合可具备完成复杂生产工作的能力。人力还能用于执行创造性的工作，满足市场中个性化定制的需求。

（5）积极应用新兴技术。在智能工厂的建设过程中，企业应当培养自身的科技意识，积极尝试和应用新兴技术，特别是人工智能技术，更好地建设智能工厂。例如智能语音，通过语音唤起应用，使得工厂功能的调用更为便利，通过企业资源规划应用与工厂设备的连接，用语音唤起工厂设备实现运行，生产效率得以提升；图像智能识别，避免手工录入工作单据，提高了精确性，减少工作中的差错；还有 AR 技术，辅助工作人员进行高效率的生产工作，引导维修人员快速发现设备问题所在，定位故障点。除此之外，还有可视化仿真、离散事件建模等新兴技术，提高产品质量，保障工厂生产安全。

7.3 智能工厂的体系架构

2006 年，美国 ARC 顾问集团机构提出从工程技术、生产制造和供应链三个维度描述制造工厂，该模型已被广泛接受。起源于 ISA-95 的 IEC/ISO 62264 标准（对应国标为 GB/T 20720.1—2006，《企业控制系统集成　第 1 部分：模型和术语》）提出了制造企业 / 工厂的五层功能模型，即物理层、感知与操作层、监测层、制造运行管理层以及计划与物流层，但该标准只针对制造工厂而非智能工厂。德国电工电子与信息技术标准化委员会（DKE）于 2015 年公布了工业 4.0 参考架构模型（RAMI4.0），通过三个维度对工业 4.0 的架构进行了描述。2015 年底，我国工业和信息化部和国家标准化管理委员会联合发布的《国家智能制造标准体系建设指南（2015 年版）》借鉴 RAMI4.0 架构，提出了我国的智能制造系统标准架构，其中智能工厂是一个重要子集。2016 年 2 月，美国国家标准与技术研究院（NIST）也提出了智能制造系统框架，该框架由产品生命周期、生产系统生命周期和业务生命周期构成，可以映射成制造工厂。2016 年，在国家发展改革委的支持指导下，由共享装备股份有限公司牵头，新兴铸管股份有限公司、上海汉得信息技术股份有限公司、烟台冰轮智能科技机械有限公司、共享创新中心、铸造 3D 打印智能工厂、国家产业创新中心共享创新中心、银川经济技术开发区等 12 家股东共同发起组建我国首个国家产业创新中心——国家智能铸造产业创新中心，2017 年 6 月注册成立共享智能铸造产业创新中心有限公司。该产业创新中心参考《国家智能制造标准体系建设指南（2015 年版）》《智能制造　系统架构》《智能制造能力成熟度模型》《智能工厂　通用技术要求》等的相关要求，结合铸造行业智能制造实践经验，应用人工智能、大数据、物联网、工业 PON（Passive Optical Network，无源光网络）、5G、3D 打印等技术，设计了包含设备层、单元层、车间层、企业层、协同层的铸造智能工厂体系，如图 7-5 所示。

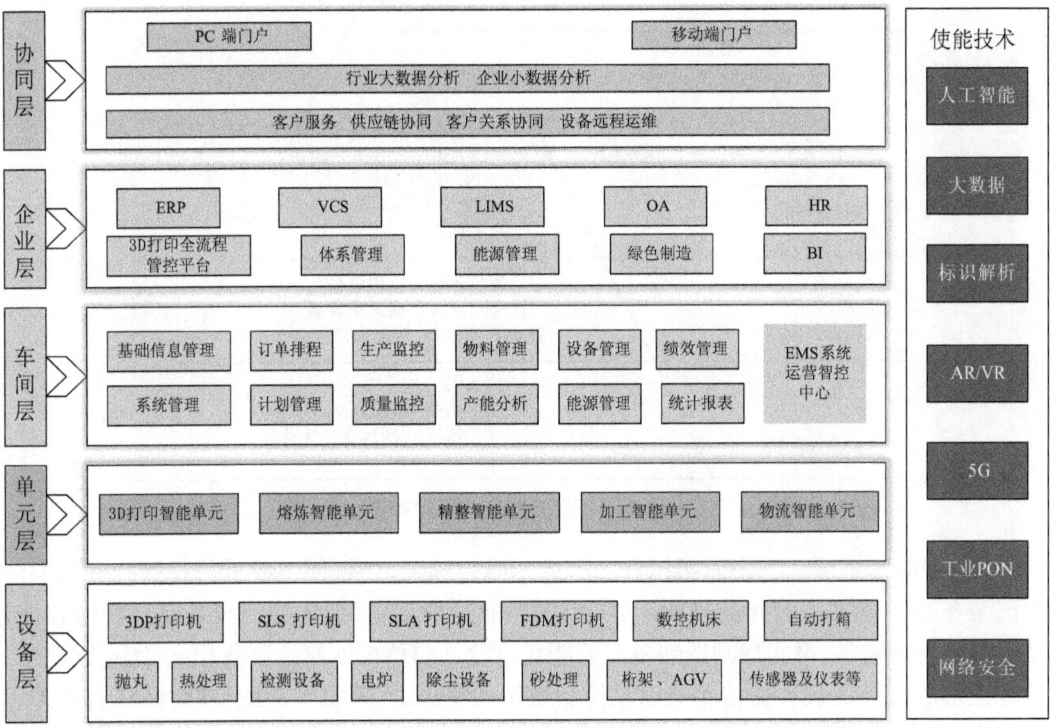

图 7-5　智能工厂体系架构

智能工厂具有丰富的内涵，不同行业的智能工厂需要建立不同的智能工厂模型框架。吕佑龙提出了基于大数据的智能工厂的技术框架；杨春立从制造业生产模式角度归类出三种智能工厂框架模式：①在流程制造领域，从生产过程数字化到智能工厂；②在离散制造领域，从智能制造单元到智能工厂；③在消费品领域，从个性化定制到互联工厂，从数据角度提出自下而上三层次智能工厂框架结构：①整合工厂数据，实现数据共享；②通过仿真对数据进行分析处理，实现产品定制；③改变现有商业模式。齐瑞超等从建模角度提出了智能工厂多层次建模方法：模型库构建、模型抽象、工厂建模、智能工厂仿真系统构建。以上学者从不同角度探讨了智能工厂的理论与框架。

目前，学术界引用较多、认可程度较高的智能工厂框架架构如图 7-6 所示，可以分为基础设施层、智能装备层、智能产线层、智能车间层和工厂管控层五个层级。

（1）基础设施层。基础设施层位于智能工厂五级金字塔的最底层，也是建设智能工厂的基础。智能工厂的建设，首先就是基础设施的建设，企业应该首先构建完备的网络系统，形成集成化的车间联网环境，同时对传感器、PLC、通信协议进行网络互联，保障信息安全，并安装视频监控，实时监督车间的工作状况，保障设备工作的安全进行，控制各项环境参数，从而保障自动化生产以及操作人员的安全，实现智能化管控。

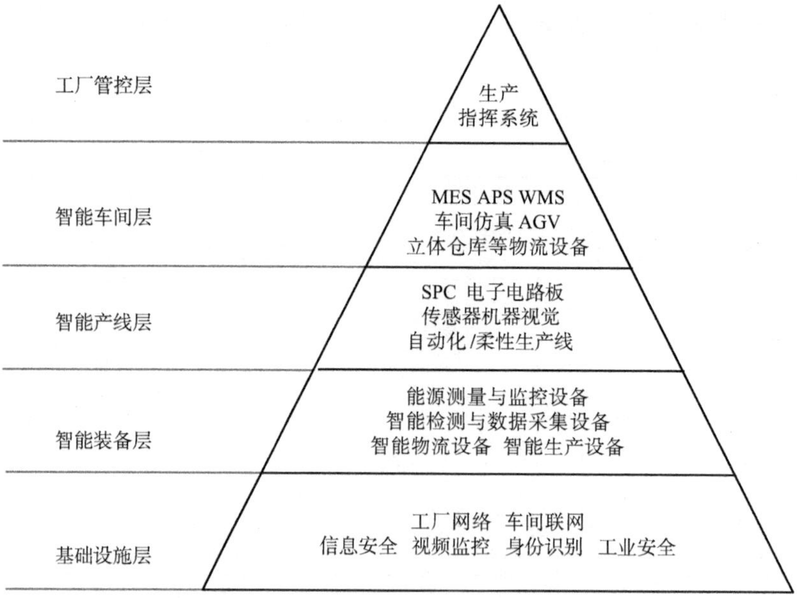

图 7-6 智能工厂五级金字塔

（2）智能装备层。在企业架构好工厂的基础设施层之后，便需要进行智能装备的引进，智能装备是智能工厂运作的重要工具，包括智能生产设备、智能检测设备以及智能物流设备。引入智能装备，可实现制造装备向智能化过渡。与传统的制造装备相比，实现智能化后的加工中心能够通过各类传感器以及控制系统的集成，实现自主装配，同时还具有误差、温度补偿，在进行加工工作的同时进行检测，大大提升生产效率。有些企业甚至已经开发出了能同时实现增材制造和切削加工的混合制造加工中心，结合智能化的物流设备，进行高效生产与运输。

（3）智能产线层。引进智能装备替代传统生产设备后，还应该建立智能产线。在智能产线中，对于需要人工操作的地方，智能化的设备可以对工作人员进行引导和提示，进一步实现人机的有效交互。同时，智能产线能通过传感器以及数控系统自动进行生产作业以及对产品、能耗等的信息采集，实现真正的柔性自动化。在设备出现故障的情况下，智能产线能对整个生产线实时进行调度，将经济损失降到最低，保障生产效率。

（4）智能车间层。建设好智能产线，就能更进一步实现对生产过程的有效管控，建立智能车间。在基础设施层所建立的网络基础上，利用制造执行系统（MES）、先进生产排产（APS）以及劳动力管理等软件进行高效的生产排产和合理的人员排班，再通过物流的智能化，及时对成品进行运输，最大化提升生产运输效率。

（5）工厂管控层。工厂管控层位于智能工厂五级金字塔的顶端，其主要是通过生产指挥系统实时调度各个车间，通过对生产过程中各项数据的监控来实现车间与车间直接的协同，最终保障完整的智能工厂生产流程。近年来，PCL 和 DCS 控制系统在企业的生产管控中得到了广泛运用，许多离散制造企业建立起中央控制室来实时监测工厂的运营，实时列出数据，工作管理人员能够直观地发现工厂运作过程中存在的问题并及时解决。

7.4 智能管理系统

随着制造系统的升级发展，传统的管理监控系统已不能满足日益复杂的管理需求。智能管理系统利用先进的计算机网络技术与智能技术，实现管理流程的自动化、可控制与可追踪，全面管理生产流程的各个环节。在智能工厂中，一般由企业资源计划（ERP）负责整体供应链的协同，由制造执行系统（MES）负责顶层 ERP 系统与生产过程控制系统（PCS）的连接。

7.4.1 制造执行系统

ERP 系统以企业战略管理和资源计划为核心，赢得了越来越多企业的认可。但是 ERP 系统从全局制订计划和进行管理时，需要基于工厂层的统计信息，如订单的进度、物料的有效利用率、设备的使用情况等。同时，工厂层的生产过程所涉及的人员、物料、设备等的管理、调度、跟踪以及对生产异常情况的实时响应等，是传统意义上静态的 ERP 系统无法实现的。因此，为了在上层的 ERP 系统和底层的控制系统之间架起桥梁，制造执行系统（MES）应运而生。

1990 年，美国先进制造研究机构（Advanced Manufacturing Research institute，AMR）右其的报告中首次提出 MES 这一概念，将 MES 定义为位于上层的计划管理系统与底层的工业控制之间的面向车间层的管理信息系统，接着又于 1992 年提出了 AMR 三层模型。AMR 把企业信息系统分为三层：计划层、执行层和控制层，如图 7-7 所示。用 MES 描述计划和控制层间即 MRP（Material Requirement Planning，物料需求计划）和控制层间模糊的区域。1992 年，由处于 MES 开发和应用前沿的公司组成的商业协会——国际制造企业解决方案协会（Manufacturing Enterprise Solutions Association (MESA) International）在美国成立。这三件事是 MES 从应用实践走向理论研究高度的里程碑，此后 MES 成为企业信息系统研究领域的新热点。

制造执行系统在计划层与底层控制层之间架起了一座桥梁，填补了两者之间的空隙。一方面，MES 可以对来自 MRP Ⅱ/ERP 软件的生产管理信息进行细化、分解，将操作指令传递给底层控制；另一方面，MES 可以实时监控底层设备的运行状态，采集设备、仪表的状态数据，经过分析、计算与处理，触发新的事件，从而方便、可靠地将过程控制系统与信息系统联系在一起，并将生产状况及时反馈给计划层。

如图 7-8 所示，MES 系统分三层组织，数据流动方向如图 7-8 中箭头所示。以车间管控层为主，将制造工艺、制造资源、作业任务、执行过程记录、运行状态控制等多个种类的数据信息存入数据库，实现中间所示制造资源管理、作业计划创建、生产调度、运行监控、数据分析等功能；向上与企业应用层（ERP、OA 系统等）的集成，通过集成接口调用与按规定格式的文件导入、导出实现；向下与作业执行层的集成包括设备参数、环境参数、试验检测数据等内容，其中试验检测包括工序检验、成品制样检测等，通过与现场总线数据接口、检测设备数据接口集成实现。从软件架构层面看，MES 系统既要在系统内部实现对车间运行中多方业务的全面管控，又要通过多种方式的系统集成纵向连通企业应用层、作业执行层。

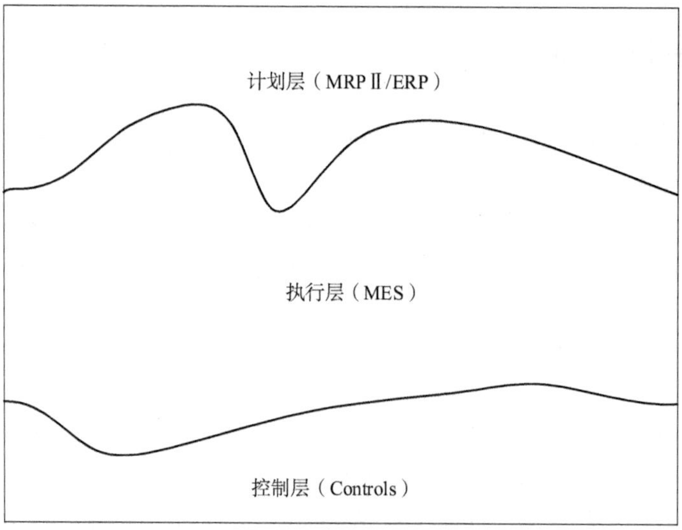

图 7-7 AMR 提出的三层企业集成模型

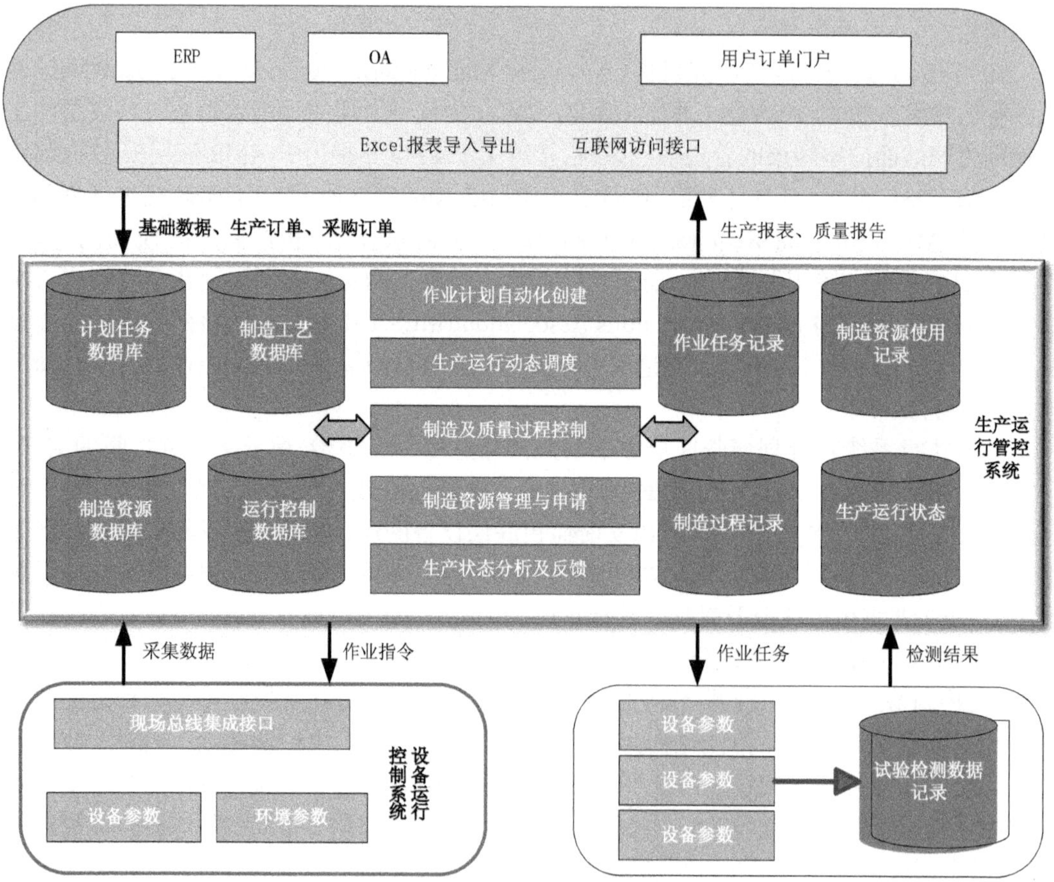

图 7-8 MES 系统软件架构

基于 ERP、MES、PCS 构建企业综合自动化系统三层结构体系，已成为现代企业实现综合自动化的主要途径与发展趋势。在该结构体系中，各层的分工明晰，具有以下功能特点。

（1）ERP 为企业决策层及员工提供决策运行的管理平台，负责年/季度等生产计划制订、库存控制和财务管理，侧重于优化企业生产组织、生产管理、经营决策等；

（2）MES 的目标是优化运行、优化控制和优化管理，起承上启下、运筹调度的桥梁中枢作用，作为基础数据处理平台，具有生产调度、物料跟踪、生产过程资源配置管理、质量管理、流程模拟以及生产过程系统数据采集、模型计算及过程优化等功能；

（3）PCS 有效地对生产工艺过程进行高精度控制，包括过程控制、仪表控制、电气控制和执行结构控制（各种信号转换、驱动控制设备），确保产品在质量、成本、交货期等方面具有强大的竞争力，其主要功能是完成设备对工艺过程的控制。

国际制造企业解决方案协会于 1997 年提出的 MES 功能组件和集成模型，包括 11 个功能模块，同时，MESA 也规定只具备 11 个之中的某一个或几个，也属 MES 系列的单一功能产品。MES 的 11 项功能包括：①生产资源分配与监控；②作业计划和排产；③工艺规格标准管理；④数据采集（装置在线连接，采集实时数据和各种参数信息，控制系统接口生成生产数据记录、质量数据、绩效信息、台账累计）；⑤作业员工管理；⑥产品质量管理；⑦过程管理（过程控制、先进过程控制、基于模型的分析与模拟、与外部解析系统的连接）；⑧设备维护；⑨绩效分析；⑩生产单元调度；⑪ 产品跟踪。

也有将 MES 的功能分为具有 15 项的，即数据采集/获取、性能分析、产品跟踪与系谱、文档控制、质量管理、维护管理、人力资源管理、过程管理、资源配置和状态、生产单元分配、操作/详细调度、物料储存和运输、成本管理、作业排序、动态调度以及执行跟踪。

MES 的核心功能模块包括设计系统界面（Planning System Interface）、工作订单管理（Work Order Management）、工作站管理（Work Station Management）、库存量追踪与管理（Inventory Tracking and Management）、物料搬运管理（Material Movement Management）、数据采集（Data Collection）和例外管理（Exception Management）等单元。

MES 的辅助功能模块包括维护管理（Maintenance Management）、工作时间与出缺席（Time and Attendance）、统计过程控制（Statistical Process Control）、质量确认（Quality Assurance）、过程数据/性能分析（Process Data/Performance Analysis）、批次/产品跟踪（Genealogy/Product Tractability）、供应商管理（Supplier Management）等单元。不同的企业生产特点不同，采用的 MES 体系结构也不同。以多品种、小批量机械制造企业的 MES 来说，管理的重点是产品生产的执行过程，作用是以分钟或小时为单位平衡整体的生产能力，对产品的制造过程进行跟踪。MES 层的计划系统基于工程的详细状况，综合考虑产品交货期、生产工艺限制、生产顺序优化等，制订生产作业计划，进行动态生产调度。其信息交互如图 7-9 所示，其中，MES 向计划层提交生产能力、材料消耗、劳动力和生产线运行性能、在制品的存放位置与状态、实际订单执行等涉及生产运行的数据，向控制层发送生产控制指令及生产线运行需要的各种参数等，同时，分别接收计划层的中长期计划和控制层的数据采集设备的实际运行状态数据等。

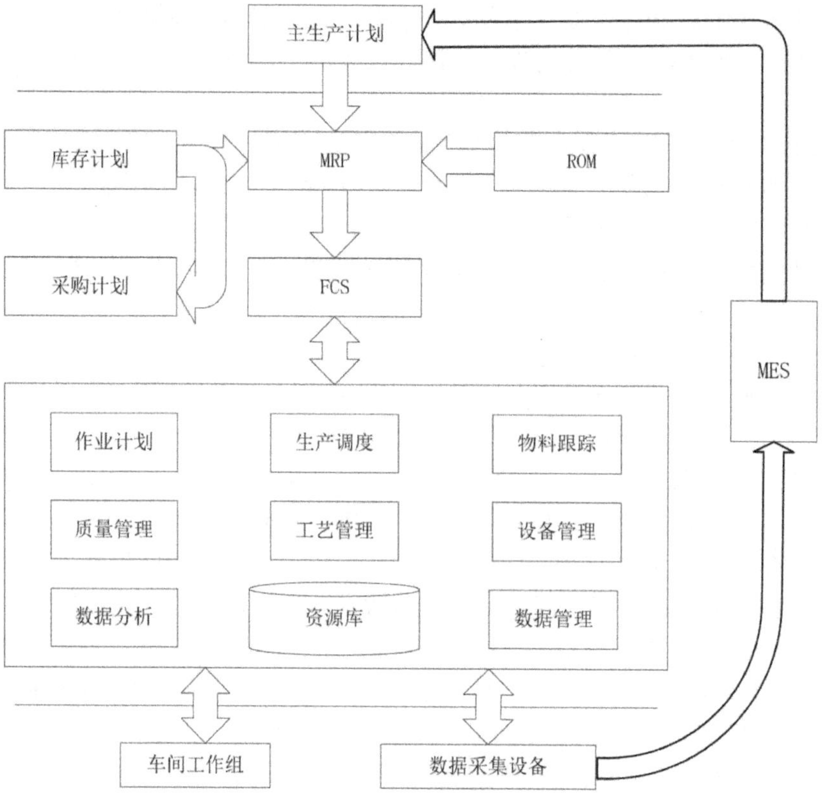

图 7-9 MES 与计划层和控制层的信息交互

随着市场经济的成熟和发展,对制造企业来说,客户需求越来越即时化和多样化,订单也趋向小批量和快周期。同时,21 世纪的制造企业面临着日益激烈的国际竞争,加上市场细分带来了消费需求的个性化发展,要想赢得市场、赢得用户就必须优化生产制造过程,缩短产品生命周期,严格控制生产过程,提高产品质量。许多企业通过应用 MRP Ⅱ/ERP 来加强管理,然而,这些顶层的宏观管理系统无法监控具体的生产流程,在对制造企业来说最为重要的生产管理环节出现了管理空白。因此,为了提高综合竞争力,随着精益生产理论的推进,企业还需要一套高度精细化和智能化的制造执行系统来控制整个生产过程,以使企业向生产制造柔性化和管理精细化方向发展,提高市场应对的实时性和灵活性,降低不良品率,提高生产线的运行效率,降低生产成本。

以汽车生产为例。在生产过程中为了提高产品质量及生产效率,每一个生产阶段都需要经过严格的产品质量检验、生产追踪、供料严格测试等,为了节省人力、物力、财力及时间,生产上一般都配有自动化生产设备及精密仪器,并通过建立 MES 实现以下功能。

(1)生产计划/生产排程。MES 可以根据生产计划变更,实时提供生产指示,使生产同步,可以通过管理工作站查询未来几天的日生产计划及生产排程信息,并根据实时情况更改现场生产计划。

(2)生产线控制。MES 自动收集生产实时信息、WIP(Working in Progress,车间生产管理)状况等,通过看板显示当前的目标台数、已生产台数、差异值等,可以动态显示车体分布情形，追溯每个车体的分布位置等，管理生产进度。

（3）停线原因管理。MES 收集现场停线情况，自动分析停线原因，并确定责任。

（4）次品管理。MES 可以实时显示次品状况、次品待补零件指示，在最短时间内完成次品补修，并可以实时追踪次品车。

（5）人力资源管理。MES 可以计算各部门组织生产所需的人力产能，对当前的人力产能进行分析，以供人力调配参考。

（6）产品质量管理。MES 可以收集产品质量状况，进行实时统计与分析，发现生产异常情况，及时调整。

（7）准时供料指示。MES 可以根据生产排程给出供料指示，使物料供应与生产同步，按照车身上线顺序，自动通知生产线、供应仓库需要供料的时间、地点和数据量，实现精准控制。

再以机械制造业为例。机械制造业的水平可以反映出一个国家的工业发展水平。目前，机械制造业升级的关键除了实现生产自动化以外，还需要提高企业管理水平，其中现场信息的采集及利用由 MES 进行，具体内容如下。

（1）全线总览。MES 实时监控各机器设备的状态，显示故障、停线、瓶颈设备等信息，实时显示生产进度、产品质量状况等。

（2）设备整合。MES 通过连线作业，合理安排各机台的加工顺序，以计算机为核心，按照“计算机→生产设备→计算机”的加工程序来提高设备使用效率。

（3）设备工作状况显示。MES 可以实现监控机器设备、查询以及效率分析等功能。

（4）排程管理。MES 可以实时查询各工单的投入时间、完工时间，还可实现异常工单（进度落后、工程变更、插单等）的查询及处理。

（5）进度掌握。应用 MES 可以实时掌握工单的实际进度，与预期进度进行比较，实时掌握在制品情况以及各在制品的加工进度。

（6）产品质量监控。通过 MES 可以实时统计各工作单元不合格品数目与比例，实时统计不合格品产生的原因，避免造成整批产品不合格。

（7）异常管理。MES 可以记录线上所有异常状况，包括异常现象、原因、发生时间、持续时间、处理方法及结果等。除此之外，MES 在电子产品制造企业、流程企业（如水泥企业、石化行业、烟草行业）等的应用也较多，可以根据行业特点参考相应案例。

在实际的车间生产过程中，制造信息庞杂、信息量大，而且车间生产过程中不仅普遍存在各种不确定性因素（如急件订单的不确定性、物料的意外延误、设备故障的随机性、工艺设计的主观性、操作人员误操作的偶然性等），而且还存在大量不精确信息（如物料到达工位的时间、零件的人工装夹时间、零件的辅助加工时间、人工搬运时间等）和不完备信息（如原材料的质量状况、在制品质量状况等），甚至存在很多病态、残缺、矛盾、冗余信息等等，上述信息可统称为“非常规信息”。上述非常规信息条件下的车间生产管理决策机制与传统的硬决策方法具有本质的区别。但现有 MES 系统中有关车间生产活动的决策往往建立在这些非常规信息的基础上，所以传统的硬决策结果难免与车间生产实际相偏离。因此必须寻求新的生产决策理论与方法以适应敏捷制造环境的需求。

信息是决策的基础。MES 中的有效信息处理机制是保证 MES 运行敏捷化的前提。为了对车间非常规信息条件下的软决策提供支持，必须研究相应的智能信息处理方法，如数据挖掘与知识发现、信息搜寻与自组织、信息集成等，它是保证车间生产管理科学决策的基础。在智能信息决策领域，数据挖掘（DM，Data Mining）及知识发现（KDD，Knowledge Discovery in Database）技术已成为前沿研究热点之一，并取得了丰硕的成果。分布式人工智能及智能决策理论为车间生产管理决策提供了一种智能化系统分析的理论和方法，神经系统、模糊分析和软计算理论为非常规信息条件下的决策方法提供了具体的决策建模和控制工具，但目前还没有将上述理论与方法综合、系统地应用于 MES 运行敏捷性方面研究的报道。

另外，在 MES 结构设计方面，近年来迅速发展的软件构件复用技术、集成计算模式和分布式对象技术等为 MES 应用软件的开发提供了一种面向分布式制造，具有分布性、广泛性及开放性的新型信息集成与计算模式，使得符合接口标准的功能构件可以方便地以即插即用的方式组装到 MES 中，从而实现可重用、可重构、可扩充、可伸缩和开放式的 MES 体系结构。

7.4.2 企业资源计划

企业资源计划（ERP）是由著名咨询公司——高德纳（Gartner Group）在 1979 年提出的企业管理概念。ERP 最初被定义为应用软件，但迅速为全世界商业企业所接受，现在已经发展成为一个重要的现代企业管理理论，也是一个实施企业流程再造的重要工具。ERP 是一个创建在信息技术基础上的系统化管理思想，同时也是为企业决策层及员工提供决策运行手段的管理平台。

不同组织、研究机构对 ERP 的定义有很多，典型的有以下几种。

定义 1：ERP 是用于改善企业业务流程性能的一系列活动的集合，由基于模块的应用程序支持，它集成了从产品计划、零件采购、库存控制、产品分销到订单跟踪等多个职能部门的活动。

定义 2：ERP 是一种对企业所有资源进行计划和控制的方法，这种方法以完成客户订单为目标，涉及订单签约、制造、运输以及成本核算等多个业务环节，广泛应用于制造、分销、服务等多个领域。

定义 3：ERP 是一个工业术语，它是由多个模块的应用程序支持的一系列活动组成的。ERP 可以帮助制造企业或者其他类型的企业管理主要的业务，包括产品计划、零件采购、库存维护、与供应商交流沟通、提供客户服务和跟踪客户订单等。

定义 4：ERP 系统是一种集成了所有制造应用程序以及与制造应用程序相关的其他应用程序，用于整个企业的信息系统。

定义 5：ERP 系统是一种商业软件包，允许企业自动化和集成主要的业务流程、共享通用的数据且分布在整个企业范围内，并且提供了生成和访问业务信息的实时环境。

定义 6：ERP 系统是一种商业战略，它集成了制造、财务和分销职能以便实现动态地平衡和优化企业的资源。

定义 7：ERP 是一个信息技术工业术语，它是集成的、基于多模块的应用软件包，为企业的各种相关业务职能提供服务。ERP 系统是一个战略工具，它通过集成业务流程可以帮助企业提高经营和管理水平，有助于企业优化可以利用的资源。ERP 系统有助于企业更好地理解涉及的业务、指导资源利用和制订未来计划。ERP 系统允许企业根据当前行业的最佳管理实践标准化其业务流程。

从以上各种定义可以看出，ERP 是一个集成了各种模块，用于管理企业主要业务流程的系统，ERP 系统的目标是改进和优化企业的内部业务流程，提高企业的管理水平，降低成本，增加效益。ERP 系统的构成包括 ERP 软件（实现产品计划、零部件采购、库存管理、产品分销、订单跟踪、财务管理和人力资源管理等职能）、流线化的业务流程（包括战略计划层、管理控制层和业务操作层）、终端用户（高层、中层、底层业务员）、支持 ERP 软件的硬件和操作系统等四部分。ERP 在不同层次都有其作用，在业务操作层可以降低业务成本；在管理控制层可以促进实时管理的实施；在战略计划层可以支持战略计划。ERP 系统的核心思想是对整个供应链资源进行管理，能够进行事先计划与事中控制，并随着时代发展，体现精益生产、并行工程和敏捷制造的思想，其中并行工程（Concurrent Engineering）是一种现代产品开发和生产管理的理念，强调在产品设计和开发过程中，多个部门（如设计、制造、质量、采购等）同时协同工作，而不是按照传统的串行方式逐个阶段进行。

而企业资源计划与制造执行系统集成，主要体现在 ERP 与 MES 两大系统之间信息的集成，其集成水平依赖于系统之间的协同能力。系统交互内容的规定以及信息交互方式的统一能够破除系统之间的信息交换障碍，通过改善企业内的信息传递、系统协调方式，使企业的制造执行过程和制造资源信息互联互通，从而提升生产效率、降低制造成本。

企业 ERP 与 MES 系统信息集成框架，如图 7-10 所示。

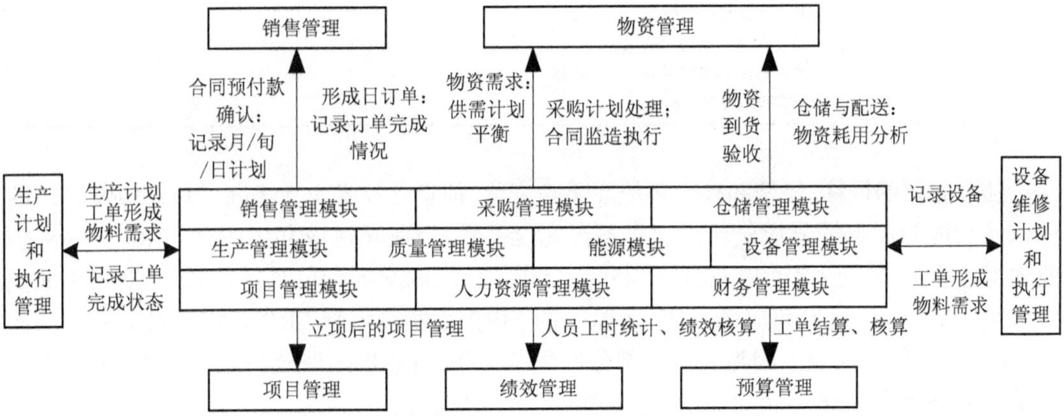

图 7-10　企业 ERP 与 MES 系统信息集成框架

ERP 的核心思想是体现对整个供应链资源的管理；体现精益生产、并行工程和敏捷制造的思想；体现事先计划与事中控制的思想。但是，ERP 系统不是一个完全成熟的系统，还需要不断地发展和完善。高德纳公司又提出一个新的概念——ERPⅡ，管理范围更加扩大，运用最先进的计算机技术，继续支持与扩展企业的流程重组。与 ERP 系统相比，ERPⅡ系统的最大优点是集成了协同电子商务，允许位于多个不同地理位置的合作伙伴公司以基于电子商务的形式交换信息。因此，ERP 系统的管理思想和管理内在不断发展变化。ERP 系统的实施过程和实际应用也在不断完善，未来 ERP 系统应结合新的技术如物联网、数字孪生、区块链等不断发展。

在高德纳公司最早对 ERP 的设想中,系统可用于管理整个供应链的必要条件,同时也是系统的核心,被称为两个集成——内部集成(Internal Integration)和外部集成(External Integration)。其中,内部集成包含了产品研发、核心业务、数据采集:外部集成包括企业与供应链上合作伙伴的集成。各模块所包含的具体功能如表 7-1 所示。

表 7-1 高德纳公司设想的 ERP 体系

内部集成	产品研发	成组技术(GT) 计算机辅助设计(CAD) 计算机辅助工艺设计(CAPP) 产品数据管理(PDM) 产品生命周期管理(PLM) 电子商务支持下的协同产品商务(CDC)
	核心业务	MRP Ⅱ 基础 制造执行系统(MES) 人力资源管理(HR) 企业资产管理(EAM) 办公自动化(OA)
	数据采集	(质量)统计过程控制(SPC) 结合流程控制的分布控制系统(DCS) 射频识别技术(RFID)
外部集成	客户关系管理(CRM) 供应链管理(SCM) 供应商关系管理(SRM) 供应链例外事件管理(SCEM) 仓库管理系统(WMS)	

随着时间的推移,经济和社会环境在不断变化,信息化技术也在不断发展, ERP 系统的体系及功能与高德纳公司最初的设想不再完全一致,但业界达成共识的是: ERP 是一种企业内部所有业务部门之间以及企业同外部合作伙伴之间交换和分享信息的系统;是集成供应链管理的工具、技术和应用系统;而原本的 MRP Ⅱ 模块则是 ERP 系统中最为核心的部分,企业其他部分或业务因为和核心部分产生了关联,也逐步拓展成为 ERP 系统的一部分。要了解 ERP 系统的体系架构和功能,必须从这几个核心模块入手。

(1)核心——MRP Ⅱ 系统。一个生产企业最为核心的是产供销部分,而制造业又将生产作为中心,最初的 MRP 系统据此形成。企业的销售中包含直接的订单数据,也会根据历史销售数据以及对市场需求的把握进行需求预测。整合不同渠道的销售数据以确定主生产计划,一般来说这是对产品时间及对应数量的判定。根据产品结构图能够获得各型号产品的物料清单,再与主生产计划结合,则得到了相应的物料需求计划(即最早的 MRP),原料的需求时间、数量以及车间生产的安排也就确定了。

而在 MRP 应用过程中,上一层面计划可行而展开至下一层面时生产能力不足的现象时有发生,因而又将能力计划结合到系统中。此外,在生产中尽管产供销在系统中都得到了体现,但这些数据都未能体现在成本、财务的计算中。计划效果究竟如何,成本究竟是降低了还是增加了，缺乏相关的数据和信息帮助做出判断；同时，销售、生产和采购涉及资金的使用，所以也出现过计划时对资金考虑不足而无法按时采购到物料的情况。因此，在 MRP Ⅱ 中将财务的部分考虑进去，不仅对生产过程进行了成本核算，还对产供销环节进行了财务管理（应收账、应付账、总账）。

除了让企业维持正常的生产，这些功能可以发挥更大的作用——通过数据分析为企业提供决策支持。管理者可以查看系统中的各项数据，也可以通过这些数据所反映出的信息对之后的生产进行安排，甚至可以进行更长远的决策，比如是否需要研发新产品、是否增加生产线等。至此，作为 ERP 系统核心的 MRP Ⅱ 系统中就包含了最基本的产供销管理及相应的物流、信息流及资金流管理。

（2）内部关联业务——拓展模块。MRP Ⅱ 系统覆盖产供销环节中最为基本的物流、资金流和信息流。随着经济社会的发展，企业、顾客之间以及企业之间的关联增强，对企业的管理水平也提出了更高要求，相关业务也需要纳入系统中进行统筹管理。

物料需求在企业内涉及两个方面，即物料的存储及采购，因此其功能拓展为两个功能模块：采购管理模块、库存管理模块。而后者不仅仅在分析物料需求的过程中有所涉及，在销售时同样需要考虑产品的库存管理。

车间生产本身包含了非常多的信息和环节，也涉及不同的部门。在物料需求计划基础上对车间生产进行安排时，详细的排产计划是必不可少的，在 ERP 系统中常常设置为高级排产工具（APS）。车间的生产涉及人员的配置、薪酬，设备的日常管理及维护等，因此需要设置设备管理、人力资源管理功能。企业中不仅仅是生产过程需要人员的参与，其他部门和环节也同样需要人力资源管理，所以这一项功能可以是一个相对独立的模块，与企业的人力资源部门相对应。

另外，除了生产设备以外，企业还会有各种固定资产，可以在 ERP 系统中设置对应的固定资产管理功能，其管理角度和侧重点与设备管理不同。而成本核算在 ERP 系统中将与更多部门和环节关联，因此它也不仅仅是针对物料需求和车间生产进行，可以拓展为成本管理，包含更多的成本信息，在企业管理中发挥更大的作用。此外，企业在采购、生产、销售环节都不能缺少质量控制，因此系统中还需要设置质量管理功能模块，它在物料的采购、入库、生产、销售、售后等环节都应发挥作用，并且可以为企业制定一定的质量控制标准，质量标准还可以拓展至供应链上下游企业。

（3）外部关联业务——供应链模块。从供应链角度而言，最直接的关联是与上游供应商和下游分销商（也可能是顾客）之间的信息流及物流传递，这个过程伴随着资金的流动。从需求端而言，销售管理可以细分为订单管理、分销管理和需求预测，根据不同场景和行业、企业特点选择不同的模块。从供应端而言，企业内部的采购管理是一个接口，既要与企业内部的库存、生产计划进行匹配，又需要与上游供应商进行协调、匹配，以达到准确采购的目的。当然，以上无论是内部功能模块的拓展，还是外部功能模块的拓展，都离不开财务的身影，因此财务管理的模块是 ERP 系统中一个相对独立但是又与其他各个功能模块都有所关联的模块。此外，对整个系统而言，所有的信息、数据经过一定的采集和分析，都可以为管理层提供决策基础。因此，数据管理和决策的模块也会存在于系统中。

总结而言，ERP 系统包含的功能模块通常有：销售管理（订单管理、分销管理、需求预测）；采购管理；库存管理；主生产计划；物料需求计划；能力需求计划；车间管理；设备管理；高级计划与排产；质量管理；数据管理；人力资源管理；成本管理（为便于成本核算，可提取为一个独立模块）；财务管理（应收账管理、应付账管理）；固定资产管理；决策。即使部分功能在系统中作为相对独立的模块存在，但它们互相之间仍存在着一定的关联，甚至有的模块是紧密相关的。这些功能组合起来，形成一个有机的整体，让企业维持良好的运转，并且通过功能的调整还可以帮助企业提高管理水平、改进生产效率、降低成本、提升产品质量。ERP 系统不仅仅是一个软件、一个信息系统和平台，也是一种管理理论和思想。它利用企业的所有资源，包括内部资源与外部资源，为企业制造产品或提供服务创造最优的解决方案，最终达到企业经营目标。由于这个理论和思想的实施必须借助信息化技术，所以使人提到 ERP 系统时多将其看作软件，这是一种误解。相应地，在不理解 ERP 系统思想的情况下，仅仅希望通过 ERP 软件系统的使用来提升企业的管理水平、完成企业的转型升级，也是不现实的。这也是一些企业匆匆上线 ERP 系统却没能达到预期目的的原因。

7.4.3 智能管理系统在智能工厂中的应用

智能制造企业内部平台是一个庞大的系统，不同层面的功能模块可能出现交叉或是界限模糊的情形。在某些企业，销售、生产计划、采购、工艺选择、人员管理、质量控制、生产过程监控、设备管理、仓储管理等可能作为不同模块整合在 ERP 系统中。而有的企业和平台则可能将某些模块作为单独的部分考虑，或是整合在 MES 系统等中，或是某些模块中的一部分和 MES 、FMS（Flexible Manufacturing System，柔性制造系统）部分整合在一起，实现形式是比较多样的。

下面的介绍将先从制造企业的典型业务流程入手进行说明，以了解传统的 ERP 系统会考虑到哪些方面，再结合微型智能工厂实训平台来具体说明，这样对某个功能或模块就能有一个直观的认识。制造企业的典型业务流程可以简单概括为产品预订→生产计划→生产制造，另外财务将会贯穿于整个流程。

（1）产品预订。产品预订也可称为“接单流程”，这是企业生产的起点——客户向销售部下达订单，销售部经确定后传达到生产计划部门。有的企业不完全是依靠客户订单来安排生产的，它们更多的是生产出产品后直接投向市场，这样客户能在市场上第一时间买到相应的产品，生活中的很多商品都是如此。简单举个例子，我们日常生活中购买的瓶装水，通常都是摆放在货架上，直接购买即可，并不需要先去订购，所以这一类产品在生产时的“预订”就不是由客户来决定的，而是由市场销售部门根据市场调研、过往销售数据、经济环境等诸多因素综合给出市场需求量的预测数据来决定的。同样也是瓶装水，如果有某公司因为活动需要进行定制，这时候它直接与瓶装水生产厂进行对接、下达订单，则是前面所说的“接单”。对于销售部门而言，两方面的数据都需要考虑，既要将客户下达的订单数量准确传递给生产计划部门，又不能落下订单以外的市场需求，当然这与制造企业所处的行业、企业本身的性质都有关。

由于智能工厂考虑的是客户直接通过互联网下订单，且可以上传自己所需要的印章图形，此处我们可以认定产品的需求都是由订单产生的，也就是说当客户在网上提交了订单则启动了产品的预订，也就开始进入生产的环节。客户修改、取消订单，或是其他与订单相关的事务，也都属于销售部门的工作范畴；当订单信息得到最终的确认才会继续传递给下一个部门。因此，在企业或工厂中，与客户的沟通、产品预订、需求预测等一系列工作通常是由销售、市场等部门完成的，而这也成为 ERP 系统的一个重要模块，也是生产计划制订的基础数据来源。

（2）生产计划。生产计划部门获取了销售部门所给的数据后，通过 MRP 模块来确定所需要的物料数量、物料需求时间，送达采购部门；确定生产的时间和数量，送达生产车间。采购部门核对、确认采购要求后发给供应商，并进行相应的跟进工作。

生产计划部门会首先根据销售部门所给的数据制定一个生产规划，常见的是以月为单位调整和确定每月大致所需的人力、总工时等。对于需求波动明显的，可能通过库存、人力等方式进行调整和平衡。在生产规划的基础上，将时间单位调整得更小一些（如周），确定每周所需要的每种产品的数量，这被称为主生产计划。在制订主生产计划的过程中，需要对其可行性做简单的判定，也就是需要做粗能力需求计划，从人力、设备、资金、工时数等角度审核。若发现粗能力需求计划不可行，则需要调整原有的主生产计划，甚至可能需要再回到上一个步骤对生产规划做出调整。这几个步骤可能会反复进行直到粗能力需求计划可行，得到的主生产计划则会进入下一步——分解为物料需求计划。

制订物料需求计划（MRP）的目的是给出合适的物料（包括原料、零部件以及生产资源）需求时间和数量，然后将其传递给采购部门，生产的时间、工艺要求则告知车间。

在主生产计划转换为物料需求计划的过程中，需要产品的 BOM 和库存数据。BOM 会清晰地标注生产一个产品所需要的最终原材料和零部件的数量，以及这些原材料和零部件应该提前多少时间准备好，我们称之为提前期。提前期包括了生产、装配所需要的时间，也需要考虑原材料和零部件所需要的采购时间。根据 BOM 和主生产计划，生产计划部门就能计算出不同时间点哪些原材料和零部件应该就位，应该进行哪个环节的生产以及生产数量是多少；再结合库存数据，采购部门就能很明确地知道应该在什么时间向供应商订购多少数量的原材料和零部件。

在主生产计划转换为物料需求计划的过程中，即使已进行做过粗能力需求计划，但由于物料需求计划比主生产计划更为细致，不同产品在设备上的生产时间也不同，前后衔接时出现等待是常态，因而粗能力需求计划中估算的数据往往是不准确的，到物料需求计划层面最容易出现的就是某个时段某种设备产能不够的问题。因此在制订物料需求计划的过程中，需要通过能力需求计划来验证其可行性。这个过程和主生产计划的制订类似，也极容易出现反复，物料需求计划经常需要修改，甚至可能要返回到上一层对主生产计划做出修改，只有这样才有可能得到可行的物料需求计划。因此，物料需求计划的分解是整个生产计划中的核心，也是生产计划中最为复杂的部分，学术界和实业界也提出多种算法以更快、更有效地获得一个可行的甚至是优化的物料需求计划。当物料需求计划确定后，物料需求信息和生产信息（包括时间和相应的要求、数量）则分别传送给采购部门和生产车间。

ERP 系统的功能远多于 MRP 系统，因此部门之间的信息传递可以更为快速、有效，通常反馈标台动处理机制也设计得更好。在 ERP 系统应用的过程中，针对 MRP 系统中最为核心的物料需求计划及能力需求计划反复调整的部分，可以设置一定的规则由系统自动进行计划和调整，只需要在某些特殊情况下考虑人工方式，以尽量减少人力的工作量。

在微型智能工厂中，当不同用户的订单信息传递到计划模块之后，计划模块会通过内包的生产计划规则完成物料需求计划，以确定物料递送的具体时间、订单的生产时间等。其中包含了物料的采购，考虑了其在途时间，考虑了产品在不同工位加工所需的时间，以及不同订单之间在工位上的加工顺序等，系统将根据订单的交付时间和数量计算出各工位的生产时刻，并在此基础上配合物料运输时间计算出向系统发起物料采购的时刻，由此系统可以在相应的时间完成采购、物料运输、加工等环节。在计算工位生产时刻的过程中，需要考虑各工位产能，并应用生产计划规则。

（3）生产制造。供应商交货后，采购部门检验、核对无误后物料入库；而生产车间则根据生产计划到仓储部门领取相应的物料，或由仓储部门根据生产需求将物料送至生产车间指定位置，确认无误后完成发料；生产车间在物料就位后按照计划开始生产，生产完毕后将成品入库，仓储部门则可以根据客户订单要求发货。在车间生产制造的过程中，生产的管理控制均包含在"车间管控"模块，这部分可以根据企业规模、管控细致程度等划分为不同模块。比如大型制造企业，这部分可能包括人员管理、质量检验与控制、设备状态监控、生产数据统计等。

在微型智能工厂中，并不存在实质的采购部门，并不特意设置检验、核对环节，而物料交付给客户、配送至生产工位则由系统根据生产计划的安排按期完成。完成所有工序后，产品由系统运输并交付给客户。

7.5 智能工厂建设案例分析

陕西渭河彬州化工有限公司（以下简称"彬州公司"）乙二醇项目是陕西省首套建成投产的煤制乙二醇项目，在技术路线选择、系统配置、设备选型等方面，集合了目前国内外最先进的专利技术与装备，达到了单位产品综合能耗最低的目的，促进了煤炭绿色、高效转化利用。近两年，企业结合自身特点、行业优秀的实践案例及陕西渭河煤化工集团有限责任公司（以下简称"集团公司"）发展战略，制定了"12345 智能工厂蓝图"，并已投入 6 000 多万元，完成了具有自身特色的智能工厂的 1 阶段目标任务，2021 年初，展开 2 阶段建设工作。

1 个愿景。企业规划按照集团公司指引文件的总体要求，建设"安全工厂、绿色工厂、效益工厂、人文工厂、灯塔工厂"。

2 项任务。先完成数字化车间建设，再完成智能工厂建设。

3 个阶段。第 1 阶段，规范级，重点实现企业自动化改造、标准体系制定及业务流程优化；第 2 阶段，集成级，重点建设企业基础数据平台，建设信息化应用系统，打通各业务数据，实现高效协同；第 3 阶段，优化级，重点发力专项技术应用，实现重点业务域智能化技术的落地，提升综合效能。

4 大抓手。以数字化为贯穿和推进主线的自动化、信息化、集成化、智能化建设。

5 项工程。安全提升工程、管理提升工程、效益提升工程、文化提升工程和制造升级工程。

在"12345 智能工厂蓝图"指导下，构建智能工厂总体应用架构。彬州公司智能工厂总体应用架构由 5 个层级和 2 种技术体系组成，其中 5 个层级分别为智能决策层、智能操作层、智能控制层、工业互联网平台层、基础设施层，2 种技术体系分别为信息安全体系和信息标准体系。为便于理解，其简化后的总体架构如图 7-11 所示。

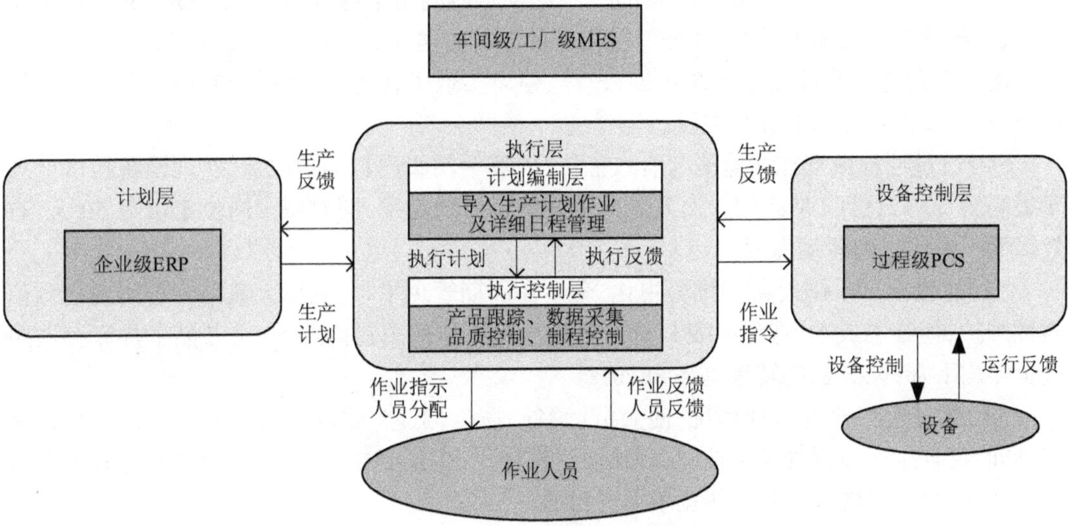

图 7-11　智能工厂总体架构示意

（1）智能决策层：提供及时、准确、可靠、一致的数据服务，实现信息的标准化、全面可视化，做到随用随取、端到端，进一步增强信息挖掘分析能力，提高信息价值。

（2）智能操作层：开发生产管理智能服务平台，建设涵盖计划、调度、操作、工艺、计量、平衡分析、能源、设备、质量、安全管理等业务的企业数据中心和智能管理系统。制造执行系统（MES）包括 1 个管理应用平台（作业计划管理、生产调度管理、生产操作管理、物料平衡管理、工艺技术管理、生产设备管理、能源管理、安全环保管理、生产统计管理等），1 个技术保证平台（业务流程管理、工厂建模管理），1 个移动应用平台（生产公告、生产监控、移动审批），以及一系列支撑系统（企业 OA、工厂数据仓库、电子文档管理、企业信息化门户）等。

（3）智能控制层：针对核心生产装置研究开发智能工业控制系统、先进过程控制（Advanced Process Control，APC）系统，提高装置综合自动化水平，流程模拟、预测控制的能力，降低生产劳动强度，增强装置的抗干扰能力，提高装置的运行平稳性，达到"安、稳、长、满、优"的流程工业生产目标。

（4）工业互联网平台层：打造开放、共享的工业互联网平台，为智能决策层和智能操作层业务应用提供高度共享、高内聚、低耦合的平台技术服务和业务服务，整合数据中心，营造敏捷安全的 IT 环境，快速响应业务应用需求。

（5）基础设施层：包括中心机房、基础网络、网线 Wi-Fi、交换机、门禁、数据中心、虚拟化桌面、通信网络、生产数据采集网络、信息运维平台等的规划建设。

（6）信息安全体系：基于 SOA（Service-Oriented Architecture，面向服务的架构），建成企业级集中集成平台，实现数据、服务、应用的集成共享；面向生产层面的预测、预警、分析需求，建立企业级工业分析服务单元；提供可靠基础设施环境，包括高速、智能、全面覆盖的网络和资源共享的云计算数据中心，保证生产网络的运行安全。

（7）信息标准体系：为企业提供统一、规范、标准的主数据信息代码，实现主数据管理和主数据应用的标准化；形成智能工厂建设的标准化实施模板、实施方法论和运维模板。

在"12345智能工厂蓝图"与"智能工厂建设总体应用架构"的指导下，逐步完成自动化优化、生产数据采集能力提升、业务智能化等各方面的建设。

彬州公司通过智能制造系统规划、设计、建设实现了智能生产管控和运营，取得了较好的成效，主要体现在以下五个方面。

（1）通过巡检数据在线监测与有效上传、现场手动阀门自动化改造，实现设备检修计划率提高约20%，达到98%以上，大大提高了设备运行稳定率，同时减少岗位定员近50人，有效降低了操作工的劳动强度。

（2）建设全厂设施设备三维可视化、全生命周期管理平台，利用大数据分析实现设备预测性维护，运维总成本下降约15%，资产管理人员工作效率提高约50%，备品备件库存占用资金年均下降约25%、周转率提高约20%。

（3）建设生产执行管理系统，使人员、设备、物料、工艺、质量及信息流处于最佳结合状态，同时配合生产经营管理系统，实现从原材料进厂、生产到销售的全流程管控，达到提高劳动生产率、综合经济效益和市场竞争力的目的。

（4）通过实施PID整定、构建先进过程控制系统，实现各关键工艺参数标准偏差降低约30%，各控制回路自动寻优、各工段自动跟踪调整，通过"卡边"优化控制，每吨蒸汽煤耗降低约1.2%，单位产品蒸汽消耗降低约1%，产品收率提高约0.5%。

（5）利用工业互联网平台连接生产控制系统和管理信息系统，在为先进过程控制系统、生产管理、供应链运营、安全管理等提供底层数据的同时，围绕数据资产建模、清洗、加工、计算数据，并最终提炼数据价值，构建供应链经营一体化、生产管控一体化、设备全生命周期一体化、安全环保监管一体化的智能工厂新格局。

智能工厂建设是一个渐进、持续而长期的过程，需要由初级阶段逐步向高级阶段演进，建设过程应秉承"规划先行、统筹安排、分步实施、推广应用、逐步改善"的工作原则。根据彬州公司智能工厂建设的经验，可考虑从以下五个方向开展建设工作。

（1）以实际问题为导向。在建设过程中，应突出问题导向，立足于解决生产经营、安全环保、高质量发展和企业管理等环节中存在的堵点、痛点、难点，有针对性地构建系统架构和功能，主次分明，先主后次，分步实施，以及时呈现建设效果。

（2）以深度融合实现信息共享。人工智能、大数据、云计算、物联网等新一代数智化技术正在成为产业转型升级的新引擎。智能工厂建设应以新一代数智化技术与煤化工流程工业特点的深度融合为路径，在保障信息安全的前提下，尽可能自动采集、全部上传各类有效数据，实现信息共享，消除信息孤岛。

（3）以生产过程高度自动化实现智能化。从某种意义来讲，智能化是管理和控制的融合以及自动化系统和信息系统的融合。自动化往往针对实时性强的小系统，其决策是自动的；信息化往往针对实时性弱的大系统，其决策是人工的；而智能化则是针对实时性强的大系统，其决策是人机的高度融合。因此，要实现智能制造，生产过程的高度自动化必不可少。

（4）以数据驱动业务发挥数据价值。在业务数字化连接上，企业内部产生了大量数据，通过数据建模、数据加工、数据洞察可创造更多价值，即数据赋能业务和数据驱动业务。煤化工企业智能工厂的建设应面向企业战略要求，以提升核心竞争力为主要目标，以运营智能为建设重点或建设主线，以数据驱动业务，通过挖掘数据价值，赋能大数据，充分发挥数据在企业生产经营管理过程中的价值，在供应链管理、生产管控、HSE（Health，健康；Safety，安全；Environment，环境）管理、设备管理、能源管理等方面，集中力量开展智能化应用突破，推动提质创新、降本增效、绿色低碳和高质量发展。

（5）以大数据融合技术打造智能工厂新模式。利用大数据融合技术将大数据在工业领域的应用从产品级、设备级向产业链级深入拓展，通过工业知识、业务、流程的数据化、算法化、模型化，为整个制造体系装上“智脑”系统，形成动态感知、敏捷分析、全局优化、智能决策的强大能力，打造智能工厂新模式。

7.6　本章小结

本章主要介绍了智能工厂的智能管理系统，包括企业资源计划（ERP）和制造执行系统（MES）。首先详细介绍了 ERP 的定义、发展历程、体系框架、功能以及实施方法等内容，在发展历程中重点介绍了 MRP，同时其也是 ERP 的核心模块。作为 ERP 向下推进和执行必不可少的部分，接着介绍了起到衔接作用的 MES。在本章中介绍了 MES 的概念及内涵、体系架构、典型应用案例及未来的发展等。最后以智能工厂的实际应用作为案例，介绍了智能管理系统在智能工厂中的具体应用，包括加工产品、加工工艺、ERP 和 MES 的详细使用等。

课后习题

（1）试述智能工厂的概念和特点。
（2）简述智能工厂建设模式的优缺点。
（3）谈谈你对智能工厂的建设标准的认识。
（4）试给出智能工厂体系架构包含的主要内容有哪些？
（5）何谓 MES，主要内容是什么？
（6）试列举五个以上 ERP 主要功能模块的内容及优势。
（7）ERP 在 MRP Ⅱ基础上拓展了哪些内容？
（8）试举例说明你所在行业的智能工厂建设情况。

参考文献

[1] 王子宗，高立兵，索寒生. 未来石化智能工厂顶层设计：现状、对比及展望[J]. 化工进展，2022，41（7）：3387-3401.
[2] 葛春玉. 浅谈石油化工工程建设项目数字化交付[J]. 石油化工建设，2019，41（2）：5-8.
[3] 马明，章剑波，胡联伟. 炼化工程行业数字化交付研究与应用[J]. 石油化工自动化，2020，56（5）：49-53.
[4] 鲁云，张颖，马娅玲，等. 共享创新中心 3D 打印智能工厂颠覆传统铸造[J]. 企业管理，

2023(10): 64-69.
[5] 张鹤鹏，谢鹏志，杨威，等. 航空典型产品数字化车间制造执行系统快速实施研究[J]. 制造业自动化，2023，45(8): 1-6.
[6] 杜孟新. 石化企业 ERP 与 MES 信息集成技术研究[J]. 中国仪器仪表，2020(5): 25-27.
[7] 张旭生，管东芝，吴鑫林，等. 盾构隧道管片智能化生产技术现状与展望[J]. 隧道建设(中英文)，2022，42(S2): 13-22.
[8] 薛桥，惠慧. 智能制造技术在工业自动化生产中的应用研究[J]. 造纸装备及材料，2023，52(2): 99-101.
[9] 马军忙，张安平，史晶. 煤化工智能工厂建设的实践与研究[J]. 自动化应用，2023，64(18): 10-14，17.
[10] 马洪涛，赵逸霄，童一飞. 面向智能制造的智慧农业装备信息化系统[J]. 中国农机化学报，2020，41(11): 171-177.
[11] 林熙，刘敢仁，冯桂媚. 智能制造与绿色发展：基于工业机器人进口视角[J]. 世界经济，2023，46(8): 3-31.
[12] 王艳广，宿春慧，高方方，等. 基于工业互联网平台的航天产品智能制造应用[J]. 制造业自动化，2020，42(12): 1-5，11.

第 8 章　智能制造未来发展

智能制造是第四次工业革命的核心技术，是世界各国制造业转型升级、高质量发展的主要技术路径。智能制造是个通用概念，是数字化、网络化和智能化等新技术在制造领域的具体应用，融合了制造企业所掌握的生产诀窍与客观规律，引发制造业在发展理念、制造模式等各个方面革命性的变化。

欧盟和各主要欧洲国家在其制造业科技创新发展战略中，均提出面向人工智能、量子计算、新一代网络连接等前沿技术领域加大投资。而在发展这些前沿领域的关键技术之初，制定准确的标准使其可以进行标准化工作十分有必要。标准化工作的目的是为智能制造的各参与方提供一种共同的语言，使人们能够以新的方式探索新思想，并最大限度地利用世界各地科研实验室的创新成果。

8.1　智能制造未来发展的几个关键技术

推动智能制造发展的几个未来关键技术主要是新一代移动通信技术（6G），第五代固定网络技术（F5G），人工智能技术，语义互操作技术，开源软件，云计算和边缘计算，物联网和传感器技术，增强现实和虚拟现实，自动化和机器人技术。本章将重点介绍上述关键技术的概述、技术需求与挑战、与智能制造的融合路径。

8.1.1　新一代移动通信技术（6G）

1. 概述

6G 作为第六代移动通信技术标准，是继 5G 蜂窝技术之后的新一代移动通信技术，是对当前 5G 技术的进一步发展和完善，将继续提升移动通信的速度、容量和可靠性并减少延迟，以满足未来更高级别的通信需求。6G 网络通过将卫星通信整合到 6G 移动通信实现全球无缝覆盖，未来的世界将是一个地面无线与卫星通信集成的全连接世界。

6G 的主要特性如下。

（1）超高速率。6G 将实现比 5G 更高的传输速率，预计可以达到 100 Gbps 以上，为用户提供更加迅捷的数据传输和下载体验。

（2）超低延迟。6G 将进一步减少通信的延迟时间，预计可以将延迟降低到毫秒级，实现更快的响应，适用于实时应用和互动体验。

（3）超大容量。6G 将通过利用更高的频谱资源和更先进的无线技术，提供更大的通信容量和更高的网络吞吐量，以满足当前和未来的高密度用户需求。

（4）异构网络。6G 将进一步融合发展蜂窝网络和其他无线网络技术，包括无线局域网、卫星通信等，实现更广泛、更可靠的网络覆盖。

（5）人工智能与物联网的融合。6G 将充分利用人工智能和物联网技术，实现智能感知、智能决策和智能优化,提供个性化和智能化的用户体验。

(6)边缘计算。6G 将进一步推进边缘计算技术与移动通信的融合,使计算和存储资源更贴近用户,提供更低的延迟和更高的安全性。

(7)虚拟现实和增强现实。6G 将支持更高带宽、更低延迟的虚拟现实和增强现实应用,提供更丰富、更真实的用户体验。

(8)安全和隐私保护。6G 将加强通信的安全性和隐私保护,引入更强大的加密算法和安全机制,保护用户数据的安全和隐私。

6G 是在 5G 的基础上进行扩展和升级的,具体体现在网络访问、网络覆盖、网络性能、网络智能四个方面。网络访问方面,6G 技术将包括如蜂窝移动网络、飞机、卫星、水下声波通信、可见光通信等多种接入网;网络覆盖方面,6G 网络所建立的集成网络涵盖海洋、陆地、空中、太空,旨在实现全地域、全领域的互联互通;网络性能方面,6G 技术在传输速率、安全性、可靠性、端到端时延、连接密度、频谱效率、网络效率等方面将有全面跃升,以适应不同领域的不同需求;网络智能方面,人工智能技术的植入,使 6G 网络与用户有机统一,更深入地发掘客户需求,通过人工智能技术来提升用户体验。

2.6G 网络性能

相较于 5G 网络,6G 网络整体性能将有极大的跃升,拥有更低的时延,更高的峰值速率,更快的用户体验速度,更高的稳定性与安全性,10~1 000 倍于 5G 网络的流量密集程度,100 倍于 5G 网络的最大连接数,2 倍于 5G 网络的移动性,50~100 倍于 5G 网络的频谱范围,2 倍于 5G 网络的能效。具体性能对比情况如表 8-1 所示。

表 8-1 5G 网络与 6G 网络具体性能对比情况

性能指标	6G 网络	5G 网络
时延	0.1 ms,接近实时处理	1 ms
速率	峰值速率为 100 Gb/s>1 Tb/s;用户体验速率达到 Gb/s 级	峰值速率为 10~20 Gb/s;用户体验速率达到 0.1~1 Gb/s 级
移动性	>100 km/h	500 km/h
流量密度	每平方千米 100~1 000 Tb/s	每平方千米 10 Tb/s
频谱支持能力	常用载波带宽可达 20 GHz,多载波聚合可能达到 100 GHz	常用载波带宽可达 100 MHz,多载波聚合可能达到 200 MHz
连接数	最大连接数可达每平方千米 1 亿个连接	每平方千米 100 万个连接
网络能效	可达 200 bits/J	可达 100 bits/J
定位能力	室外 1 m,室内 10 cm	室外 10 m,室内几米甚至 1 m 以下

3. 6G 技术需求与挑战

(1)峰值速率:太比特时代。峰值速率是无线移动通信系统所要考虑的首要指标,是移动通信技术从发展之初就追求的关键技术指标之一。6G 技术在峰值速率上将有极大提升,6G 技术将引领人们进入太比特时代。

首先,移动通信系统预测 2030 年的峰值速率需求可能达到 Tb/s 级别。其次,从 6G 技术发展目标与趋势的角度分析可知,至少有两方面的应用需要 6G 峰值速率大幅度提升:①智能化(大数据)的普遍应用,大数据的智能化应用需要以海量的数据传输为前提,普遍的应用必然导致数据传输需求的增长,因此大数据的智能化应用将会作为源驱力引发下一代移动数据通信的发展;②未来 6G 必然支持的应用有高保真的 AR/VR 和全息通信,其对于数据速率的需求将远超目前的其他无线应用。6G 网络技术在未来的应用与推广要求高达 Tb/s 级别的峰值速率。另外, 6G 网络不仅仅对局部区域的峰值速率有着高要求需求,还对能够随时随地地享受高速率、低时延的连接有着高标准与高要求,这些都将是 6G 网络需要面对的难题。

(2)更高能效。超大规模移动通信网络已成为世界能源消耗的重要组成部分,不仅产生巨大的碳排放,而且占据了相当大的运营成本。未来 6G 网络将拥有超高吞吐量、超带宽和无处不在的超大规模无线节点,这将给能源消耗带来前所未有的挑战。随着频谱效率的提高和频谱带宽的增加,吞吐量可以大大提高,但随之而来的能效问题将更加严重,需要尽可能降低每比特的能耗。传感器网络无处不在、密集且遍布人类生产和生活空间,将带来两方面的能耗问题:一是数量庞大,将带来高总能耗;其次,方便有效地为无处不在的部署提供动力也是一个挑战。此外,海量数据的处理功耗和"智能连接"中超大规模天线的处理功耗等也是未来 6G 网络需要面临的功耗挑战。面对未来 6G 网络巨大的能耗压力,绿色节能通信显得尤为重要和迫切。

(3)随时随地的连接。随着科学技术的进步,人类活动的空间将进一步扩大,活动范围将更广泛地延伸到高空、外层空间、海洋和深海;通信节点,特别是物联网节点,将分布在更广的区域。通信网络与人类社会活动密不可分。未来,我们需要构建一个全空间(覆盖天空、陆地和海洋)、互联(万物互联)、全知(借助各种传感器)、全维度(基于大数据和深度学习)的网络,以真正实现随时随地的连接,从而满足交互需求。未来通信网络的通信目标是任何人都可以在任何时间、任何地点与任何人进行任何业务通信,或与任何相关对象交换相关信息。

(4)全新理论与技术。为了实现具有挑战性的 6G 愿景,有必要增加更多可用频谱资源,并在一些基础理论和技术上取得突破,包括新的信号采样机制、新的信道编码和调制机制、太赫兹通信理论和技术以及人工智能与无线通信相结合的技术。

(5)自聚合通信架构。几乎每一代 3GPP(3rd Generation Partnership Project,第三代合作伙伴计划)标准都声称能够集成多种技术标准,但在逐步构建物联网的过程中,我们将不得不面对与其他复杂多样的垂直行业标准和技术集成的问题。为了更好地支持物联网和垂直行业应用, 6G 应该真正能够动态集成多个技术系统,并能够智能和动态地自聚合不同类型的网络(技术)。虽然 5G 可以在一定程度上适应不同类型的网络,但只能采用静态或半静态组合。6G 需要以更智能和灵活的方式聚合不同类型的网络,以动态和自适应地满足复杂多样的场景和业务需求。

(6)非技术因素的挑战。如果 6G 要在未来成功实施,它不仅将面临上述技术问题的挑战,还必须尽力克服许多非技术因素的挑战,主要涉及产业壁垒、消费者习惯、政策和法规等方面的因素。

与 5G 相比，6G 将更全面地渗透到社会生产和生活的各个方面，并与其他垂直行业更加紧密地融合。这意味着移动通信不再局限于自己的领域，需要与其他垂直行业/领域密切合作。然而，一些传统行业固有的行为或利益关系将直接或间接对移动通信的进入形成行业壁垒。

卫星通信将面临更多的政策和监管限制。首先，卫星通信对轨道资源和频谱资源的使用需要国家间的协商。其次，与传统地面通信相比，卫星通信在全球漫游切换方面将面临更多挑战。目前，一些主要国家和一些商业实体正在积极建设卫星通信系统。协调这些独立部署的卫星通信系统将是一个极其复杂的问题。

此外，在移动通信进入许多具有完全不同特征的垂直行业后，它必须面对极其不同的用户习惯。更快地改变这些不同垂直行业的用户的固有思维方式和习惯，并尽快适应新的行为和规则，将是一个极具挑战性的问题。

6G 网络最终将提供 Tb/s 级别的速率，支持 10 年内每人 1 000 多个无线节点的连接，并随时满足实时全息连接要求。未来的社会将是一个完全由数据驱动的社会，在这个社会中，人和一切都将普遍地、几乎是瞬间地（毫秒级）连接起来，形成一个令人难以置信的、完全连接的乌托邦世界。

4. 与智能制造的融合路径

6G 与智能制造的融合将为制造业带来巨大的变革和发展机遇，6G 网络将满足工业控制系统对毫秒延迟的要求，并提供支持微秒延迟的机制。6G 网络提供了支持多技术异构网络的能力，这将允许在智能制造场景中部署不同的接入网络，如 Wi-Fi、6G、卫星和窄带物联网（NB-IOT），从而为终端设备提供最佳质量的网络接入。

（1）高速、低延迟通信：6G 的超高速率和超低延迟特性将为智能制造提供更快速的数据传输和实时响应能力，实现设备之间的高效通信和协同工作。

（2）异构网络支持：6G 将提供更广泛、更可靠的网络覆盖，包括蜂窝网络、无线局域网和卫星通信等，为智能制造中的各种设备和传感器提供更稳定和更可靠的连接。

（3）大数据分析与边缘计算：6G 将结合边缘计算技术，让计算和存储资源更靠近智能制造现场，实现高效的大数据分析和处理，为制造企业提供实时的数据洞察和决策支持。

（4）人工智能与物联网的融合：6G 将充分利用人工智能和物联网技术，实现智能感知、智能决策和智能优化，为智能制造提供智能化的生产和管理能力，包括设备自主诊断、预测性维护等。

（5）虚拟现实与增强现实技术：6G 的高带宽和低延迟将支持更丰富和真实的虚拟现实和增强现实应用，为智能制造提供沉浸式的培训、设计和操作体验，提高生产效率和质量。

（6）安全和隐私保护：6G 将注重通信的安全性和隐私保护，为智能制造提供更加安全可靠的通信环境，包括加密算法、身份认证、数据隐私保护等。

8.1.2 第五代固定网络技术（F5G）

1. 概述

国际上，把第五代固定网络命名为 F5G（The 5th Generation Fixed Networks）。在 F5G 时代，物理光纤网络正在向全光服务网络发展，包括全光接入网络和全光传输网络。全光接入网络为个人、家庭和企业等各种场景中的用户提供极端连接体验；全光传输网络构建了信息传输的硬件基础，并延伸至万物互联的各业务领域，通过高质量的下一代光传输网络连接为制造行业的数字化升级奠定了坚实的基础。F5G 驱动接入网的演进如图 8-1 所示，在这一过程中带宽持续提升、全业务智能承载和运维能力增强。

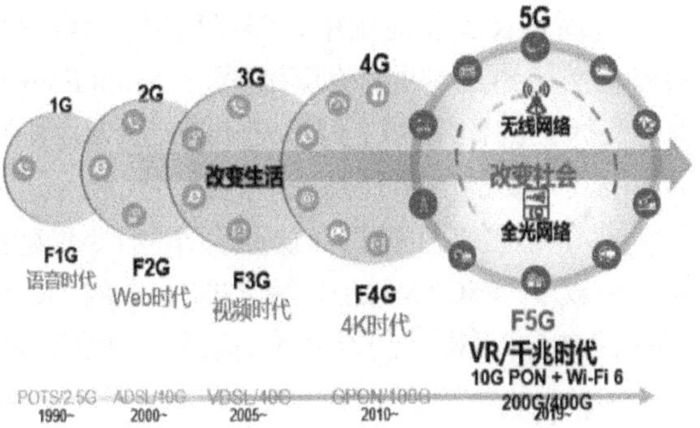

图 8-1　固定网络技术的发展

如果把 5G 比作天上的一张网的话，那 F5G 就是地上的一张网。F5G 具备大带宽、低时延、高可靠、海量接入的工业物联网特点。与 5G 不同的是，F5G 是多种相继成熟的技术的融合，是从铜线网络、光网络到 Wi-Fi 技术协同迭代的成果。现在，我们正进入由 10G PON 驱动的千兆超高速宽带时代。未来可能会迎来基于 50G PON 驱动 F6G 的 10G 时代。

2. F5G 的技术特征

（1）F5G 的技术价值多元性。F5G 与 5G 类似，只有大带宽、低时延、智能连接三种特性共同发挥效力时，其才具备广泛的产业结合属性，多重固网特性的增强使 F5G 能够适应各种不同的社会需求，从而满足各个领域对新一代网络的需要。

华为企业 BG 全球 Marketing 总裁邱恒介绍：F5G 可以说有 3 个 10 倍的改进。一是网络速度提高 10 倍。在 F5G 环境下，网络到达家庭的速度将达到 1 000 Mbps，到达建筑物的水平将达到 10 Gbps 到 100 Gbps，大型公园的到达网络将达到 T 级。二是连接的终端数量增加了 10 倍。基于全光网络，大量终端设备和物联网将连接到 F5G 系统，给家庭、社会和工业场景带来巨大变化。三是 F5G 将带来 10 倍的网络体验提升。F5G 光网络的延迟可以达到微秒级，可以满足各种业务场景，匹配更多的工业应用。这 3 个 10 倍的改进使 F5G 能够从家庭转移到数千个行业，形成家庭、工业企业和社会应用网络的全面迭代。

（2）F5G 的技术协同性。5G 技术需要同云计算、人工智能、物联网在应用的时候相配套。与 5G 技术类似，F5G 也同样在同新一代的数字技术相配合方面拥有良好的兼容性与灵活性。例如，在 F5G 中，全光网络可以有效地配合设备小型化技术，使全光网络能够进入每个家庭和每个办公场所。再如，F5G 可以与人工智能技术有效配合。一方面，F5G 将为人工智能的发展提供必要的网络环境；另一方面，F5G 可以依托人工智能提供的智能体验，实现智能运维、智能故障检测与修复、智能网络体验的多重价值。

在 F5G 的开发过程中，它将与大量综合通信技术相结合，不仅从技术集群中获取价值，还为其他技术的发展提供了必要的网络保障。因此，与 5G 一样，F5G 可以融入新 ICT 技术集成爆炸的趋势，成为技术协作网络的核心组件。

（3）F5G 与 5G 的互补特性。第五代通信网络的两大支柱技术即 F5G 和 5G。从配套升级的角度来看，F5G 和 5G 二者之间有着高度协同和产业互补的价值和地位。F5G 不仅是 5G 在传输网络中的支持，而且在工业应用中，F5G 可以与 5G 高度协同，孵化多种场景，满足不同行业对固定和移动网络集成的网络创新需求。5G 和 F5G 相互配合共同为构筑现代化新型基础设施提供了支撑性的作用，共同为提升城市现代化水平与人民生活幸福度、推动经济社会的发展提供了极其重要的数字化基础。

F5G 是一个涉及多元技术、需要产业链广泛协同合作，需要构建产业代际进程的技术体系。F5G 技术的快速发展形成了“F5G+X”的应用模式，其中的“X”代表着千行百业。各产业、各场景、各职位与 F5G 的融合，可以获得高效率、高品质的数字化发展，从而提升 F5G 的社会价值。

3. F5G 网络设备构成

F5G 应用主要包含三类产品，分别为光环网头端设备（Optical Ring Head，ORH）、光环网终端设备（Optical Ring End，ORE）及无源光环网设备（Optical Ring Passive，ORP）。

1）ORH

ORH 是工业光环网头端设备，它的主要功能有两个。

（1）汇聚井下各种业务数据流，并上传到数据中心，同时把数据中心传下来的控制数据下发到井下各类设备。

（2）管理井下 ORE 设备。ORH 设备网络侧通过千兆、万兆等以太网接口与核心交换机通信，用户侧提供工业光接口接入井下网络。

ORH 设备为智能制造的各类业务提供高可靠的网络接入，通过双归属或单归属冗余保护来保障业务的安全，当工作中的工业光接口或链路发生故障时，其可以保证在极短时间内（一般要求低于 30 ms）倒换到备用接口或者链路，从而保障业务不发生中断。

2）ORE

ORE 设备是工业光环网终端设备。ORE 网络侧通过 ORP 分光器与 ORH 的工业光接口连接，用户侧通过以太网口、工业串口（RS-485）连接各终端设备，比如视频摄像仪，温度、湿度传感器等。ORE 将各终端的数据通过 ORP 上传到 ORH 设备，同时把 ORH 设备传下来的数据传送给各终端设备。ORE 可以通过 ORP 来实现远程业务发放、远程配置、远程升级。

3）ORP

ORP 设备把一个 ORH 的工业光接口连接到多个 ORE 设备。ORP 包含光纤光缆和分光器，ORP 分光器一般为不等比分光，以支持各类应用场景。ORP 一般支持级联，满足网络的灵活扩展。

4. 与智能制造的融合路径

F5G 需要具备大带宽、低时延、高可靠、海量接入的特点，以应对工业物联网云、管、边、端工业物联架构技术要求，完成感知接入、数字孪生、智能运用的智能化要求，目前各项技术都有了长足发展。其中不得不提的是 F5G 技术在煤炭行业的应用。

煤炭行业的数字化特征可以概括为全连接、全感知、全智能。各种新型的传感器和摄像头等检测设备的应用作为煤炭领域的眼睛，为煤矿提供了对人员、设备以及环境状态的实时感知；而 5G、F5G 等通信技术的推广，为煤矿提供了一条信息输送的高速公路；基于人工智能和大数据技术的智能应用，为煤炭行业提供了科学合理的决策。在这场技术变革浪潮中，F5G 作为一种通信手段，连接了地下工作面和地面调度中心，不仅实现了传统思维和创新理念彼此之间相互碰撞，更实现了传统技术与创新技术彼此之间的相互交融。

连接是实现煤炭行业全感知和全智能的基础。传统的窄带无线通信和以太网技术已经无法满足需求，需要进行全面升级。F5G 提供运力，与 5G 一起提供连接力，人工智能提供智力，计算提供算力，共同构成数字煤矿的基础设施。

2020 年 6 月，河南龙宇能源股份有限公司陈四楼煤矿开始在井下安装工业光环网设备。今年 1 月，陈四楼煤矿经过持续建设和调试，在 MZ201 综采工作面、2901 综采工作面和中央变电站成功部署了工业光环网设备。

2021 年 3 月发布的《煤矿 F5G 应用技术白皮书》指出，F5G 在煤矿的应用主要包括光环网头端设备、光环网终端设备和无源光环网设备这三类产品。防爆的终端设备安装在井下，与光环网头端设备端口通过无源光环网设备（分光器）相连。摄像头和传感器等终端设备与井下设备相连。头端设备接收到终端设备发来的数据之后，由调度中心发出指令指导生产。

预制的光纤避免了井下熔纤操作；有源交换机和防爆箱被无源分光器替换；有源设备的双层网络架构只在头端和终端进行布置，将井下网络设备电火花风险有效降低。这些举措都使 F5G 在井下应用的安全性得到了提升。同时，F5G 应用的设备更为轻便，大大降低了工人的劳动强度。除此之外，F5G 技术传输的视频画面更为清晰流畅。F5G 网络的应用使采煤工作面的高精度惯性导航数据、掘进工作面的掘进机控制信号、车辆信息和调度语音等地面辅助信息实现了实时回传。

F5G 技术的应用为陈四楼煤矿矿区办公网络、视频监控、井上信息回传提供了超大带宽接入。基于光时域反射仪的智能光路诊断，矿区实现了快速定位光纤链路故障的功能，大大缩短了由故障引起的停工时间，提高了生产的效率。

"在煤矿智能化建设中，高端装备是关键，测控技术是核心，但传输渠道却是瓶颈。"华为公司相关人员表示，"F5G 的安全、极简、便捷，提供了一种通信新思路，让煤矿建设信息高速公路成为可能。此外，在 F5G 应用的带动下，未来将出现更多的应用场景，为智能化建设提供更多解决方案。"

未来 F5G 技术使用工业物联网关，作为末端接入节点，代替交换机等技术进行数据汇集，同时采用计算功能完成边缘感知设备的数字化；以 OTN（Optical Transport Network，光传送网）、OSU（Optical Service Unit，光业务单元）和 GPON（Gigabit-Capable PON，吉比特无源光网络）、XGPON（也称 10G GPON）为代表的管道化全光技术将物联数据送入云端；云端通过分布式的大数据智能计算处理，完成整个物联网的智能互联。

8.1.3 人工智能技术

1. 人工智能的发展历程

人工智能是指模拟人类智能思维和行为的计算机技术。它的发展历程可以追溯到20世纪50年代,当时的研究人员开始探索如何将人类的智能能力应用于计算机系统中。经过几十年的不懈努力,人工智能已经在各个领域取得了令人瞩目的成就。

(1)第一阶段。逻辑推理阶段,人工智能的起源可以追溯到20世纪50年代。当时的研究人员开始使用逻辑推理来模拟人类的思维过程。他们相信,如果能够将人类的逻辑推理方法应用于计算机系统中,就能够实现人工智能。这一阶段的重要里程碑包括约翰·麦卡锡开发的LISP编程语言和1956年的达特茅斯会议,这次会议正式提出了人工智能这个概念。

(2)第二阶段:知识表达和推理阶段。进入20世纪60年代,研究人员开始关注如何将人类的知识转化为计算机可理解的形式。他们开发了一些知识表达和推理的方法,以便计算机能够使用这些知识进行问题求解。斯坦福大学的专家系统DENDRAL和MYCIN就是这个时期的代表性项目。这些专家系统通过将领域专家的知识编码成规则和推理机制,对复杂的问题进行推理和决策。

(3)第三阶段:神经网络阶段。到了20世纪80年代,研究人员开始研究神经网络和机器学习算法,以模拟人类大脑的工作原理。他们认识到,通过模拟大脑神经元之间的连接和交互,可以实现一些复杂的学习和决策任务。1986年,由杰弗里·辛顿等人提出的反向传播算法为神经网络的训练提供了有效的方法,使得神经网络在模式识别和分类等任务中取得了显著的进展。

(4)第四阶段:统计机器学习阶段。进入20世纪90年代,研究人员开始使用统计机器学习方法来解决人工智能问题。支持向量机、随机森林等算法被广泛应用于模式识别、数据挖掘等领域。此外,大数据的出现和计算能力的提高也为机器学习的发展提供了有利条件。在这个阶段,机器学习在图像识别、语音识别等领域取得了显著的成果。

(5)第五阶段:深度学习阶段。进入21世纪10年代,深度学习成为人工智能领域的热点。深度学习是一种使用多层神经网络进行学习和决策的方法。通过多层次、非线性的特征提取和表示,深度学习可以解决复杂的模式识别和决策问题。深度学习在计算机视觉、自然语言处理等领域取得了重大突破,比如AlphaGo(阿尔法围棋)在围棋比赛中战胜人类世界冠军。

人工智能的发展历程经历了逻辑推理阶段、知识表达和推理阶段、神经网络阶段、统计机器学习阶段和深度学习阶段。这些阶段的发展推动了人工智能技术的不断进步和应用领域的拓展。随着新技术的不断涌现,人工智能将继续发展,为人类带来更多的创新和改变。

2. 人工智能对于机械制造

中国作为制造业大国,为人工智能提供了丰富的应用场景。据估算,人工智能在中国制造业的市场规模有望在2025年超过140亿元人民币,自2019年开始每年保持40%以上的增长率,如图8-2所示。人工智能在制造业应用的快速发展主要受益于五个驱动因素:①新基建等政策支持;②人、机、物互联产生海量数据;③云计算、边缘计算、专用芯片技术加速演进实现算力提升；④算法模型持续优化；⑤资本与技术深度耦合助推行业应用。

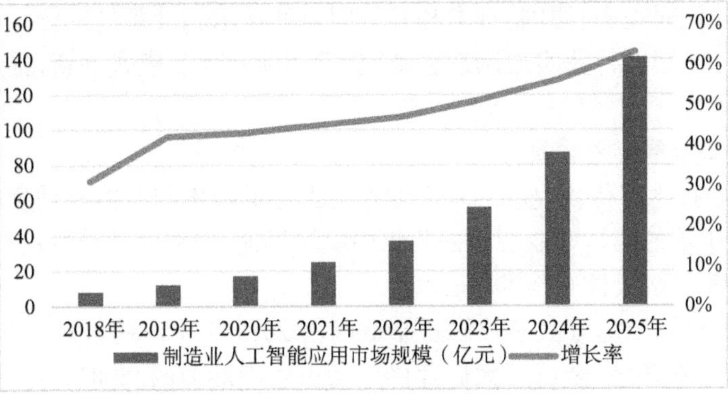

图 8-2　人工智能在中国制造业应用市场规模

3. 制造业+人工智能的意义

人工智能技术赋能制造业主要体现在三方面：第一，人工智能可以帮助企业提高智能化运营水平，实现降本增效；第二，人工智能、5G、工业互联网等技术融合应用，推动制造业生产及服务模式、决策模式、商业模式发生变化；第三，人工智能带动制造业价值链重构，有利于中国抢占全球制造业产业链上的价值高地。

（1）丰富的应用场景，促进新经济增长。制造业是人工智能应用场景中最具潜力的领域。到 2030 年，因人工智能的应用，全球将新增 16.7 万亿美元国内生产总值，中国占 7 万亿美元；到 2035 年，人工智能将推动劳动生产力提升 27%，拉动制造业国内生产总值达 27 万亿美元。制造业将成为人工智能应用蓝海。中国制造业转型升级为中国人工智能发展提供广阔平台。

一方面，人工智能将最先接管低技术含量的工作。中国制造业在转型升级的过程中，协同智能化工业机器人将逐步完成重复性、规则性、可编程性较高的工作内容。另一方面，人工智能促进制造业研发、生产、运输、仓储、服务等环节的智能化，与工业互联网叠加，创造出更多高质量的就业岗位，催生更多具有商业价值的新场景。

（2）制造业产品、流程及商业模式创新。现有的制造业生产方式仍旧采用主流的生产流水线模式，企业之间的竞争聚焦于成本控制与产品多样化。生产流水线模式受限于标准化的生产过程，难以满足客户多种多样的个性化需求。而当前服务于消费的趋势正朝着高质量的方向发展，满足客户的个性化需求就显得尤其重要。

随着人工智能技术的发展，可构建重组的柔性生产系统已经开始取代传统的刚性生产系统，制造业生产的中心逐渐开始转向以客户为核心。规模化定制生产取代大规模生产，数据要素的附加值提高，生产者主导的经济模式已经转变为消费者主导的经济模型，满足消费者的个性化需求已成为企业的一项重要竞争战略，逐渐取代以往依靠规模经济降低成本的企业竞争战略。

（3）抢占新工业革命“智”高点，重构国际分工。在全球制造业的价值分配链中，中国没有占据产业链的高价值部分，如技术研发、产品设计和高附加值服务等部分。然而，人工智能可以加速中国向产业价值链高价值部分的演进。在生产和制造方面，人工智能可以为制造企业提供视觉检测、自动控制、智能校准和根本原因分析等解决方案，促进制造设备的创新，减少制造自动化对美国、德国、日本和其他国家的技术和设备的依赖。在高附加值服务方面，人工智能可以帮助行业实现制造创新、管理创新和商业模式创新，推动制造企业向综合服务提供商转型。

4. 制造业人工智能应用挑战

（1）芯片核心技术有待攻克。芯片产业作为典型的技术与资本驱动型的产业高度依赖知识产权。尽管中国的芯片产业在过去几年中发展迅速，但在软件、设备、材料、设计和制造等领域和环节仍需要解决核心技术问题。

在芯片设备领域，全球五大芯片设备制造商占 2019 年全球销售额的 78%，其中三家来自美国。在芯片材料领域，全球五大硅片供应商占生产能力的 92.8%，美国、日本和韩国的公司占据垄断地位。在芯片设计环节，国际三巨头美国新思科技（Synopsys）、楷登电子（Cadence Design Systems）和德国西门子的明导（Mentor Graphics）占据中国 95%的 EDA 软件市场。在芯片制造环节，尽管 80%的产能在亚洲，但 2019 年台湾积体电路制造股份有限公司（TSMC）市场占有率高达 52%，韩国三星集团（SAMSUNG）的市场份额约为 18%，我国的中芯国际集成电路制造有限公司和上海华虹（集团）有限公司半导体只占 4.4%和 1.5%。

外国芯片巨头占据了大部分市场份额，具有绝对领先优势。中国制造业迫切需要国内自主可控的高性能芯片，以确保供应链、核心数据和知识产权的安全。目前，中国在芯片研发方面的投资落后于欧美国家。据统计，2019 年，美国半导体行业的研发支出占销售额的 16.4%，而欧洲国家占 16.4%。中国半导体行业的研发支出占销售额的 8.3%。

（2）工业数据资源的掌握与应用能力不匹配。目前，人工智能技术是基于数据驱动的技术，其对问题恢复的准确性离不开数据训练。数据收集的方法以及数据的质量、多样性和规模直接决定了人工智能的作用程度。目前，工业数据应用面临以下挑战。

一是采集汇聚数据。企业信息化基础薄弱、设备不互联、通信协议不兼容造成数据采集困难，数据失真、缺乏统一的数据标准等导致工业数据难以集成。

二是开发应用数据。数据的管理和建模技术有待提高，海量实时异构数据的挖掘能力不足。

三是流通共享数据。工业企业对于跨企业、跨行业数据共享合作的需求正在快速增长，但数据权属界定不清、规则不明、难以定价等基础性问题没有得到解决。

四是数据治理安全。存在网络安全、系统安全、数据安全等方面的挑战。

五是技术能力和算法特质无法满足实际应用需求，工业场景落地难。

（3）制造企业自身意识、能力转变不到位。制造企业要想利用人工智能技术实现降本增效，就需要进行认知和管理方式上的转变。传统工业企业对于工业智能化产品，有着应用工业智能化产品同采购设备所达到的效果一样的认知，但是事实上，数据驱动的模型需要数据不断迭代优化，才能达到相对精准的效果。这就意味着工业企业需要改变对软件的看法，并在应用人工智能技术并未带来实际效益的应用初期，给予其足够的包容度。

为应对上述挑战，需在多个方面采取适当的措施，具体如下。

第一，健全人工智能人才培养机制。在第四次工业革命的背景下，人工智能是新工程建设的一个重要分支，培养专业、复合、创新人才，是支撑产业升级的关键。

企业要进一步建立和完善人工智能技术教育体系，加快培养不同学历、不同知识背景的人才；通过内部培训、全球派遣和学徒制培养创新人才；明确人才目标，强化内部培训机制；通过分配全球任务，使潜在人才有机会接触更成熟的市场，深入推进研究工作。

第二，强化关键核心技术攻关。进一步加大人工智能关键共性技术的研发力度。一方面，要加强人工智能前沿领域的基础科学问题研究，创造更多的原创性成果；另一方面，要引导各企业加大研发投入，开展适用于重点行业的基础研究。

第三，推进技术标准化。加快制定与工业系统相匹配的技术标准。目前，人工智能和大数据领域的技术创新活跃，与产业领域的融合不断深化，新产品、新服务、新模式不断涌现。推动工业系统人工智能和大数据领域的技术标准化，建立贯穿整个工业生命周期的统一数据标准和安全防护管理技术体系，有效巩固数据采集、存储、处理等先进技术的传播和渗透，进行市场分析和服务。

第四，推动技术与产业融合试点。通过新技术与传统业务的融合，促进工业企业产品和产业的转型升级。这需要建立一个基于各种新技术（包括人工智能、云计算和物联网）的产业创新平台，并与适当的服务提供商合作。由于行业的多样性和高度定制性，在分散的市场中，平台的价值很难直接转移到行业用户端，要解决这个问题就离不开大量系统集成商的服务。

8.1.4　语义互操作技术

1. 概述

语义信息可被人和机器理解和明确，以支持高级数据功能，如复杂查询、智能人机交互、上下文数据分析和数据互操作性。语义互操作性是一系列使计算机系统能够显式交互的技术。语义互操作性确保两个系统在交换信息时对信息的含义有相同的理解，这对于 IT 和 OT 的集成至关重要。

2. 关键技术

语义级互操作性由本体驱动。本体可用于明确定义物联网设备和其他实体（如设备、服务器、流程、应用程序和用户）共享的数据的含义。这些实体需要正确地解释传输数据中包含的信息和命令，以便正确地采取行动或做出反应。

3. 与制造业的融合路径

互操作性对制造业至关重要，寻求新的技术改进在满足客户产品定制需求的同时降低生产成本是制造业面临的挑战。同时，所有系统所需的生产设备数量、生产工艺复杂性和产品描述的详细信息都显著增加，这也增加了整个制造过程中对语义互操作性的需求。而语义互操作的实现，在工业向工业 4.0 迈进的过程中，着重于灵活的生产线并降低了引入新生产机器的集成成本，有助于智能制造企业对突发事件做出快速反应，从而创造更大的价值。

假设一个生产车间中有多台设备，并将一台新的钻孔机集成到该车间中。当务之急是了解设备的控制及其生成的数据。特别是楼层管理应用程序需要了解设备的信息模型，因为它可以支持更好的决策，如故障预测。它还可以帮助避免对每个新设备重复编程，因为可以引入语义层来将算法与设备的特定信息模型隔离。设备本身可能有自己的词汇表，然后就存在映射它们的问题。通常，这些概念彼此不对应，因此存在一个转换问题。

8.1.5 开源软件

1. 概述

开源软件指软件源代码原创人按照相关开源协议，将源代码全部或部分公开，允许其他开发者按开源协议约定进行修改的软件。开源软件是“互联网+”时代，大数据系统软件传播与社区协同的方式。通过建设开源项目社区模式，支持大数据开源软件的共享和开放，可加快大数据系统软件的快速迭代和创新，实现中国大数据系统软件与国际接轨，同时为中国自主的大数据系统软件跨越式发展提供有利条件。

与传统商业软件相比，开源软件的开放源代码形式有效减少了研发与运营成本，降低了技术的准入门槛，故而更易于广泛传播。经过数十年的发展，开源软件已成为我国信息化建设和软件产业发展的重要技术来源，持续推动我国软件技术和产业创新发展，创造了显著的经济和社会效益。

2. 存在的问题

（1）开源代码管理疏漏。开放性促进了开源软件的快速发展，但也带来了代码管理的一些问题，如代码维护管理依赖开源社区、代码安全性缺乏审核、很少有特定的人员专门负责修补安全漏洞等。

（2）开源许可证体系混乱。开源项目在应用过程中通常需要绑定相关的许可证，开源许可证规定了开源代码的知识产权所有人对于代码使用者的限制条件，这些条件包括是否允许用于商业用途、是否允许用于某些特定领域、是否允许专利授权等，用户选择使用其开源代码相当于默认接受相关的限制条件。目前，国际上并未形成统一的开源许可证体系，已知存在的许可证就包括 Apache License、GPL、MIT、BSD 等几十种，其规定的限制条件各不相同。在企业软件开发过程中，使用多个绑定不同许可证的开源组件，会导致许可证规则冲突，面临法律风险。

（3）大部分开源软件受美国法律管辖。美国注册的开源组织在运营政策上基本都会遵守美国相关的法律法规。全球最大的开源基金会 Apache 软件基金会在其运营文件中就明确表示，其产品均是由在美国的服务器向外分发的，须遵守美国《出口管制条例》。随着我国开源软件的快速发展，国内虽然产生了一批开源组织和自建的代码托管平台，但仍然难以撼动美国对开源软件的绝对主导地位，目前绝大部分开源代码事实上仍然被美国控制。

（4）开源软件供应链的安全风险。网络产品供应链的主要风险除了产品自身的安全性外，还包括产品使用后带来的网络和信息系统被非法控制、遭受干扰和破坏、数据泄露的风险，以及产品供应渠道可靠性及可能因政治、外交、贸易等原因中断供应的风险。

（5）产品安全性方面面临风险。开源软件因其代码的公开性，在一定程度上降低了开发成本，提高了开发效率，但同时也带来了安全风险。开源软件的安全漏洞管理与其他商业软件具有较大区别。商业软件在发现漏洞后，通常会把修复补丁自动推送给用户，开源软件则是被动的“拉取模式”，相关补丁需要人工安装。若开发人员不对使用的开源代码定期检查，则相应的安全漏洞会一直存在。随着新代码的加入，漏洞在代码库中将越积越多，漏洞平均年龄逐渐增加，修复漏洞将变得耗时耗力。

（6）开源软件知识产权方面面临法律风险。企业使用开源组件相当于默认接受开源许可证的限制条件，比如办公软件中使用的 libytnef、js 等开源组件使用了 GPLv2 许可证，该许可证限制了其产品应用于特定行业领域。如果不遵守许可证规则，将引起知识产权等问题上的法律纠纷，增大软件遭禁用的风险，产品提供者将承担高昂的软件替代成本。

（7）代码在美国出口管制下存在断供风险。源代码托管平台 GitHub 在官方声明中明确表示，相关产品遵守美国《出口管制条例》，包括禁止受制裁的国家和团体访问其服务，禁止其企业服务出售或出口至伊朗、朝鲜、叙利亚等受美国制裁的国家。

3. 发展

总体来看，我国开源软件产业发展主要体现在如下四个方面。

（1）企业开源战略逐渐清晰。华为技术有限公司、深圳市腾讯计算机系统有限公司等 IT 巨头纷纷投身国际开源项目，积极加入开源软件基金会并为多个开源项目贡献代码。同时，各大公司相继推出自主开发的开源项目，如阿里巴巴集团控股有限公司发布的开源服务框架 Dubbo，百度发布的自动驾驶领域的阿波罗（Apollo）等开源软件。

（2）中文开源社区建设逐渐成熟。随着开源软件在我国的推广和发展，中文开源社区已从最初的爱好者团体发展到具有开发、应用、服务功能的稳定社区。以开源中国、绿色计算产业联盟、中国开源云联盟、中国人工智能开源软件发展联盟等为代表的开源组织通过整合产业链上下游资源，推动了我国开源软件的快速发展。此外，我国研发的木兰宽松许可证通过 OSI 认证，成为首个中英双语国际开源许可证，可被任一国际开源社区采用。

（3）开源软件应用日益广泛。开源软件降低了技术应用门槛，而我国巨大的应用市场也为开源软件带来了发展机遇。例如，小米科技有限责任公司、华为技术有限公司等手机厂商基于 Android 开源操作系统开发出自主手机操作系统 MIUI、EmotionUI 等。又如，云计算开源云参考架构 OpenStack 在我国金融、制造等领域得到了广泛的应用。

（4）开源软件政策环境日益向好。近年来，我国政府高度重视开源软件发展，发布多项政策，积极引导社会资源投入，促进开源模式不断成熟。如国务院印发的《“十三五”国家信息化规划》明确指出，支持开源社区创新发展，鼓励我国企业积极加入国际重大核心技术的开源组织，从参与者发展为重要贡献者。

8.1.6　智能制造软件系统

我国智能制造已进入高速发展阶段，并开始大量应用云计算、大数据、机器人等相关技术。智能制造软件系统也层出不穷，各有特色。随着数据挖掘技术和可视化技术的发展，智能制造软件系统表现出以下特征。

（1）生产数据可视化，利用大数据分析进行生产决策。制造企业通过应用智能制造软件系统，利用大数据技术建立产品虚拟模型，以模拟并优化生产流程。在生产现场，智能制造软件系统每隔几秒便会自动收集数据并分析，包括设备开机率、生产率、质量百分比、故障率等，一旦某个流程偏离了标准工艺便会发出报警信号，并及时找出错误，助力工程师快速解决问题，可有效降低生产能耗与成本，提升企业效益。

（2）生产过程透明化，成为智能工厂的“神经”系统。制造企业发展的主要目的是拓展产品的价值空间，侧重从单台设备自动化和产品智能化入手，提升生产效率和产品效能，从而达到实现价值增长的目的。简单来讲，制造企业智能工厂的建设是为推进生产设备、生产线的智能化，通过引进符合生产所需的智能设备，建立基于制造执行系统的车间级智能生产单元，全方位提高工厂精准制造、敏捷制造、透明制造的能力。

（3）生产现场无人化，实现无人工厂。随着工业机器人、机械手臂等智能化设备的广泛应用，工厂无人化制造已成为可能。尤其是在离散制造企业的生产现场，数控加工中心智能机器人和三坐标测量仪及其他所有柔性化制造单元进行自动化排产调度，工件、物料、刀具进行自动化装卸调度，工厂已实现全自动化生产，无须人工参与或值守。在生产过程中，工作人员可远程查看管理单元内的生产状态，若生产中出现问题，解决完便能立即恢复自动化生产，真正实现无人智能生产。

（4）生产设备网络化，实现车间物联网。制造企业通过应用智能制造软件系统，可实时采集任何需要监控、连接、互动的物体或过程等各种需要的信息，说白了就是可以实现物与物、物与人、所有的物品与网络的连接，方便识别、管理和控制，真正实现了车间物联网。

（5）生产文档无纸化，实现高效绿色制造。生产文档进行无纸化管理，在生产现场，工作人员可实时查询、浏览、下载所需的生产信息。在生产过程中，所产生的资料能够即时存档，不仅杜绝了文件、数据丢失，而且提高了生产准备效率和生产作业效率，实现高效绿色生产制造。

8.1.7 云计算和边缘计算

1. 云计算概述

云计算、物联网、大数据分析、人工智能、信息物理系统等新一代信息技术的不断发展，为制造业实现更高效、更具竞争力和更智能的制造做出了重大贡献。在新 IT 的驱动下，智能制造通过低成本和无处不在的感知、先进的计算和数据分析以及信息物理集成的力量，追求更高程度的智能化。各种先进互联的设备和机器的融合是智能制造的必然要求。此外，物联网的日益普及为构建强大的工业系统和应用提供了新的机会。因此，相互连接的机器和传感器等会产生大量数据。这些数据需要被清理、存储和处理，以产生信息和知识，这有望成为智能制造的基础。然而，数据的指数级增长超出了用户的一般处理能力。

在许多情况下，云计算是应对数据爆炸的技术手段。云计算是一种基于互联网的计算，其中共享的资源（例如，存储和计算设施、软件、数据、应用程序等）以方便的“即用即付”方式按需访问和使用。在云计算范式中，用户以较低的成本获得高质量的服务。由于云计算范式对社会和经济的潜在和实际效益，其引起了学术界和工业界的极大关注。例如，许多公司，如亚马逊公司（Amazon）、谷歌公司（Google）、Salesforce、IBM 和 Microsoft 等，已经开发了云计算平台，为无处不在的用户提供服务。同时，云计算与制造业相结合，催生了一种新的基于云计算的制造模式。所有制造资源和能力都被虚拟化并封装为服务，通过云进行管理、分配和按需使用。它汇集了物联网、信息物理系统（CPS）、大数据分析（Big Data Analysis，BDA）和通用标准（Common Criteria，CC）技术，使智能制造成为可能。此外，云计算还应用于工业物联网和 CPS。例如，Silva 等人提出了一种基于云的 IIoT 架构，用于远程监控和控制工业设备，为工业应用设计了云操作系统。但是，从机器和传感器收集的数据被发送到云端，经相应的设备输出再次被发送到所需的设备，这可能会导致响应延迟。此外，海量数据需要高带宽，成本高。

云计算和边缘计算是解决上述问题的方法,其中云的一些计算、存储和组网能力被转移到边缘网络。通过云计算和边缘计算,来自智能机器或传感器的一些数据不必在云上存储和处理,而是在边缘设备(例如云路由器或智能网关/IIHub 等)上存储和处理,从而满足低延迟、实时响应、减少网络流量等要求。此外,云计算还擅长过滤原始数据并减少资源浪费。云计算和边缘计算作为计算的新范式,为提高效率和开发创新服务提供了可能,这将加速智能制造的发展。因此,基于边缘计算、雾计算和云计算的智能制造参考架构提出,为智能制造的发展提供指导。该参考架构将应用于数字孪生车间,以提高不同级别的车间的智能化水平。

制造过程的各个环节与新 IT 的深度融合,推动了制造模式的深刻变革。受益于新 IT,越来越多的制造设备连接到互联网,越来越多的用户参与到制造过程中。一方面,制造系统变得越来越复杂和动态,需要资源和用户的协作。另一方面,制造业产生的数据也变得越来越丰富、多样化和复杂。云计算具有强大的计算能力、高扩展性和虚拟资源服务,为海量数据的处理和存储提供了高效的方式,满足了大规模协作的需求。

2. 基于云的制造系统架构

云计算作为制造业的主要推动力之一,将传统制造模式转变为面向计算和服务的制造模式,其互操作性、智能性、适应性和分布式等特性得到强化。此外,IIoT 和 CPS 还与云计算集成,以应对海量数据处理、服务提供和知识管理等方面的挑战。

从多个基于云的制造应用程序中,可以总结出基于云的制造系统架构,如图 8-3 所示。该架构由两个主要层组成,即物理制造系统和云环境。下层的物理制造系统覆盖了工厂内的所有物理设备,甚至多个工厂(包括位于不同地区的合作工厂)以及所有用户(包括企业用户和客户用户)。而上层代表云环境中的数据处理、过程控制和服务管理。云在制造生命周期中为用户提供非物理服务和应用程序。云提供的应用和服务更丰富,使用起来更快、更简单、更便宜。在云环境下的制造系统中,制造企业或用户不必投资昂贵的制造资源,而是通过云平台以"现收现付"的方式购买制造能力。云将海量社会制造资源链接在一起,可以提供各种制造服务,实现开放协作和共享。

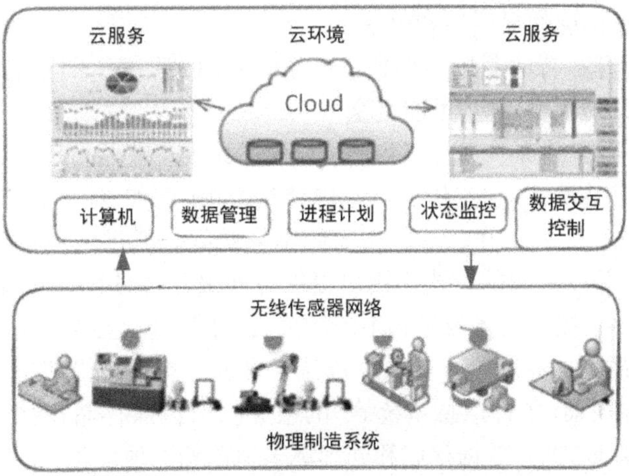

图 8-3　基于云的制造系统架构

在这种架构中，云连接了所有制造商和客户。客户之间和制造商之间通过台式机或移动设备进行沟通，以有效地整合社会需求和生产能力。物理制造系统通过物联网（例如，智能设备，传感器网络，射频识别等）被感知并将相关数据存储到云中。每个制造单元都可以被视为一个CPS，多个单元级CPS构成系统级CPS，通过将数据和功能封装在服务中，实现物理设备、用户和云之间的集成。此外，从物理制造系统收集的数据以及控制指令（例如，加工参数、刀具路径等）从云中，通过网络在层间传输。通过基于云的解决方案，制造企业能够以更低的成本开发集成度更高、效率更高的流程。

云环境下的制造系统可以在不增加投资和降低性能的情况下提高利用率，并将制造商和用户从许多细节中解放出来。然而，仍有许多问题限制了智能制造的发展。

（1）带宽过满。各种制造资源产生的数据正在经历爆炸式增长。这些数据通过网络传输到云端，在云端进行数据处理。不断增长的数据量和传输速度需要高带宽的网络。当网络拥塞严重时，一些数据可能会丢失。

（2）虽然存储在云中的数据可以随时随地访问，但用户在很大程度上依赖互联网连接和服务器的可用性。当由于网络不可用而无法访问数据时，云计算的强大功能将无法发挥作用。

（3）延迟。一些实时和并发场景需要时间同步，这带来了实时性问题。终端和云之间的数据传输可能会产生几十毫秒到几百毫秒不等的互联网往返延迟，这在有些情况下是不可接受的。

（4）数据有效性。许多无关紧要的数据（例如冗余、噪声、临时数据等）被传送到云端，浪费了资源。此外，一些本地消费的数据，也不需要发送到云端。但是，数据过滤能力尚未得到足够的重视。

（5）安全和隐私。新的攻击媒介（例如来自通信信道、拒绝服务（Denial of Service，DoS）攻击等）的不断发展导致了许多安全问题。此外，当所有数据被传送到云端时，它们也包含隐私数据，这增加了泄露用户隐私的风险。

（6）互动效率低下。制造商、用户和机器之间基于云的通信可能位于同一区域，这限制了连接和交互式消息传递的灵活性和效率。

因此，尽管云计算在智能制造中得到了广泛的应用，但由于云固有的问题，一些应用需要实时敏感和对事件的精确反应，不能完全依靠云。

3. 基于边缘计算、雾计算和云计算的智能制造系统参考架构

云计算是一种计算范式，它支持对可配置计算资源（例如，计算和存储设施、应用程序、服务等）的共享池进行无处不在、方便、按需的网络访问。通过虚拟化技术，云计算屏蔽了底层设备的多样性，并以透明的方式为用户提供各种服务，包括基础设施即服务、平台即服务和软件即服务。由于接入设备数量的不断增加，云计算可能会在带宽、延迟、网络不可用、安全和隐私等方面面临一些问题。雾计算被认为是云计算向边缘网络的延伸，提供更接近用户设备（如网络路由器、各种信息系统等）的服务（如计算、存储、网络等），而不是将数据发送到云。在雾计算范式中，数据存储和处理更多地依赖本地设备，而不是云数据中心。雾计算使应用更加便捷，满足更广泛的节点接入需求。与雾计算类似，边缘计算也允许在网络边缘进行计算，但更接近数据源。雾计算与边缘计算的区别在于，雾计算依赖节点之间的互

联能力，而边缘计算则运行在孤立的边缘节点。边缘计算在数据源附近提供边缘服务，以满足敏捷连接、实时优化、智能应用、安全和隐私方面的关键要求。基于边缘计算、雾计算和云计算的智能制造参考架构如图 8-4 所示，由三层组成。它为扩展云环境下的智能制造应用，为极低和可预测延迟的需求提供了解决方案。

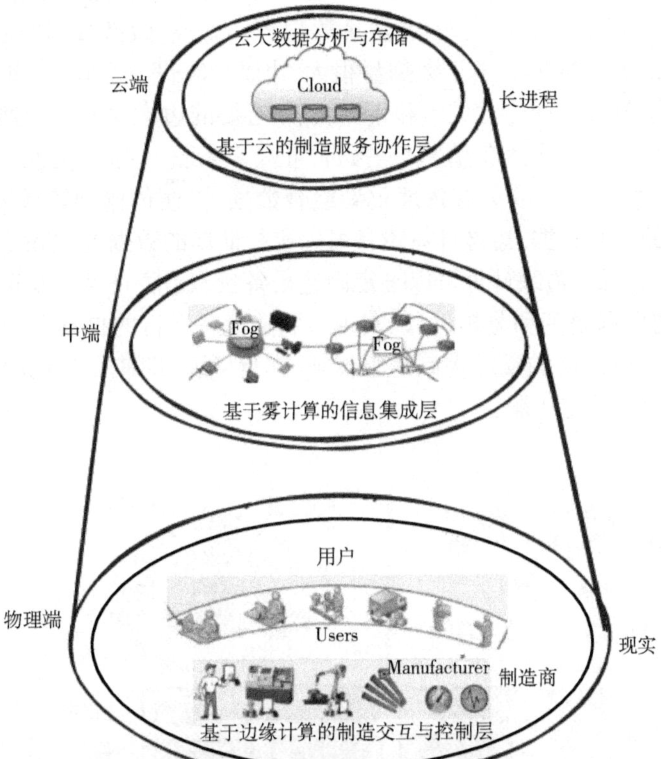

图 8-4　基于边缘计算、雾计算和云计算的智能制造参考架构

1）基于边缘计算的制造交互与控制层

如图 8-5 所示，基于边缘计算的制造交互与控制层（以下简称“边缘层”）由各种制造活动中涉及的所有制造资源组成。在车间或工厂中，主要资源可以概括为“人—机器—材料—环境”。人是指工人和管理者。机器包括机械加工设备（如机床、机器人等）、运输设备（如物料输送机、自动导引车等）。材料包括原材料、零部件、半成品、成品等。为了感知实时变化，在制造资源上部署了大量传感设备（例如，智能传感器、RFID 等）。它们与执行器和驱动器一起构成了传感系统和执行系统。此外，还应监测环境因素，如温度、湿度、压力等。

在边缘层，数控机床、智能机器人、传感器、终端、边缘连接设备，不仅产生数据，还具备数据分析和处理能力，支持边缘计算，提供近边缘智能服务。在距离物理设备最近的站点，边缘层利用有限的硬件资源（例如网关、工控机、PLC、IIHub 等）完成数据采集、协议转换、数据过滤、数据上传、数据存储、数据分析等操作。首先，通过适当的接入方式，如 RFID、传感器、工业以太网等，实时收集制造资源和用户的实时状态（如常规物理量、环境和运行条件）和各种参数数据。在边缘层，有许多类型的设备，其协议各不相同。因此，边缘计算设备的首要任务是接口和协议转换，将不同的数据格式和通信协议转换为统一的协议。边缘层的数据交互基于统一协议实现。而且，为了方便后期的处理，采集到的数据还要进行噪声处理、异常数据清理，必要时进行数据压缩。边缘设备还具有一定的数据存储能力（可能不大），用于存储实时状态数据以及告警、故障等信息。此外，微型数据中心用于有效存储有关生产现场状态的实时数据。由于数据量很大，边缘计算设备会在一定时间内用新数据覆盖原始数据。为了节省数据传输成本和带宽，只将必要的边缘数据上传到上层。此外，收集到的大部分数据可能没有多大价值，只是报告“正常”情况。因此，在边缘数据被覆盖之前，边缘计算设备会过滤、丢弃或更有效地重新组合数据，以便传输到雾或云中进行存储和分析。对于收集到的实时数据，边缘计算设备可以进行简单的数据处理和分析。例如，通过对各种传感器的数据分析，边缘计算可以确定制造设备状态是否正常以及正在执行什么动作。此外，经过简单的数据处理和分析，可以实现对制造设备运行的自动反馈控制，并按照预设的规则进行控制。边缘层的反馈控制足以保证实时性能。即使在离线的情况下，边缘计算仍然能够提供本地化的应用服务。

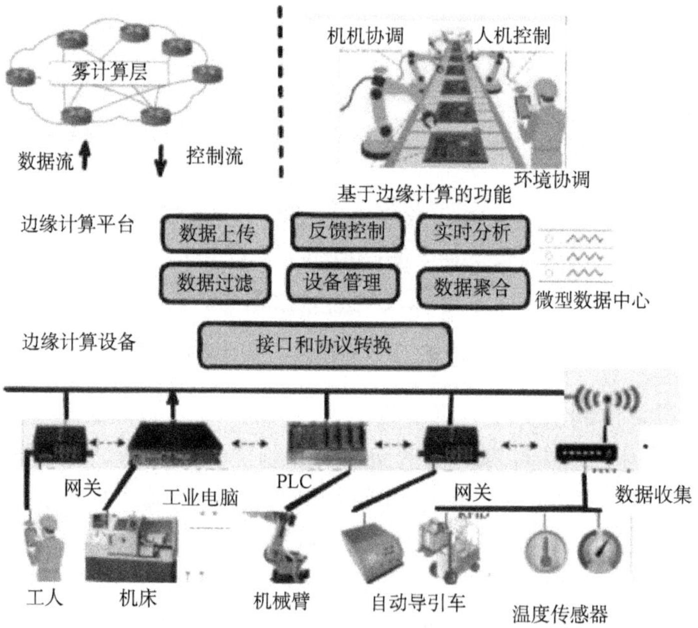

图 8-5 基于边缘计算的制造交互与控制层

在实现智能感知和互联互通的基础上，边缘层将基于边缘计算进一步实现以下功能。

（1）人机协同。通过整合机器的精度和人的灵活性，可以快速调整制造系统以使其适应动态的生产活动。因此，人与机器可以和谐共处。

（2）机器—机器协调。机器相互配合，可以有效提高速度和效率。通过机器协同，制造系统可以具有更好的鲁棒性和自我调节能力。因此，制造将更加灵活，从而更有效地生产多样化的产品。

(3)机材协调。基于传感器、RFID、机器视觉等,可以对材料和产品进行智能感知和定位。在边缘计算的背景下,智能机器自动执行相应的加工程序。

(4)环境协调。制造环境根据具体要求动态变化,确保产品质量和设备安全。

2)基于雾计算的制造信息集成层

基于雾计算的制造信息集成层(以下简称"雾层")负责中速和延迟数据分析,以实现制造信息集成和管理。边缘或核心网络的组件(例如,网络路由器、区域服务器、网络交换机等)以及企业级管理系统可以用作雾计算的基础设施。这些基础架构可以提供不同的计算、存储和网络功能。通过雾计算,部署在这一层的多个应用和服务可以连接大量的智能设备和传感器,并整合来自它们的数据。

如图 8-6 所示,雾层是由相互连接的雾节点组成的网络组。每个雾网络都有一个雾网关和一个雾管理节点,以及内部雾节点(例如,路由器、网络交换机、本地服务器、本地数据中心等)。雾网关的功能是支持边缘网络接入,接收边缘层采集的数据,并进行进一步的处理。雾管理节点可以感知雾网络中的所有雾节点。雾节点通过雾管理节点与外网的云数据中心进行通信。在雾层,边缘连接设备和边缘计算设备通过单跳低延迟链路与雾网关进行通信。内部雾节点通过雾网关与边缘层进行通信。内部雾节点的主要功能是对来自边缘层的数据进行数据处理(数据过滤、压缩、存储、加密等),并处理业务请求。当内部雾节点收到雾管理节点分配的任务请求时,可以在本地执行任务,也可以将数据发送到其他雾节点进行计算。雾管理节点负责任务请求和雾内计算资源的协调分配。在雾管理节点的统一管理下,雾层实现雾节点之间的相互协作。在雾层,来自不同边缘网络的数据进一步统一,包括数据格式和通信协议的统一。然后,这些数据集成在一起,为企业级应用程序找到有用的信息。雾节点可以有效减小业务延迟和减少网络传输的数据量,最后,将雾层中的部分数据传输到云计算层,驱动相应的业务。

在信息集成的基础上,雾层可以实现一些管理应用,如库存管理和流程优化等。这些应用程序需要从集成数据中获取信息。在库存管理方面,不断记录制造活动中消耗的材料的数量和批次,以及成品的不同种类和数量。因此,管理人员能够及时了解材料和产品的库存变化。对于工艺优化,历史工艺数据在这一层进行分析。通过分析工艺数据,可以确定不同工艺参数之间的相关性以及这些参数对产量和质量的影响。通过调整与这些参数相关的工艺流程,可以有效地提高生产率和产品质量。

此外,雾层也接收来自企业外部的数据(如订单、调用的服务等),这些数据主要来自云端。基于这些数据,制造企业进行生产计划和资源调度等。例如,制造企业接到客户的订单后,根据资源的可用性制订生产计划,确定制造资源的最优配置。此外,当发生某些故障时,管理人员会联系第三方维修服务人员更换或维修故障设备。雾计算范式作为中间层,将带宽降低到云上,为企业管理应用提供计算和存储服务。此外,来自制造资源的数据在该层中被进一步过滤以转发到云端。

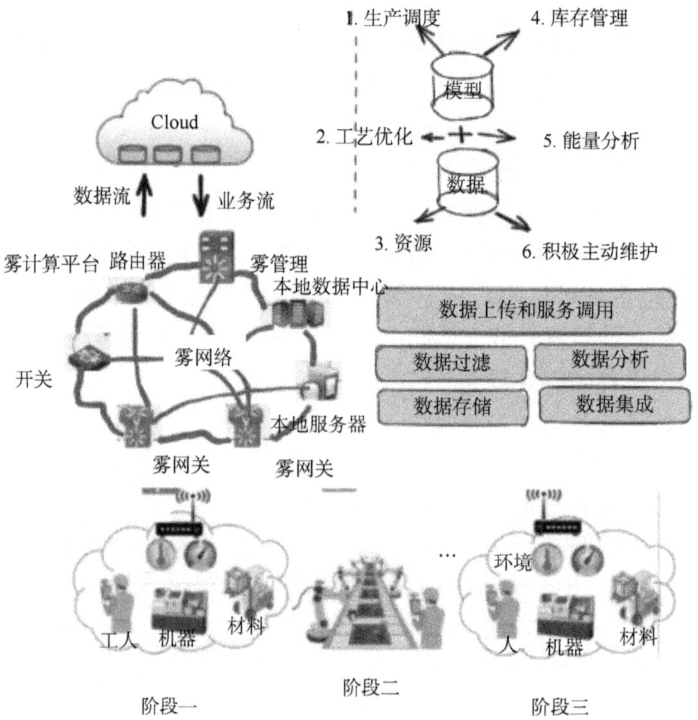

图 8-6　基于雾计算的制造信息集成层

3)基于云计算的制造服务协作层

市场和客户需求的多样化,要求制造企业具备制造多种产品的能力。而且,随着产品性能和结构的不断改进,仅靠一个企业不可能完成所有的制造活动。因此,制造资源和能力(Manufacturing Resources and Capabilities, MR&C)的社会化共享、企业与业务的协同以及用户的社会化参与成为必然趋势。为了更好地共享有限的资源实现高效的增值,制造商应充分利用全社会的优质资源,在产品设计、制造、营销和服务等方面进行大规模合作。云具有无处不在、便捷、按需共享资源、低成本、互通性强等特点,为大规模协同铺平了道路。在基于云计算的制造服务协作层(以下简称“云层”)中,所有的 MR&C 都以云服务的形式进行管理,由各种用户共享,包括资源服务、数据服务、模型服务、知识服务等。通过服务,各种 MR&C 将成为即插即用的组件。此外,供应商不仅可以方便地向其协作的利益相关者提供服务,而且制造企业也可以以即用即付的方式使用各种资源,从而实现了商务合作、制造合作、业务合作等多种协同应用,大大提高了企业的价值和效率。此外,各种用户还可以借助云服务参与产品创新和价值创造。

此外,如图 8-7 所示,云层负责大数据分析和存储。在制造活动和企业协作过程中,会产生大量的数据。云层具有强大的计算和存储能力,可以接收和处理雾管理节点从雾层和边缘层上传的海量数据。为了从数据中获取附加价值,建立数据处理模型,对计算复杂度大、时延敏感度低、数据量大等特点进行分析,并展示结果。以设备故障诊断为例,基于设备数据建立诊断模型。设备数据量越大,越容易形成准确可靠的诊断模型,这需要更多的计算资源和更高的算力。因此,诊断模型更适合在云端形成和更新。诊断模型形成后,将模型下载到雾层和边缘层,实现实时可靠的设备诊断。因此,在云层进行大数据分析和挖掘,形成模型。雾层和边缘层下载模型,对实时状态进行实时分析。在设备运行过程中,会再次生成新数据并上传到云端。云层中的模型将基于历史大数据和新数据进行更新。此外,大数据为企业提供更敏锐的洞察力,如市场趋势分析、风险评估等。

因此,智能制造系统涉及多个层次。底层是智能设备,它们是数据源并提供边缘计算。中间层是数据传输网络,在其中进行雾计算。顶层是云,其中存储和分析大数据。通过近端节点的计算、存储和组网能力,边缘计算和雾计算减少了发送到云端的数据,降低了服务宕机的概率,保证了智能制造系统的鲁棒性。边缘计算、雾计算、云计算相互配合,能更好地满足智能制造应用需求。

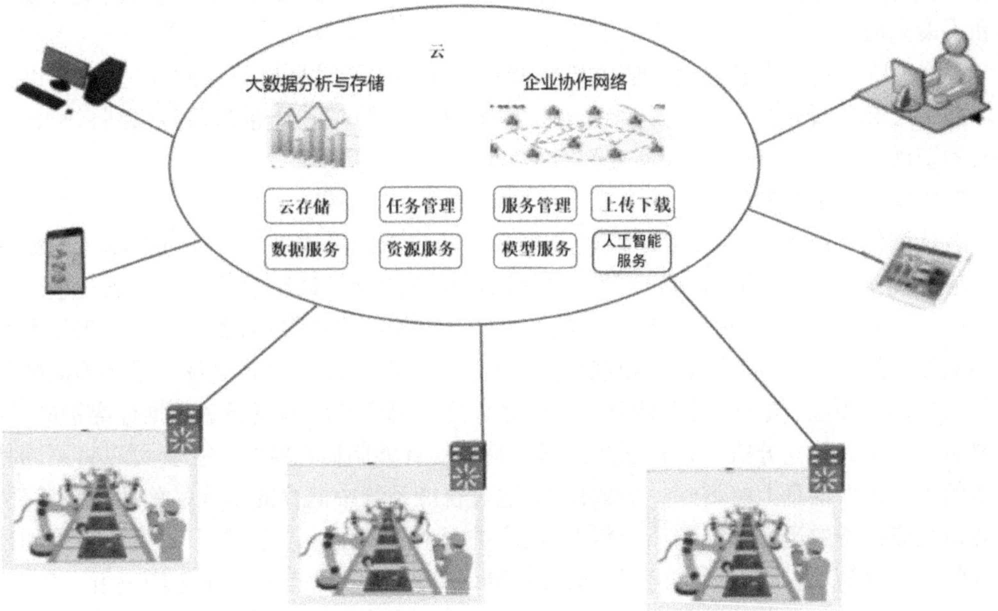

图 8-7　基于云计算的制造服务协作层

8.1.8　物联网和传感器技术

1. 简介

物联网和传感器技术是智能制造中至关重要的组成部分。它们在实现智能制造的自动化、智能化和数据驱动方面发挥着重要作用。物联网是一种通过互联网连接和交互的设备网络。它将物理设备、传感器、通信技术和云计算等技术融合在一起,实现设备之间的数据交换和互操作。物联网可以将各种设备和系统连接起来,实现实时监测、远程控制和数据共享等功能。传感器技术是物联网的基础,它可以感知和测量环境中的各种物理量和数据。传感器可以用于监测温度、湿度、压力、光照等环境参数,也可以用于监测位置、速度、加速度等物体运动状态。传感器可以将收集到的数据转换成电信号，然后通过通信技术传输到其他设备或云平台进行处理和分析。物联网和传感器技术在智能制造中有许多应用。以下是一些常见的应用场景。

（1）设备监测和维护。通过传感器监测设备的状态和性能参数，可以实时监测设备的运行情况，检测故障和异常。通过物联网连接，可以将监测数据传输到远程维护中心，实现远程故障诊断和设备维护。

（2）生产过程控制。通过传感器监测生产线上的各个环节和工艺参数，可以实时控制和调整生产过程，提高生产效率和质量。传感器可以用于监测温度、湿度、压力等参数，进行自动化控制和反馈。

（3）资源管理和优化。通过传感器监测能源消耗、物料流动等，可以进行资源的实时监测和管理，实现能源和物料的优化利用。物联网连接可以将资源数据集中管理，实现集中控制和决策支持。

（4）产品追溯和质量管理。通过传感器对产品的生产过程进行监测和记录，可以实现产品的追溯和质量管理。通过物联网连接，可以将产品数据和质量参数传输到云平台进行分析和统计，实现全程可追溯和质量溯源。

2. 物联网技术在智能制造中的应用场景

在传统的智能制造中，设备和环境数据的采集以单点形式进行。在智能制造的物联网技术应用场景中，设备和环境数据的采集是以从单点到全局最后掌控全局的形式呈现的在一般的制造业工厂中的，制造工厂生产的产品的类型往往多种多样，意味着一个工厂中有多个不同类型的生产设备需要联网和进行实时监控。传统的联网方式是逐个采集不同品牌的设备的数据和环境数据，然后上传到不同的数据库。每个品牌的设备的数据标准不同，因此需要对它们进行独立分析。在物联网技术支持下的智能制造系统数据采集可以将不同品牌设备的生产设备信息上传到同一个数据库，通过智能系统中储存的不同品牌的参数记载，整体分析相应设备的运行数据和环境数据，最后进行全局优化。这个过程中，设备数据和环境数据的采集更简单，处理过程更有条理，分析结果更具有价值，更有利于全局决策。

在传统工厂的生产设备故障处理与检修过程中，往往是某一个设备出现故障时才进行全面的停电检修工作。有的工程如汽车组装中组装某个产品需要上百道工序，当其中一个产品出现问题时要逐步排查才能知道问题具体出现在哪一道工序，不仅处理过程耗时耗力，而且故障处理效率十分低下，严重影响了工厂的生产效益和经济效益。在物联网技术的支持下，智能制造系统能实时监控设备运行状态，并将设备运行数据上传系统进行数据分析比对，通过比对预知故障的发生和确定故障发生在哪个环节。一旦发现问题，可以及时甚至提前进行检修更换，以便可以在最短时间内完成生产设备的故障检修工作，同时降低生产过程因产生故障造成的损失。

此外，许多制造企业都需要对出厂的产品进行定期维护和保养。这不仅是制造企业制造生产过程中的一个必要环节，还会增加企业的成本支出。例如，某锅炉制造企业在对本厂出产的锅炉进行定期维护保养时，原先采用人工巡检模式，即在规定时间内由人工进行检查和运行数据信息记录。这种方式不仅效率低，还容易出现检查疏漏或数据丢失等问题。应用物联网技术的智能制造系统不仅能够根据系统设定实时监测检查锅炉状态，还能有效保存锅炉的运行数据，一旦发现错误，可第一时间进行维护检修，降低了锅炉的售后服务成本。根据运行数据不断优化锅炉参数的过程中，智能制造系统还能够根据实际工作情况及时调整锅炉参数，延长其使用寿命。

3. 物联网技术与智能制造的融合

物联网技术与智能制造的融合，标志着工业 4.0 时代的到来。所谓工业 4.0 时代，就是生产智能化、设备智能化、能源管理智能化和供应链管理智能化的时代，基本模式如图 8-8 所示。

生产制造的物理系统与信息传递的信息系统在移动互联网和物联网的协同交互下实现了有机结合。在高素质操作者的操作下，线上控制全球化工厂和社会化设备，无障碍生产智能产品和虚拟化生产产品，这一过程也称为物理信息生产模式。这种新的生产模式将对未来的商业发展、管理模式、企业组织模式和人才需求产生巨大影响

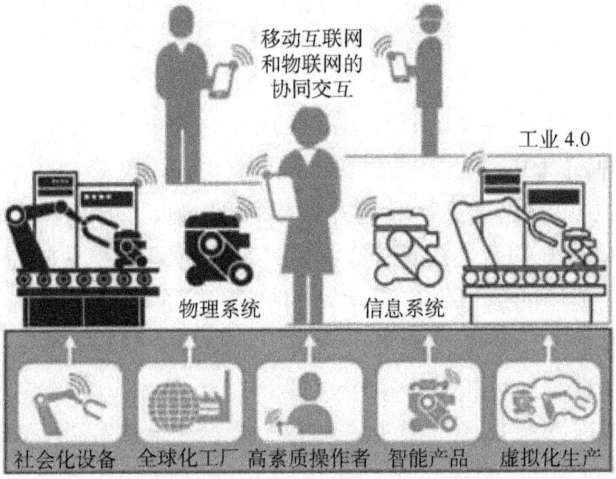

图 8-8　物联网技术与智能制造融合的基本模式

4. 智能制造中智能传感器的应用和意义

智能传感器使用换能器从物理环境收集数据，它获取信息并加以计算，对其收集的数据类型进行执行预设和优化，然后通过网络把数据传输到云端或边缘计算环境中进行存储、分析和挖掘。根据智能传感器提供的实时数据分析和预测，智能制造系统（Smart Manufacturing Systems，SMS）可以根据收集到的数据对其物理环境进行动态优化。智能传感器可以为 SMS 提供环境监测和数据收集功能，并提供快速、准确的决策依据。在 SMS 中，网络通信确保了计算机适时共享与状态和活动相关的信息，并收集支持信息和控制命令以有效地开展活动。智能制造的实施基于传感器技术，这主要在于 SMS 和设备状态数据由用于过程级信息系统和工作流的传感器收集，这些传感器会安装在 SMS 的多点上，实现数据收集过程简化。目前，智能传感器越来越多地使用在自动化生产线上，更多地通过网络、物联网过程控制、数据采集和数据交换来为自动化生产线提供“后勤服务”。随着我国制造业各个细分领域朝着数字化方向转型，形态各异的远距离接近传感器也将在制造过程中发挥越来越重要的作用。

智能传感器在智能制造中的应用及意义主要包括以下方面。

(1)实现设备互联。智能传感器通过连接多个设备和系统来生成数据,从而使各种机器能够相互通信。

智能传感促进了从人工维护到自动化维护的转变,数据监控可以识别设备的健康趋势,对设备是否需要维护进行实时提醒。当设备的健康情况不佳时,系统会向用户发出警告,以防止设备出现故障。

(2)提高生产效率。智能传感器使生产商能够实施敏捷制造,从而提高实时流程中的生产效率。

传感器数据为SMS提供工厂中峰值和流量的视觉图像,从而使得生产流程更加透明;同时智能传感器和制造数字化都能使企业以开放、可靠和更高质量的方式维持生产,使得制造商可以更加合规和高效地提高生产效率。智能生产的未来是构建一个数字连接的制造工厂,通过整合物理和网络技术来提高的生产效率。智能传感器辅助SMS整合了离散结构,并利用海量数据的容量来提高工厂自动化和数字化程度,从而提高生产效率。

(3)提升质量管理水平。智能传感器可用于生产环境,支持设备平台上的质量管理和跟踪。

智能传感器使用微处理器来定制输出并提供更合理的机器执行方案。智能传感器技术的进步吸引了潜在开发者并提升了他们的质量管理水平,这是由于智能传感器可以连接不同的操作系统,允许不同的机器进行通信并做出合理的执行方案,这会倒逼各个厂商生产精度更高的设备来适配新型的智能传感器。此外,工厂管理层也可以通过这些准确的数据和高效的机器对自动化工厂的运行做出更明智的决策,从而达到提升质量管理水平的目的。

(4)跟踪全制造流程。智能传感器可用于跟踪制造的整个过程,它们收集数据并将数据发送到中央云计算系统以分析整个生产过程。

工厂的决策者可以跟踪这些结果来了解每个生产流程的情况。智能传感器在制造业中用途广泛,在生物工程上,它们可用于测量生物功能,例如,在制药过程中测量化合反应情况,在设计、工程和施工中,监测建筑物和工业厂房的湿度。

(5)提升自动化水平。智能传感器是可以被动收集在任何制造或物流阶段产生的数据的装置。

智能传感器使机器能够智能地感知和上传所有信息,并识别和分析这些信息以实现更好的自动化。智能传感器提供的信息不仅使工程师能够通过SMS操作机器和流程,而且还能跟踪特定的生产系统并检测或避免潜在的故障,甚至可以帮助SMS基于数据自动增减材料和优化制造工艺。如今,智能传感器是工厂自动化和数字化的重要组成部分,不同类型的传感器可以收集各种数据并计算各种参数,从而推动生产自动化。

(6)提升制造机械精度。智能传感器可以提高生产机械系统的性能和精度。

智能传感器会自动记录能源消耗、温度、湿度、运行时间、维护和生产线输出等数据,基于这些数据可以改进制造机械工作流程;此外,其还可以检测可能影响产品性能和质量的设备异常情况,并实时报告这些情况,从而实现制造机械工艺的调整。

(7)规范流程。智能传感器在持续跟踪和调节过程方面发挥着重要的作用。

在基于物联网构建的智能工厂中安装有具有遥感和跟踪能力的传感器,它们可以在工业控制中发挥重要的作用,作为定制自动化的一部分,它们会监控产品开发、生产和包装的全流程,也可以跟踪材料移动,从而监控生产流程是否规范。如今几乎每个行业的现代生产线都依赖智能传感器。

(8)检测故障。智能传感器在设备上不断收集数据以跟踪其性能,并通过预测分析,检测可能出现的故障,并确定各个组件以最高效率工作的时间。

通过这些信息,工程师可以确保生产流水线的正常高效运行。然而,设备出现故障的主要原因之一仍然是人为错误,即使有智能传感器辅助检测故障,还是需要加强工人的专业素质。

(9)优化生产任务。智能传感器的作业监控功能可以通过优化生产任务来最大限度地优化各项生产任务的时间分配,从而提高工厂的整体生产效率。

智能传感器会对关键基础设施适时进行连接和跟踪,检测到即将发生的风险时会紧急实行中断等调整策略,例如:用于装配线质量监控的传感器在检测到风险后可在几分钟内关闭物理数字回路以降低生产风险。对于智能工厂而言,智能传感器以低成本和非接触式对象识别和监控,降低库存或财产损失的风险。未来的智能工厂的自动化生产线会通过智能传感器检测方向、重量、高度、错位、温度、压力和扭矩的变化来进行自我优化。

8.1.9　增强现实和虚拟现实

1. 增强现实和虚拟现实概述

增强现实(AR)和虚拟现实(VR)是两种不同的技术和概念。增强现实是指将数字信息叠加在真实世界中的技术,通过使用摄像头或其他传感器捕捉真实环境图像,经过计算机处理后,在显示设备上将虚拟内容叠加到真实环境中。用户可以通过AR设备(如手机、眼镜、头盔等)观察到真实环境和虚拟内容的混合图像。AR技术可以为用户提供丰富的交互体验,例如在真实环境中显示虚拟物体、指导用户进行操作或提供实时信息等。虚拟现实则是一种通过计算机生成的虚拟环境,用户可以通过佩戴VR设备(如头盔、手套等)完全沉浸其中。VR技术通过模拟真实环境的视觉、听觉和触觉等,使用户感觉自己身临其境。用户可以在虚拟现实中进行各种活动,如游戏、培训、模拟等。虚拟现实技术可以提供更加身临其境的体验,但可能需要较高水平的计算和显示设备支持。增强现实和虚拟现实都是近年来快速发展的技术,它们在游戏、教育、医疗、设计等多个领域都有广泛的应用。随着技术的不断进步和设备的普及,增强现实和虚拟现实有望进一步改变人们的生活方式和工作方式。

2. 增强现实和虚拟现实在智能制造中的应用

增强现实和虚拟现实在智能制造中有广泛的应用,可以提高生产效率、降低成本、改善产品质量等。以下是一些常见的应用场景。

(1)装配和维修指导。使用增强现实技术,工人可以通过AR设备获得在装配和维修过程中的实时指导。虚拟的指示和操作步骤可以在显示设备上显示,帮助工人准确地完成任务,并减少出错的可能性。

(2)虚拟工厂仿真。虚拟现实技术可以用于创建虚拟的工厂环境,模拟生产线和设备的运行情况。通过在虚拟环境中进行仿真和优化,可以提前发现问题,减少生产线的停机时间并优化工艺流程。

（3）设备维护和故障排除。使用增强现实技术，维修人员可以通过 AR 设备查看设备的实时状态信息，执行维修操作，并获得故障排除的指导。这可以减少维修时间和错误，并提高设备的可靠性，延长使用寿命。

（4）虚拟培训和教育。虚拟现实技术可以创建逼真的虚拟环境，用于培训和教育。工人可以在虚拟环境中模拟操作和实践，提高技能水平，积累经验，而无须真实设备和实际生产线的参与。

（5）产品设计和可视化。增强现实技术可以将虚拟的产品模型叠加到真实环境中，帮助设计人员更好地理解产品的外观和功能特性。这可以提高设计效率，减少原型制作的成本和时间。

（6）实时数据监控和分析。使用增强现实技术，工人和管理人员可以通过 AR 设备获得实时的生产数据和分析结果。这可以帮助他们更好地监控生产过程、分析问题和做出决策。

总的来说，增强现实和虚拟现实在智能制造中的应用可以提供更直观、高效和准确的信息，提高生产效率和产品质量，降低成本和风险，推动智能制造的发展。

3. 增强现实和虚拟现实技术在智能制造中应用的必要性

传统制造业中存在较多问题，急需高科技手段介入，以解决问题、提升制造效率、提升产品质量，这也是时代发展的趋势和必然要求。制造业外部环境在变化，制造业也要紧随主流趋势向智能方向靠拢，融入增强现实和虚拟现实技术，更好展现经济主体地位，更好为我国经济发展做出突出贡献。在转型的大浪潮下，制造业也急需借助增强现实和虚拟现实技术增强自身对外竞争力，走出一条创新之路，打造属于我国的品牌，促进经济昌盛、民族富强，这也是当下我国提升国力、保障社会稳定、走向强国之列的必经之路，增强现实和虚拟现实技术在智能制造中的应用意义和必要性也就不言而喻了。

4. 增强现实和虚拟现实技术在智能制造中的具体应用

（1）模拟驾驶方面应用。由于在市面中的大型机械设备价格昂贵，操作也需要专业人士来进行，况且在某些操作中可能存在安全隐患，各类风险居高不下，在这种状况下，虚拟现实技术就可以应用进来，用于开发汽车模拟驾驶器，可以构建虚拟的驾车场景，不断根据场景切换做出贴合反应，并在投入过程中实时配合并指导工人进行操作，大大节省了成本，也减少了不必要的风险，显而易见地提升了真实机械设备操作成效，有助于企业长远、可持续发展。

（2）在航空发动机装配中的应用。以往的航空发动机装配过程，对人力的需求往往过大，再加上发动机零件类型众多，对装配要求较高，往往对人力的专业性的要求也较高，生产周期往往得不到优化，成本也会居高不下，人力和成本的制约让装配效率迟迟得不到提升。而虚拟现实技术在航空发动机装配中的应用，大大改变了这种局限格局，利用虚拟现实技术对发动机三维模型进行虚拟装配，可以降低装配失误率，大大减少工人承担和责任与压力，也有效帮助工人提高发动机装配熟练度，在成本减少的基础上使得效率大大提升，可谓一举两得，切实发挥了虚拟现实技术的强大优势。

（3）在车辆虚拟维修中的应用。传统的技术维修离不开专业维修员的仔细探查，需要不断排查汽车构造，去发现汽车存在的问题，需要拆拆卸卸，不仅维修周期长，而且效率还不甚令人满意。而虚拟现实技术在汽车维修中的应用,可以将更好的技术和服务带入维修中,切实营造故障维修环境,让车辆故障信息与虚拟数据同步,使得维修人员可以不费太多力气就找出故障源头,模拟维修程序,也可以减少维修工人花费的气力、缩短思考过程,大大缩短了维修时间、大大提升了维修进度,也使得维修更为精准。

(4)在模拟实际生产培训中的应用。在当代的智能制造中时,工作人员需要了解详细的制造流程,并对制造环节加深认知,这对工作人员有着高要求、高标准。而虚拟现实技术在生产培训中的应用,可以将培训学员和工作人员带入虚拟车间环境中,使其可以放心大胆地进行模拟操作,进而加深对生产线工作的了解,使其尽快适应复杂的操作工序,并在实际生产车间内做好各项制造工作,在虚拟环境中,还可以加强培训学员和工作人员对故障的认知,进一步提升其解决故障问题的能力。

8.1.10　自动化和机器人技术

自动化和机器人技术是指利用先进的机械、电子、计算机和通信技术,使机械设备、系统或过程能够自主执行任务,减少或消除人工干预的技术。其主要思想是通过传感器、执行器、控制器和通信设备,实时监测和控制设备和过程,根据预先设定的规则和算法进行操作和决策,提高生产效率、质量和安全性,减少人力成本,实现生产过程的可控和稳定。

自动化和机器人技术的发展可以追溯到很早以前,总的来说其发展经历了从简单的机械化、电气化到数字化和智能化的演进过程。随着技术的不断进步,自动化和机器人技术在各个领域的应用越来越广泛,为人类带来了巨大的便利和效益。

自动化和机器人技术的发展历程大致可归纳为以下几个阶段。

(1)工业革命初期(18 世纪末至 19 世纪初)。蒸汽机和纺织机的发明大大提高了机械化生产的效率和产量。

(2)电气和电子技术的发展(19 世纪末至 20 世纪初)。电力的普及和电机的发明推动了机械设备自动化技术的发展,早期的自动化设备出现,如卡片编程的织机和打孔纸带编程的计算机。

(3)数控技术的出现(20 世纪 40 年代至 50 年代)。数控技术的出现标志着自动化技术进入了数字时代。数控机床的应用大幅提高了生产效率和生产精度。

(4)工业机器人的出现(20 世纪 60 年代至 70 年代)。1961 年,美国的尤吉尼奥·费尔科夫发明了第一台可编程的工业机器人。工业机器人的使用减轻了工人的劳动强度,提高了生产效率。

(5)智能化和感知技术的应用(20 世纪 80 年代至 90 年代)。计算机和传感器技术的发展提升了机器人的感知能力,使其智能化,使其可以通过传感器获取环境信息并做出相应的反应。

(6)互联网和物联网的发展(21 世纪初至今)。互联网和物联网的普及使得机器人可以通过网络连接和交流,实现远程监控,推动了机器人在各个领域的应用和发展。

(7)人工智能和机器学习的应用(近年来)。人工智能和机器学习的快速发展赋予机器人更高级的认知和决策能力,使其可以学习和适应不同的工作环境,并与人类进行更复杂和灵活的交互。

目前,自动化和机器人技术的应用范围越来越广泛,涉及工厂生产、物流和仓储、交通运输、农业、医疗保健、家居服务等各个领域。随着人工智能、物联网和大数据等信息技术的发展,自动化和机器人技术正在推动工业革命走向新阶段,改变着人们生活和工作方式,在智能制造中应用广泛,发挥着推动制造业转型升级的重要作用,主要表现在以下几个方面。

(1)自动化生产线。自动化生产线是智能制造的核心部分,其利用自动化设备和系统实现生产过程的自动化和高效化。自动化生产线能够实现物料的自动输送、加工和装配,减少人工操作和错误,提高生产效率和质量。

(2)机器人制造。机器人在智能制造中扮演着重要的角色。它们可以执行各种复杂的生产操作,如焊接、喷涂、装配和包装等。机器人具有高度的精确性、重复性和可编程性,能够适应不同的生产需求,提高生产效率和质量。

(3)数据分析与优化。自动化和机器人技术使得生产过程中产生大量的数据,通过数据分析和优化可以实现生产过程的智能化管理,通过对数据的收集、处理和分析,可以实时监测生产过程的状态和性能,进行故障诊断和预测,优化生产计划和资源配置,提高生产效率和能源利用率。

(4)智能仓储和物流。自动化和机器人技术在物流和仓储领域也有广泛的应用。机器人在物流中可以承担货物的搬运、排序和分拣等任务,提高物流操作的速度和精确度。智能仓储系统利用自动化设备和机器人实现仓库货物的自动存储、检索和装载,提高物流效率和准确性。

(5)人机协作。人机协作成为智能制造的一个重要方向。人和机器人紧密结合,通过合作和交互,充分发挥人类的智能和创造力,灵活解决复杂的生产问题。

8.2 工业物联网

8.2.1 工业物联网的概念

在过去几十年中,无线通信技术的长足发展为物联网的广泛应用奠定了技术基础。物联网作为一种技术范式最早由凯文·阿什顿(Kevin Ashton)于 1998 年提出,其主要内涵是在人人互联的基础上,进一步将各种事物或对象连接到互联网上。目前,物联网在智能家居、医疗保健、交通和环境等许多应用场景中得到了广泛的应用。基于物联网的实时在线的传感监测和更加高效的控制,有效降低了工业领域的成本,提升了效率,工业物联网(IIoT)的概念应运而生。

IIoT 系统在工业研发、生产、制造和销售以及后续的全流程中收集和分析大量数据,这些数据可用于改善工业系统的整体性能,提供各种类型的服务,同时有效降低了工业系统的资本支出和运营费用。IIoT 是物联网的一个子集,是智能化、高度连接的工业组件网络,通过实时监控、高效管理来控制工业流程、资产和操作时间,实现高生产率,降低运营成本。IIoT 需要更高级别的安全、可靠通信、处理和控制,确保整个工业流程的连续性和稳定性。

工业物联网的特征主要表现在以下四个方面。

(1)智能感知。IIoT 通过声光电磁等各类传感器技术,直接获取产品从研发、生产、运输直到销售至终端用户使用的各个阶段的信息数据。

(2)互联互通。IIoT 通过各类不同协议的专用网络和互联网相连的方式,使工业过程中各个阶段、各类设备的信息实时、准确无误传递出去。IIoT 注重低延时、低带宽和低功耗的通信能力,同时更注重数据交互。

(3)智能处理。IIoT 利用云计算、云存储、模糊识别及神经网络等智能计算技术,对数据和信息进行分析处理,构建工业物联网大数据,深挖数据的价值。

(4)自我迭代。IIoT 通过对工业资源数据的处理、分析和存储,形成有效的可继承的知识库、模型库和资源库,经过不断迭代自我优化,不断完善决策和控制能力,实现系统级的效率优化。

8.2.2　工业物联网面临的挑战

IIoT 系统的异构性和复杂性带来了许多显而易见的技术挑战,例如互联互通、安全性和隐私性、可扩展性、异构性、可靠性等等。这些挑战限制了 IIoT 的应用和效能,也是未来学界、工业界需重点关注、解决的问题。

1. 高效的数据管理方案

随着技术的发展,IIoT 系统对于接入设备的种类和数量的适应能力不断增强,这些异构设备的大量接入导致数据量急剧增加。与工业设备集成的传感器和执行器不断产生越来越多的感知和控制数据。这些数据存储在这些异构 IIoT 设备上,本地网关/边缘服务器和云服务器上,用于实时和未来决策。数据的处理、传输、可用性和存储是一项具有挑战性的任务,需要付出巨大的努力。为了应对这些挑战,需要高效的数据管理模型。这些数据管理模型应该能够有效地处理异构 IIoT 设备生成的大量原始数据。这些模型还应为数据管理服务提供高速的数据处理、可靠安全的数据存储与检索和快速数据流。

2. 异构 IIoT 系统之间的协作

IIoT 系统组件是不同异构和多供应商技术的集合,例如工业机器、机器人、物联网设备、传感器、执行器、网关、边缘节点、边缘/云数据服务器(数据中心)、不同的有线/无线通信和蜂窝网络(Wi-Fi、5G、NB、Lora)。这些基于异构和多供应商技术的 IIoT 系统之间的集成和协作是一个具有挑战性的问题。同步、资源共享、数据共享、互操作性和数据隐私等不同因素使集成和协作更具挑战性。灵活高效的协作和互操作性技术仍然需要更多的研究和开发工作。

3. 强大而灵活的大数据分析

为了从 IIoT 设备生成的大量数据中充分受益,强大而灵活的大数据分析技术必不可少。传统的数据库管理系统无法产生预期的结果,因为这些系统无法有效地处理和分析大量数据。实时处理 IIoT 数据是一项关键任务,因为这些数据的处理结果将用于关键的实时工业自动化操作,例如预测故障、预测性维护、增加产量、减少停机时间和异常检测。为了满足 IIoT 应用程序的不同需求(即数据速率、延迟和可靠性等方面的需求),需要高效和实时的大数据分析技术,以稳健高效地处理 IIoT 设备生成的数据。

4. IIoT 系统的可信性

任何商用化技术的成功与消费者的接受和适应直接相关,其中对技术的信赖度至关重要。商业客户（例如特定行业的所有者）成功部署基于IIoT的系统也受到信任因素的影响。目前，IIoT系统还处于起步阶段，大量研究文献都强调安全和隐私是这些系统面临的主要挑战。技术的安全性和隐私性与其客户的信任度密切相关，工业物联网系统的成功部署和适配，必须通过有效的客户信任模型妥善处理客户信任问题。在客户信任模型领域进行更多研究，是技术层面外IIoT走向商用成功的重要课题。

5. IIoT中无线技术和协议的共存

IIoT中的通信对于信息交换是强制性的。因此，IIoT中的通信必须能够连接大量异构设备，提供足够的带宽来传输数据。此外，一些工业应用对时序、可靠性、可用性和安全性要求有一定的限制。IIoT中使用了许多通信技术、协议和标准。其中无线系统（WLAN、WSN）和无线设备越来越受到关注。无线通信也带来了许多挑战。不同无线系统和协议的共存是IIoT的主要挑战。目前，存在多种通信技术和协议并用的现实情况，主要原因是一种无线技术或协议无法提供适合IIoT中各种应用要求的所有功能和优势。因此，通信技术和通信协议的选择和共存是一个很大的挑战。

6. IIoT中的公共安全

IIoT在发生紧急情况和灾难时的公共安全应得到高度重视。在发生灾难时，产业工人和设备的安全取决于事件的及时检测、警报生成、现场定位以及向应急响应服务提供者（如消防部门、救护车、灾害管理单位、交通警察和其他执法机构）报告。然而，灾区通信基础设施的缺失或故障成为一个主要问题。此外，各种IIoT设备和其他通信系统之间的协作和通信是具有挑战性的问题。最近的许多研究提出了基于公共安全通信的网络架构，将无人机、SDN、边缘计算和其他先进的通信技术，如LTE、4G/5G等，用于物联网和未来智慧城市的公共安全通信。然而，仍需要更多的研究来设计灾难环境下更加弹性、自治的通信架构，以在紧急情况下确保公共安全的灾难恢复机制。

8.3 工业智联网

工业智联网是工业互联网的升级，是新一代人工智能技术、知识工程技术与制造业深度融合的产物，可以实现设计、生产、管理、服务等制造活动各个环节之间的泛在互联、智能协同与自治自主，从而催生出具有自感知、自学习、自决策、自执行、自治理功能的新型生产服务方式，未来将催生工业发展的新业态、新模式、新应用。

8.3.1 工业智联网产生的背景及其内涵

在智能时代，智能科技是人类和社会智能的直接延伸。复杂系统，特别是社会复杂系统的管理与控制需要超过人脑信息处理的带宽和速度，因而人们更需要借助知识自动化所衍生出的机器智能来弥补其自身智能上的不足，进而才能去应对各种层出不穷的时变性、不定性、多样性、复杂性状况。而整个社会正在涌现海量的、各种层次上的大数据和智能体。尽管这些智能体在数据和信息的层面上实现了互相连通，但是由于缺乏智能联结机制，它们在知识层面上并未做到直接连通。智联网，正是实现借助机器智能的联结来协同人类社会中各种纷杂智能体的核心科技。

如果说互联网的实质是实现“虚连”或“被动联结”，物联网的实质是“实连”或“在线联结”，则智联网的实质就是“真联”或“主动联结”。智联网是新智能时代的核心科技，只有实现智联网才意味着智能时代的全面来临。

智联网以互联网、物联网技术为基础，以知识自动化系统为核心系统，以知识计算为核心技术，以获取知识、表达知识、交换知识、关联知识为关键任务，进而建立包含人机物在内的智能实体之间语义层次的联结、实现各智能体所拥有的知识之间的互联互通。智联网的最终目的是支撑和完成需要大规模社会化协作的、特别是在复杂系统中需要的知识功能和知识服务。智联网是建立在互联网（数据信息互联）和物联网（感知控制互联）基础上的，目标是构建“知识智能互联”的系统。智联网的目标是达成智能体群体之间的“协同知识自动化”和“协同认知智能”，即以某种协同的方式进行从原始经验数据的主动采集、获取知识、交换知识、关联知识，到知识功能，如推理、策略、决策、规划、管控等的全自动化过程。因此，智联网的实质是一种全新的、直接面向智能的复杂协同知识自动化系统。

那如何认识协同认知智能呢？以人体大脑以及神经系统作为比喻，互联网完成的是信息的互联互通，有如遍布人体的神经传导和连接；物联网完成了万物互联的信息采集和驱动控制，有如负责反射的脊髓神经系统、负责处理传感信息的传感系统、负责协调控制人体的小脑、脑干、中脑、脑中等系统，其功能即根据环境输入，协调和决定控制输出，属于反应智能（动物智能）。而智联网追求的是认知智能，即描述智能、预测智能、引导智能的合体，完成对系统在知识层面的思考，自动、自觉地完成系统高级知识功能，如长短期规划、重大决策、策略制定、基于环境动态的适应、复杂系统状态分析、复杂系统管控等。智联网、物联网、互联网需要将高等（认知）、中等（反应）、低等（反射）智能通过某种机制统一在一起，类似于人体就是三种智能的统一体一样，形成感知、认知、思维、行动一体化的大智能系统。

更进一步，智联网智能的最大特征，是实现海量智能体在知识层面的直接连通，即“协同智能”，互联网传输的是数据与信息，实现的是信息协同；物联网传输的是传感和管控的数据，实现的是感知和控制协同；而智联网的智能互联，交换的是知识本身，经过充分的交互，在知识的交换中完成复杂知识系统的建立、配置和优化，同时海量的智能实体，组成由知识联结的复杂系统，依据一定的运行规则和机制，如同人类社会一样，形成社会化的自组织、自运行、自优化、自适应、自协作的网络组织。我们期待基于智联网所实现的协同智能能够创造出新的人工智能科技和应用的范式转移，使人类社会的智能水平能够跃升到全新的高度。

显然，工业智联网将颠覆传统工业制造生产要素配置方式、生产运营模式、企业组织形态和制造服务生态，推动制造走向个性化、柔性化和云“智”造。以工业智联网为基础，可以打造需求牵引、创新设计、按需制造、快速迭代的智能制造闭环，从而催生出诸多智能制造新模式，实现产品个性化定制的全流程监控、全链条组织、全方位服务和全周期管理，真正实现人在思、云在算、端在造。

8.3.2　工业智联网支撑平台技术

智联网的支撑平台技术是智联网能够得以研究、开发、实施、运行、管理与控制的平台，主要有虚实平行系统、社会化通信计算平台及基于区块链的分布式自治组织。

1. 虚实平行系统

“知识”是一个虚拟的概念，在物理世界中并无实体存在，因此，知识的产生和运行是在虚拟的知识空间中进行的。虚拟的知识空间是对物理实在空间的反映、提取、总结和升华，同时，知识空间又反过来影响、诱导、管控其所对应的物理实在空间。因此，知识虚拟空间和物理实在空间形成了互相纠缠、互相决定的虚实一体的合一空间。针对这种一体化的虚实空间问题，平行系统理论给出了一个完整的理论框架。平行系统理论的特征包括数据驱动、人工系统建模、基于计算实验的系统分析以及虚实互动的平行执行机制。基于平行系统理论的方法，即基于 ACP 的方法的核心是建立一个或者多个具有某种目的（规划、控制、检测、管理等）的且与实际系统对应的虚拟系统，通过对虚拟系统的学习和优化，进而实际系统交互，最终实现对复杂实际系统的控制与管理。由平行系统为基本框架，衍生出了平行智能、平行学习、平行动态规划方法等。

虚实平行系统的构建、分析和管控采用基于大数据解析的计算复杂系统分析方法（ACP），即基于人工系统（Artificial system，A）的建模方法、计算实验（Computational experiments，C）的系统分析和评估、平行执行智能实体（Parallel execution，P）的系统控制管理，其具体含义如下。

（1）人工系统（A）。数据来自智能实体，采用数据驱动和语义建模，利用默顿定律，构建信息和行为之间的反馈；通过数据挖掘，发现海量信息的内在意义，让数据来说话。在解决了智联网核心问题，即知识获取、知识协同表征与传递、知识联结与协同运行后，智联网的虚拟知识空间（人工系统）即宣告建立。

（2）计算实验（C）。在虚拟知识空间中，通过知识集成深度计算、知识群体广度计算、知识历史计算等计算技术，获得虚拟人工系统的各种知识模态的结果。借助于知识计算，实现智联网内各智能实体之间的深度知识交互以及融合，实现智联网智能体的知识协作，最终落实虚实系统的知识协同。

（3）平行执行（P）。虚拟人工系统（知识系统）和物理实际系统组成一对平行系统，虚实互动构成新型反馈闭环机制；物理过程与人工知识计算过程进行平行交互；通过虚实互动进行求解和相互管控。

基于 ACP 方法的平行系统在智联网中的运用有以下两个主要任务。

（1）虚实平行系统的管控。目标就是促使物理实际系统流程趋向人工知识流程，通过知识计算、比较、发现更优化的运行状态，引导物理实际系统逼近人工系统，从而借助人工流程降低实际系统相关目标的不确定性，使复杂变简单，以此实现系统运营的智能管控。

（2）知识空间本身的认知管控。我们可以将整个智联网理解成一个巨型的协作认知系统，知识获取、知识协同表征与传递、知识联结与协同运作就是这个认知系统所要完成的认知任务和要达到的认知智能，对于这个复杂认知系统的管控，将是平行系统在平行智能智联网中运用的另一个领域。

2. 智联网与社会化通信计算基础设施的映射关系

如前所述，互联网和物联网是智联网的基础科技，因此也是智联网的关键平台，在此不再赘述。在这里需要补充的是，智联网和社会化通信计算基础设施之间的映射关系。

智联网的协同知识自动化系统架构，为建立复杂而高效的多层次社会化的通信和计算系统提供了逻辑结构和建设蓝图。当前，社会化通信计算基础设施正在从单一的远程云计算，向由云计算、边缘计算、普适计算相结合的社会化基础设施平台演化。而连接各种传感、驱动、计算设施的通信网络，也正从传统的基于交换机、路由器等设备的被动式"哑"网络，向软件定义网络(Software Defined Network，SDN)和平行网络演化。计算的最重要目的，即是获取和应用知识。因此，当智联网的协同知识自动化系统的逻辑架构建立以后，根据知识功能的数据需求、实时性要求和知识计算量，即可以设计和建立相应的社会化通信计算基础设施。

3. 基于区块链的智联网的分布式自治组织

区块链和平行区块技术是一种全网共识、共同维护且保有所有历史交易数据的分布式数据库。其所采用的时间戳、非对称加密、分布式共识、可灵活编程等技术使其具备了去中心化、时间可追溯性、自治性、开放性以及信息不可篡改等特性。区块链技术的基本构架大致可以分为六层，即涵盖所有基层信息数据和加密技术等的数据层、连接所有节点完成数据传播以及验证的网络层、涵盖各种共识算法与机制的共识层、制定奖励与惩处的激励层、封装算法和智能合约的合约层以及具体化区块链应用场景的应用层。

区块链的智能合约技术可以真正做到在无外部监督的情况下，以极小的运营成本支撑大型智能实体网络的运行，即"分布式自治组织"(Distributed Autonomous Organization，DAO)。DAO 运用智能合约执行一系列公开、公平、公道的系统运行规则，在无人管理和监督的情况下实现自主运行和自主进化。结合前文提到的智联网知识的协同运行方式(层次型、集中型、分布型、混合型)，基于区块链的 DAO 为物联网的运营提供了理想的平台，从而实现按照一定组织规则来自动组织智能体和开展协同知识自动化。更进一步，通过出售或收购 DAO 的股权，提供或者购买 DAO 的知识服务，开放智联网 DAO 知识服务 API 等种种知识消费商业和技术创新，智联网可以成为一种社会化的技术生态系统。

8.4　智能制造发展趋势

纵观全球，世界先进制造业的发展呈现出以下趋势。

(1)先进制造业创新格局与技术应用呈现多元化特点。从国家来看，先进制造业形成了中国、美国、日本三国为主的创新格局。从技术应用领域来看，先进制造业形成了信息技术、生物技术和能源技术的三大技术应用格局。

(2)产业生态将以新技术为纽带不断丰富。在新一轮科技革命和产业变革交织的背景下，新技术不断拓宽传统产业边界，衍生新业态、新模式，推动产业生态的不断变化。

(3)将以前沿技术群落推动多领域融合发展。数字时代下，云计算、大数据、物联网、人工智能、移动互联网、数字孪生和区块链等形成技术主导的前沿技术群落，将持续推动先进制造业与新一代信息技术、现代服务业等多领域的融合发展。

(4)提高能源利用效率将成为先进制造业绿色发展的重要方向。随着各国陆续制定"双碳"目标，各国碳排放总量逐步确定。碳排放总量将逐渐成为未来制造业发展的关键制约因素。在此背景下，先进制造业绿色发展的关键在于提高能源利用效率，充分利用碳排放指标。

（5）先进制造业供应关系由经济效益优先转向安全稳定优先。从全球来看，受疫情、地区冲突和地缘政治、能源危机和经济停滞衰退等等影响，先进制造业全球化进入重塑期，由全球分工合作向特定经济合作区分工合作转变，其配置逻辑也由效率优先转向安全稳定优先，供应关系呈现纵向缩短、横向集聚态势。

（6）先进制造业品牌质量由品牌建设逐步走向品牌生态建设。随着新一轮科技革命的开展，品牌建设逐渐发生变化，从品牌完全由供给方建设，更注重产品质量和核心价值观的表达，转向多方共建品牌生态，搭建各方参与品牌建设的对接平台，供给方、合作伙伴及各相关方全程参与，提升品牌透明度，挖掘潜在用户，丰富品牌内涵。

（7）构建多方共建的协作网络将成为先进制造业集群提升的关键。世界格局与产业机遇加速演变，产业组织模式也不断演进。打造先进制造业集群已成为制造业产业组织模式创新的关键，世界各国都高度重视集群发展。由各级政府、集群发展促进机构、企业等多方共建，构建对自身集群有着深刻文化认同，对外有着较强包容性的融合型产业协作体系，建立创新资源链接的中枢网络，形成信息高效对接渠道，是提升集群各方创新效率的关键抓手。

（8）打造数字业务新支点将成为先进制造企业保持竞争力的核心。随着数字技术与先进制造业的不断融合，运用数字技术，构建数字业务生态将成为企业塑造和保持自身竞争力的关键。未来企业业务生态的数字化将主要体现在企业技术壁垒、创新效率和智能制造三个领域。

智能制造是先进制造业的发展方向和工业领域的重要趋势，其发展将在多个方面取得进展。①物联网和工业互联网的融合。物联网（IoT）技术将继续融合到工业互联网中，实现设备、机器和系统之间的实时通信。这将增强生产设备的监测和远程控制能力，提高生产效率。②数字化工厂的兴起。制造企业将加速数字化转型，构建数字化工厂，实现生产过程的实时监测和优化。这将有助于提高资源利用效率和减少生产中的浪费。③人工智能的广泛应用。人工智能将在制造业中得到广泛应用，包括自动化流程、机器学习、机器视觉和自适应控制。AI 系统将更好地理解和预测生产需求。④大数据分析和预测性维护。制造企业将依赖大数据分析来预测设备故障、提高生产质量和优化供应链。这将降低维护成本并缩短生产停机时间。⑤低碳绿色可持续。我国提出了“双碳”目标，力争于 2060 年前达到峰值，努力争取 2060 年前实现碳中和。作为先进生产力代表的智能制造，与“双碳”关系密切。环境可持续性将成为关键关注点，制造业将寻求减少碳排放、提高能源效率和采用可持续生产实践。⑥自动化技术和机器人的普及应用。自动化技术和机器人将在制造环境中普及应用，以执行重复性任务、提高生产效率和保障员工安全。⑦定制化生产。制造企业将能够更好地满足个性化需求，通过灵活的生产流程和快速的产品变更来提供定制化产品。⑧安全和隐私。随着智能制造系统的应用，安全和隐私保护将变得更为关键。制造业将加强网络安全建设和数据隐私保护。⑨人机协作。人与机器之间的协作将更加普遍，工人将与机器人和自动化系统共同工作，提高工作效率和质量。

智能制造将促进供应链的重新构建，将制造带回国内，降低全球化的依赖性。这些趋势将推动智能制造在未来的发展，并为制造业带来更高的生产效率、质量和可持续性。同时，制造企业和政府需要密切合作，以应对新挑战，培养相关技能，确保未来的智能制造发展能够取得成功。

课后习题

（1）未来智能制造继续发展，只有源源不断地把各领域的新兴技术注入智能制造这一领域，才能推动智能制造朝着更加全面、平衡的方向去发展，你认为还有什么新兴技术可以引入智能制造领域，推动生产力发展？

（2）请简述一下当前开源软件方面我国在技术与市场方面仍旧存在的一下问题与不足，下一步我们应该如何应对呢？

（3）工业物联网、工业互联网以及工业智联网之间存在怎样的异同，它们彼此之间存在着怎样的关系呢？

（4）简述云计算的概念，并回答为什么要在制造系统中引入云计算和边缘计算。

（5）简述物联网的概念，并举例说明物联网和智能传感器在智能制造中的应用。

参考文献

[1] RAGHAVAN V，LI J Y. Evolution of physical-layer communications research in the Post-5G Era [J]. IEEE Access，2019（7）：10392-10401.

[2] 冯夏维，丁露. 智能制造未来技术发展趋势及标准化动态 [J]. 仪器仪表标准化与计量，2021（5）：1-3，7.

[3] 李蕾. 第六代移动通信技术探析 [J]. 山西电子技术，2022（1）：57-59，68.

[4] 赵亚军，郁光辉，徐汉青. 6G 移动通信网络：愿景、挑战与关键技术 [J]. 中国科学（信息科学），2019，49（8）：963-987.

[5] 佚名. 科普 F5G[J]. 智能矿山，2021，2（2）：93.

[6] 叶松华. 重视 F5G，促进 5G 健康发展 [J]. 中国电信业，2021（4）：14-15.

[7] 王世雅，郭义伟，李春红，等. F5G 让科技之光照进煤矿 [N]. 中国煤炭报，2021-09-11（1）.

[8] 德勤中国. "制造业+人工智能" 创新应用发展报告 [J]. 机器人产业，2021（6）：97-116.

[9] 佚名. 构建中国自主的大数据系统软件平台 [J]. 科技导报，2020，38（3）：2.

[10] 崔静，刘亭杉. 国际开源软件发展对我国的启示 [J]. 科技中国，2020（2）：42-44.

[11] 杨晶. 构建自主互融创新的人工智能开源软件生态体系 [J]. 上海信息化，2020（5）：21-23.

[12] 齐越，刘金芳，李宁. 开源软件供应链安全风险分析 [J]. 信息安全研究，2021，7（9）：790-794.

[13] 王晓冬. 我国开源软件产业面临的突出风险及对策研究 [J]. 信息安全研究，2021，7（10）：973-976.

[14] 张军. 工业智联网引发工业生产新变革 [J]. 智慧中国，2020（4）：48-49.

[15] 王飞跃，张俊. 智联网：概念、问题和平台 [J]. 自动化学报，2017，43（12）：2061-2070.

[16] 刘小春，张蕾. 智能制造装备的发展现状与趋势 [J]. 造纸装备及材料，2021，50（7）：19-21.
[17] 王晨，宋亮，李少昆. 工业互联网平台：发展趋势与挑战 [J]. 中国工程科学，2018，20（2）：15-19.
[18] 邱彩云. 机械制造中智能机器人数控技术的运用 [J]. 内燃机与配件，2021（24）：197-199.
[19] 刘小春，张蕾. 智能制造与机器人应用关键技术及发展趋势 [J]. 现代农机，2021（5）：118-120.
[20] 吴艳萍. 人机一体化机电技术发展趋势分析 [J]. 中国新技术新产品，2013（17）：179.
[21] 吉鸿涛，方跃法，房海蓉. 人与人机一体化系统 [J]. 机械工程师，2001（12）：1-3.
[22] 宋俊锡. 人机一体化自动化制造系统控制技术 [J]. 科技与创新，2016（13）：139-140.
[23] 练正胜. 智能机械设计制造自动化特点及发展 [J]. 内燃机与配件，2020（18）：167-168.
[24] 曾广峰. 我国智能制造行业发展现状及趋势 [J]. 质量与认证，2020（11）：46-47.
[25] QI Q L，TAO F. A smart manufacturing service system based on edge computing，fog computing，and cloud computing [J]. IEEE Access，2019，7：86769-86777.
[26] 杨永泉. 物联网技术在智能制造中的应用[J]. 现代制造技术与装备，2022，58（10）：121-123.
[27] 胡江川. 虚拟现实技术在智能制造中的应用探讨[J]. 价值工程，2020，39（2）：240-241.
[28] 王洪亮. 智能机器人技术在智能制造中的应用[J]. 电子技术，2023，52（9）：382-383.
[29] 王飞跃，张军，张俊，等. 工业智联网：基本概念、关键技术与核心应用[J]. 自动化学报，2018，44（9）：1606-1617.
[30] 姚日煌，陈新苹，鹿洵. 智能传感器在智能制造中的应用和意义[J]. 电子质量，2023（3）：108-113.
[31] 孙巍伟，卓弈君，唐凯，等. 面向工业 4.0 的智能制造技术与应用[M]. 北京：化学工业出版社，2022.